普通高等教育"十三五"电子信息类规划教材

现代移动通信原理与技术

主　编　张　轶
副主编　王助娟　肖　适
参　编　王健伟　王宝华

机械工业出版社

本书详细介绍了移动通信的原理和目前正在使用的移动通信系统。在上篇——基础篇中，首先介绍了移动通信的发展与演进过程、移动通信的信道、电波传播理论以及天线的知识，其次介绍了移动通信中的调制技术、抗衰落技术以及蜂窝组网等关键技术；在下篇——应用系统篇中，重点介绍了2G的GSM系统和CDMA系统、3G的WCDMA与TD-SCDMA系统以及4G的LTE系统，并对当前的研究热点——5G移动通信系统进行了简要的介绍。

本书内容由浅入深，知识点层层展开，章节的开篇有导读和知识脉络介绍，课后配有相关练习，可供本科信息类专业高年级学生、研究生以及工程人员学习使用。

图书在版编目（CIP）数据

现代移动通信原理与技术/张轶主编 . —北京：机械工业出版社，2018.9（2023.12 重印）

普通高等教育"十三五"电子信息类规划教材

ISBN 978-7-111-60630-7

Ⅰ.①现⋯　Ⅱ.①张⋯　Ⅲ.①移动通信-高等学校-教材　Ⅳ.①TN929.5

中国版本图书馆 CIP 数据核字（2018）第 179768 号

机械工业出版社（北京市百万庄大街 22 号　邮政编码 100037）
策划编辑：徐　凡　责任编辑：徐　凡　张利萍
责任校对：肖　琳　封面设计：张　静
责任印制：邓　博
北京盛通数码印刷有限公司印刷
2023 年 12 月第 1 版第 4 次印刷
184mm×260mm·13.5 印张·329 千字
标准书号：ISBN 978-7-111-60630-7
定价：39.80 元

电话服务　　　　　　　　网络服务
客服电话：010-88361066　机 工 官 网：www.cmpbook.com
　　　　　010-88379833　机 工 官 博：weibo.com/cmp1952
　　　　　010-68326294　金 书 网：www.golden-book.com
封底无防伪标均为盗版　机工教育服务网：www.cmpedu.com

前　言

移动通信的发展历史可以追溯到 19 世纪末，1873 年，苏格兰人麦克斯韦提出了电磁场理论，1880 年，德国物理学家赫兹根据麦克斯韦方程所预言的电磁波的发生、检测及其属性的测量进行了一系列著名的实验，1894 年，意大利学者马可尼做出了一个可用的无线电装置。1897 年，马可尼完成了超过 2mi（1mi = 1609m）距离的无线电通信试验。1900 年，马可尼利用电磁波进行远距离无线电通信取得了成功，从此，世界进入了无线电通信的新时代。

20 世纪 70 年代中期，美国贝尔实验室成功研制了先进移动电话系统（Advanced Mobile Phone System，AMPS），建成了蜂窝状移动通信网，大大提高了系统容量，这是第一代移动通信系统，整个系统采用模拟信号来处理和传递语音信号，即模拟移动通信系统。此后，其他国家也相继开发了自己的第一代移动通信系统，如欧洲的 900MHz 全接入通信系统（Total Access Communications System，TACS）、日本的 800MHz 汽车电话系统等。这个时期的特点是蜂窝状移动通信网成为实用系统，并在世界各地迅速发展。

20 世纪 80 年代中期是数字移动通信系统逐渐成熟和发展的时期，模拟蜂窝移动通信系统虽然取得了成功，但也存在频谱利用率低、费用高、不保密等问题。解决这些问题的方法是开发新一代数字蜂窝移动通信系统。为此，欧洲发展了 GSM 网络系统（简称 G 网），美国发展了 DAMPS（Digital AMPS）网络系统。随后，美国又推出了码分多址（Code Division Multiple Access，CDMA）网络系统（简称 C 网）。这些网络系统都是以数字信号的传递为特征的，我们称之为第二代移动通信系统，从此移动通信进入数字信号的时代。

第三代数字蜂窝移动通信系统 IMT - 2000（简称 3G 移动通信系统）利用第三代移动通信网络提供的语音、数据、视频图像等业务，它的目标是在全球实现统一频段、统一标准、无缝覆盖，提供移动宽带多媒体业务，其中实现高速移动环境下支持 144kbit/s 速率，步行和慢速移动环境下能够支持 384kbit/s 速率，室内环境中能够支持 2Mbit/s 速率数据传输，并保证高可靠服务质量（QoS）。经过各个国家的努力，第三代数字蜂窝移动通信系统最终确定了三种体制，分别是欧洲的 WCDMA（宽带码分多址，Wideband CDMA）、中国的 TD - SCDMA（时分-同步码分多址，Time Division - Synchronous CDMA）和美国的 CDMA 2000。3G 系统不仅采用了新的空口技术，在核心网层面也有变革，由原来 2G 系统的纯电路域核心网演进成了 3G 的分组域加电路域的核心网格局。为了完成这种转化，2G 和 3G 系统间有一个过渡时期，我们称之为 2.5G 移动通信系统，如 2.5G 的 GPRS 系统（GSM 制式的过渡系统）和 IS - 95B 系统（2G CDMA 制式的过渡系统）。我国于 2009 年 1 月 7 日正式下发 3G 运营牌照，分别为中国移动主营 TD - SCDMA 系统、联通主营 WCDMA 系统、电信主营 CDMA 2000。

随着数据业务量的增长和移动互联网业务的需求，3G 的局限性日益突出，如带宽小、数据业务量和语音业务量占比持续扩大、频谱利用率不高、数据速率满足不了需求等，迫切需要有一个更大带宽、更高速率的系统来满足移动互联网的需求，于是，4G 移动通信系统应运而生。2005 年 10 月在赫尔辛基举行的 ITU‐R WP8F 第 17 次会议上，正式将 System Beyond IMT‐2000 命名为 IMT‐advanced（4G 移动通信系统），其高移动性下可支持 100Mbit/s，低移动性下支持 1Gbit/s。4G 系统完全摒弃了电路域，核心网为纯分组域网络，采用全新的空口技术，复用技术和调制技术都进行了较为显著的改革，使得新的网络更符合数据业务的特点。我国于 2013 年 12 月 4 日发放了 4G 运营牌照，4G 的标准主要有 2 个，分别是 TD LTE 和 FDD LTE。

21 世纪，通信网络以超摩尔定律的速度向前发展，实验室光纤传输容量已经达到 103.2 Tbit/s，2017 年用户月平均移动互联网接入流量达到 2.25G，比上一年同期增长 147.8%，网络的健壮性能大为提高，终端设备丰富多样，新业务层出不穷。到 2017 年底，全球移动用户数量突破 50 亿，网络的发展对社会的文明和进步产生了重大影响，利用无线信道最终接入的移动通信网络，巧妙地实现了固定网络与自由移动终端之间的连接，更使得人们开始实现了 5W，即任何人（Whoever）在任何时间（Whenever）、任何地点（Wherever）与其他任何人（Whomever）进行任何种类（Whatever）的信息交换。随着移动互联网和物联网的进一步发展，4G 的带宽将成为数据速率的最大限制因素之一，如何开发新的频段范围及增加带宽成为又一个新的课题。

5G，即第五代移动通信技术，是满足海量无线通信数据的唯一方案。它是 4G 之后的延伸，目前 5G 的需求及关键技术指标（KPI）已基本确定，国际电联将 5G 应用场景划分为移动互联网和物联网两大类，各个国家均认为 5G 除了支持移动互联网的发展之外，还将解决机器海量无线通信需求，极大促进车联网、工业互联网等领域的发展。2016 年 1 月，工业和信息化部在北京召开"5G 技术研发试验"启动会，会上，IMT‐2020（5G）推进组在《5G 愿景与需求白皮书》中指出，5G 定位于频谱效率更高、速率更快、容量更大的无线网络，其中频谱效率相比 4G 需要提升 5～15 倍。5G 的总体规划分两步：第一步，2015～2018 年进行技术研发试验（分为 5G 关键技术试验、5G 技术方案验证和 5G 系统验证三个阶段实施），最终到 2018 年完成 5G 系统的组网技术性能测试和 5G 典型业务演示，由中国信息通信研究院牵头组织，运营企业、设备企业及科研机构共同参与；第二步，2018～2020 年，由国内运营商牵头组织，设备企业及科研机构共同参与。我国预计在 2020 年全面启动 5G 商用。

在移动技术需求的背景下，我们编写了本书。在编写过程中，得到了武汉纺织大学电子与电气工程学院领导与同仁的大力支持，感谢通信工程专业教研室对本书出版给予的大力支持，以及校科技处、教务处领导的关心与支持。感谢湖北省教育厅项目资助（No. 17Q091）以及中纺协教育教学改革项目的资助（No. 2017BKJGLX116）。感谢武汉工程大学邮电与信息工程学院的领导和移动通信专业的教师为本书出版倾注的热情和心血。

　　本书配有免费电子课件、电子教案以及授课计划，欢迎选用本书作教材的老师登录 www.cmpedu.com 注册下载或发邮件到 xufan666@163.com 索取。

　　由于移动通信技术的迅猛发展，加之作者本身教学与研究水平有限，书中的错误以及信息的滞后在所难免，恳请广大读者在使用过程中批评指正。

编　者

目　录

下篇 移动通信应用系统篇

上篇 移动通信基础篇

　　作为全书的基础，本部分主要介绍移动通信的概念、发展历史及趋势、网络组成及关键技术。本部分首先阐述移动通信的基本概念、发展历程、特点、工作方式，蜂窝移动通信网的构成、主流业务及未来发展趋势；其次介绍移动通信信道的概念、特点、特性参数，无线传播理论，电波传播损耗预测模型及天线的相关内容；最后详细介绍移动通信系统中的通用技术，包括数字调制技术、抗衰落技术和蜂窝组网技术。

第1章　移动通信技术概述

1.1　移动通信的定义及发展历史

　　通信，自古有之。它是指人与人、人与物或物与物之间，通过某种行为或媒介进行的信息交流与传递，也就是信息的双方或多方，基于某种场景，采用一种方法、一种媒质，将要表达的内容从一方准确、安全、迅速地传送到另一方的过程。移动通信（Mobile Communication）是移动终端之间的通信，或移动终端与固定终端之间的通信，即通信双方有一方或两方处于运动中的通信方式。移动终端可以是人，也可以是物，例如轮船、汽车、火车、飞机等在移动状态中的物体，因此包括了陆、海、空、天多维度移动通信，采用的频段包括低频、中频、高频、甚高频和特高频，若要与移动终端通信，移动交换局通过各中心基站向全网发出呼叫，被叫终端收到后发出应答信号，中心基站收到应答后分配一个信道给该移动终端，并发送相应信令。

　　作为第一代移动通信，模拟制式的移动通信系统得益于20世纪70年代的两项关键突破：微处理器的发明和交换及控制链路的数字化。AMPS是美国推出的世界上第一代移动通信系统，充分利用了FDMA技术实现国内范围的语音通信。

　　20世纪80年代末，包括语音在内的全数字化系统中，第二代移动通信新技术体现在通话质量和系统容量的提升，其典型代表就是GSM（Global System for Mobile Communication，全球移动通信系统，简称全球通）和IS-95系统。GSM是第一个商业运营的2G系统，它采用时分多址接入（TDMA）技术，与之相对的是2G IS-95系统，它采用码分多址接入（CDMA）技术。TDMA和CDMA技术的使用，使得2G系统的容量得到了极大的提升。

　　作为2G到3G系统间的过渡，2.5G无线技术通常与数据传输有关。相对于2G服务，2.5G无线技术可以提供更高的速率和更多的功能。例如，GPRS（General Packet Radio Service）是封包交换数据的标准技术，由于具备立即联机的特性，对于用户而言，可以说是随时都在上线的状态，GPRS技术也让运营商能够依据数据传输量来收费，而不是单纯以联机时间计费，这项技术与GSM网络配合，传输速度可以达到115kbit/s。CDMA 1X使用的是一个1.25MHz频带，是CDMA One的扩展方式，CDMA 2000也使用1.25MHz的频带，但其优势在于可管理多个这样的频带，也正因为这个原因，在ITU-R和ARIB的名称中，可以见到被称为多载波码（Multi-carrier Code，MC）的描述。

　　第三代移动通信技术，是指支持高速数据传输的蜂窝移动通信技术，3G服务能够同时传送声音及数据信息，速率一般在几百kbit/s以上，3G是指将无线通信与国际互联网等多媒体通信结合的新一代移动通信系统，2008年5月，国际电信联盟正式公布第三代移动通信标准，包括中国提交的TD-SCDMA在内，3G存在的三种标准分别为WCDMA、TD-SCDMA和CDMA2000。

　　随着数据通信与多媒体业务需求的发展，适应移动数据、移动计算及移动多媒体运作需要的第四代移动通信开始兴起，4G 系统也因为其拥有的超高数据传输速度，被世界通信界广泛关注。2012 年 1 月 18 日，国际电信联盟在 2012 年无线电通信全会全体会议上，正式审议通过将 LTE-Advanced 和 Wireless MAN-Advanced（802.16m）技术规范确立为 IMT-Advanced（俗称"4G"）国际标准，中国主导制定的 TD-LTE-Advanced 标准和 FDD-LTE-Advanced 标准并列成为 4G 国际标准。

第五代移动电话通信标准，也称第五代移动通信技术，即 5G，是 4G 技术之后的延伸，正在研究中。5G 网络的理论下行速度为 10Gbit/s（相当于下载速度 1.25GB/s）。相比目前的 4G 技术，其峰值速率将增长数十倍，也就是说，1 秒钟可以下载多部高清电影，可支持的用户连接数增长到 100 万用户/平方千米，可以更好地满足物联网这样的海量接入场景，同时，端到端延时将从 4G 的十几毫秒减少到 5G 的几毫秒。欧盟的 5G 网络将在 2020～2025 年之间投入运营，2015 年 9 月，美国移动运营商 Verizon 无线公司宣布，从 2016 年开始试用 5G 网络，2017 年在美国部分城市全面商用。我国 5G 技术研发试验将在 2016～2018 年进行，分为 5G 关键技术试验、5G 技术方案验证和 5G 系统验证三个阶段实施。

1.2 移动通信的特点及工作方式

如前所述，由于移动通信系统允许用户在移动状态（慢速、快速，甚至很快速度、很大范围）下通信，所以，系统与用户之间的信号传输只得采用无线方式，且与环境因素有较大关系，这里要介绍的移动通信特点主要包括时变信道特性、环境干扰特性、频谱特性、用户终端特性、管理和控制特性、速率特性、兼容特性、业务融合特性、自组织与自适应通信特性。

1.2.1 移动通信的工作特点

（1）时变信道特性

由于采用无线传输方式，信息是以电磁波的方式辐射出去的，在无线信道中具有衰落与多径效应。电波会随着传输距离的增加而衰减；不同的地形、地物对信号也会有不同的影响；信号可能会经过多点反射，从多条路径到达接收点，产生多径效应（电平衰落和时延扩展）；当用户的通信终端快速移动时，会产生多普勒效应，影响信号的接收。并且，由于用户的通信终端是可移动的，所以，这些衰减和影响还是不断变化的。

（2）环境干扰特性

在城市环境中的汽车火花噪声、各种工业噪声，移动用户之间的互调干扰、邻道干扰、同频干扰等，都会对通信产生干扰。移动通信系统运行在较为复杂的干扰环境中，需要考虑包括外部噪声干扰（天电干扰、工业干扰、信道噪声）、系统内干扰和系统间干扰（邻道干扰、互调干扰、交调干扰、共道干扰、多址干扰和远近效应）等因素。如何减少这些干扰的影响，是移动通信系统要解决的重要问题。

（3）频谱特性

作为一种稀缺资源，考虑到无线覆盖、系统容量和用户设备的实现等问题，移动通信系统基本上选择在特高频 UHF（分米波段）上实现无线传输，而这个频段还有其他的系统（如雷达、电视、其他的无线接入）在工作，移动通信可以利用的频谱资源非常有限。随着移动通信的发展，通信容量不断提高，因此，必须研究和开发各种新技术，采取各种新措施，提高现有可用频段的频谱利用率并开发新的更高频率的频段，合理地分配和管理频率资源。

（4）用户终端特性

用户终端设备除技术含量高以外，对于手持终端还要求体积小、重量轻、防震动、省电、操作简单、携带方便；对于车载台还应保证在高低温变化等恶劣环境下也能正常工作。

（5）管理和控制特性

由于系统中用户终端可移动，为了确保与指定的用户进行通信，移动通信系统必须具备很强的管理和控制功能，如用户的位置登记和定位、呼叫链路的建立和拆除、信道的分配和管理、越区切换和漫游的控制、鉴权和保密措施、计费管理等。

（6）兼容特性

4G 移动通信系统实现全球统一的标准，让所有移动通信运营商的用户享受共同的 4G 服务，真正实现一部手机在全球的任何地点都能进行通信。

（7）业务融合特性

未来移动通信系统支持更丰富的移动业务，包括高清晰度图像业务、会议电视、虚拟现实业务等，使用户在任何地方都可以获得任何所需的信息服务，并将个人通信、信息系统、广播和娱乐等行业结合成一个整体，更加安全、方便地向用户提供更广泛的服务与应用。

（8）速率特性

对于大范围高速（250km/h）移动用户，能够提供的数据速率为 2Mbit/s；对于中速（60km/h）移动用户，能够提供的数据速率为 20Mbit/s；对于低速移动用户（室内或步行者），能够提供的数据速率为 100Mbit/s。

（9）自组织与自适应通信特性

具有自动适应通信条件变化能力的移动通信，主要的自适应通信技术有：实时自动选频、通信频率自动跳变、自适应调零天线阵、自动功率控制、自动时延均衡等，主要用于增强短波、超短波通信的稳定性、保密性和抗干扰能力。

（10）多类型用户共存特性

移动通信系统能根据动态的网络和变化的信道条件，进行自适应处理，使低速与高速的用户以及不同制式的用户设备能够共存与互通，从而满足系统多类型用户的需求。

1.2.2 移动通信系统的工作方式

按照通话的状态和频率的使用方法，可将移动通信的工作方式分成单向通信方式和双向通信方式两大类别。双向通信方式分为单工通信方式、双工通信方式和半双工通信方式三种。

（1）单工通信

通信双方电台交替地进行收信和发信。常用的对讲机就采用这种通信方式，分为同频单工和双频单工。单工方式示意图如图 1-2-1 所示。

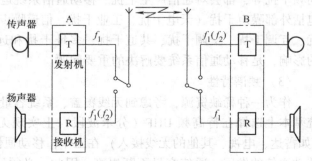

图 1-2-1 单工方式示意图

（2）双工通信

通信双方同时进行收发工作，即任一方讲话时，可以听到对方的语音。双工方式示意图如图 1-2-2 所示。

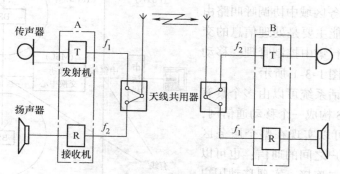

图 1-2-2 双工方式示意图

（3）半双工通信

通信双方中，一方使用双频双工方式，即收发信机同时工作；另一方使用双频单工方式，即收发信机交替工作。半双工方式示意图如图 1-2-3 所示。

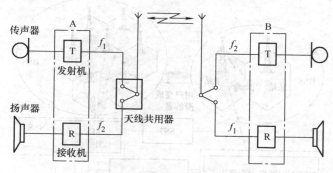

图 1-2-3 半双工方式示意图

1.3 移动通信系统的组成

1.3.1 陆地公众蜂窝通信系统

移动通信系统根据其应用范围有多种形式，同时，其成本、复杂度、性能和服务类型均存在很大的差别。例如小型调度系统可以只由一个控制台和若干个移动台（Mobile Station，MS）组成，而公众陆地移动通信网（Public Land Mobile Network，PLMN）一般由 MS、基站子系统（Base Station Subsystem，BSS）、网络交换子系统（Network Switching Subsystem，NSS）/移动交换中心（Mobile Switching Center，MSC）以及与公共交换电话网（Public Switching Telephone Network，PSTN）相连的中继线等组成。MS 是在不确定的地点并在移动中使用的终端，它可以是便携的手机，也可以是安装在车辆等移动体上的设备。BSS 是移动无线系统中的固定站台，用来和 MS 进行无线通信，它包含无线信道和架在高建筑物上的发射、接收天线以及无线信号处理设备。BSS 中的每个 BS 都有一个可靠的无线小区服务范围，其大小主要由发射功率和基站天线的高度决定。NSS 中最核心的组成部分是 MSC，MSC 是在大范围服务区域中协调呼叫路由的交换中心，其功能主要是处理信息的交换和对整个系统进行集中控制管理。移动通信系统的组成如图 1-3-1 所示。

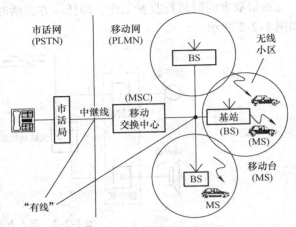

图 1-3-1　移动通信系统的组成

大容量移动电话系统可以由多个具有一定服务小区的 BS 构成一个移动通信网，通过 BS、MSC 就可以实现在整个服务区内任意两个移动用户之间的通信；也可以通过中继线与市话局连接，实现移动用户与市话用户之间的通信，从而构成一个有线、无线综合的移动通信系统。目前通用的蜂窝移动通信系统的构成示意图如图 1-3-2 所示。

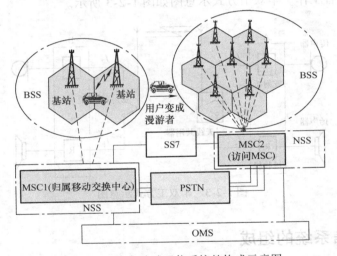

图 1-3-2　蜂窝移动通信系统的构成示意图

1.3.2　卫星移动通信系统

卫星移动通信系统，其特点是利用卫星通信的多址传输方式，为全球用户提供大跨度、大范围、远距离的漫游服务和机动、灵活的移动通信服务，是陆地蜂窝移动通信系统的扩展和延伸，在偏远的地区、山区、海岛、受灾区、远洋船只及远航飞机等应用场景，更具独特的优越性。

卫星移动通信系统，按所用轨道分，可分为静止轨道（GEO）、中轨道（MEO）和低轨道（LEO）卫星移动通信系统。GEO 系统技术成熟、成本相对较低，目前可提供业务的 GEO 系统有 INMARSAT 系统、北美卫星移动系统 MSAT、澳大利亚卫星移动通信系统 Mobilesat 系统；LEO 系统具有传输时延短、路径损耗小、易实现全球覆盖及避免了静止轨道的拥挤等优点，目前典型的系统有 Iridium、Globalstar、Teldest 等系统；MEO 则兼有 GEO、

LEO 两种系统的优缺点，典型的系统有 Odyssey、AMSC、INMARSMT－P 系统等。另外，还有区域性的卫星移动系统，如亚洲的 AMPT、日本的 N－STAR、巴西的 ECO－8 系统等。

卫星移动通信主要采用 TDMA 和 CDMA 多址连接技术，WARC－92 标准为卫星移动业务划分了频率，其中空到地链路 84.2MHz 带宽（1525～1530MHz、2170～2200MHz、2483.5～2500MHz、2500～2520MHz、1613.8～1626.5MHz），地到空链路 66.5MHz 带宽（1610～1626.5MHz、1980～2010MHz、2670～2690MHz）。

由于卫星移动通信系统种类繁多，非对地静止卫星的使用，增加了卫星间协调的难度，不仅非静止卫星之间需要进行频率协调，非静止卫星与静止卫星之间、与地面无线电业务之间都需要频率协调。

卫星有着巨大的覆盖面积，一颗同步通信卫星就可以覆盖地球面积的 1/3，只要有三颗同步卫星就可以实现全球除南北极之外地区的通信。卫星移动通信已成为世界上洲际以及远距离的重要通信方式，并且在部分地区的陆、海、空领域的车、船、飞机移动通信中也占有市场。地球同步通信卫星示意图如图 1-3-3 所示。

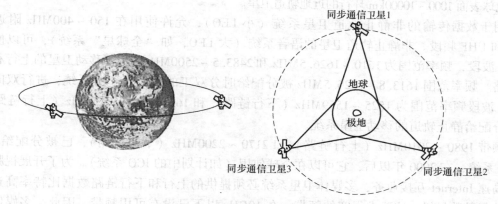

图 1-3-3　地球同步通信卫星示意图

但是，同步通信卫星无法实现个人手机的移动通信。解决这个问题可以利用中低轨道的通信卫星。中低轨道卫星距离地面只有几百千米或几千千米，它在地球上空快速绕地球转动，因此叫作非同步地球卫星，或称移动通信卫星，这种卫星系统是以个人手机通信为目标而设计的，比较典型的有铱星系统、全球星系统等。这些系统用几十颗中、低轨道小型卫星把整个地球表面覆盖起来，就好像把一个覆盖全球的蜂窝移动通信系统"倒过来"设置在天空上。每颗卫星可以覆盖直径为几百千米的面积，比地面蜂窝小区基站的覆盖面积大得多。

卫星形成的覆盖站区在地球表面上是迅速移动的，大约两个小时就绕地球一周，因此对用户的手机来说，也有"过区切换"的问题。与地面蜂窝系统不同的是，地面蜂窝系统中是用户移动通过小区，而卫星移动通信系统则是小区移动通过用户，这种不同使卫星移动通信系统解决"过区切换"问题比地面蜂窝系统还要简单一些。单覆盖区卫星通信系统示意图如图 1-3-4 所示。

移动通信卫星能够为用户直接提供语音通信服务，转发电视节目是由电视直播卫星来完成的。用户可以直接收看或收听卫星转发的节目，但一般只能在固定的地点收看或收听节目。电视直播卫星的特点与移动通信卫星大致相似，即高功率发射下行信号，拥有大面积太阳电池阵（保证提供千瓦级以上电源）、高精度轨道控制和天线指向等。这些都是为了减轻地面用户负担，使他们的接收终端小型化。

当代电视直播卫星采用了数字视频压缩技术，因而大大节省了频带宽度，提高了传输视频数据的速率，这种采用数字视频压缩技术的卫星，可提供上百套电视节目，家庭只需装一个直径0.45m的天线和接收译码器，就能直接在电视机上收看高质量的卫星电视节目。

移动卫星业务（Mobile Satellite Service，MSS），计划在全球范围内提供相同类型的业务，它不必依赖于蜂窝系统网络或个人通信业务系统发射塔，就能向全世界范围内任一电话提供无线连接。这些业务将使用在地球表面1000～10000km环行的近地轨道卫星。

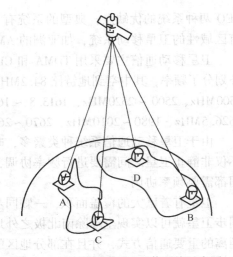

图1-3-4 单覆盖区卫星通信系统示意图

用于数据传输的非静止轨道卫星系统（小LEO），允许使用在150～400MHz附近的VHF和UHF频段。非静止轨道卫星的语音系统（大LEO，如"全球星"系统），可以使用L和S波段，频率范围为1610～1626.5MHz和2483.5～2500MHz，用于移动卫星的上行和下行链路。频率范围1613.8～1626.5MHz被分配给时分双工的"铱星"等系统，进行双向通信。L波段频率范围为1525～1559MHz（下行链路）和1626.5～1660.5MHz（上行链路），已被分配给静止轨道的移动卫星系统。

频带1980～2010MHz（上行链路）和2170～2200MHz（下行链路），已被分配给S-UMTS系统，在2000年以后，它可以在全球使用（如计划中的ICO系统）。为了开展视频业务和高速Internet互接业务，多媒体卫星系统必须提供的上行和下行链路数据比特率高达几兆比特每秒数量级。这要求很宽的频带，在10GHz以下已没有可用频带。因此，多媒体卫星通信大多会采用11/14GHz（Ku频段），20/30GHz（K/Ka频段），甚至40/50GHz（U或V频段）。频率150/400MHz，4～7GHz，15GHz和20/30GHz，原来已用于卫星与固定地球站之间的馈电链路通信。S-PCN或多媒体卫星系统（如Iridium和Teledesic）使用星间链路在卫星之间直接连接。这些星间链路可以工作在23GHz、60GHz或光波频率。

移动卫星系统的特点如下：

1）能够迅速和完全地部署覆盖广大地区。

2）拥有全球用户。

3）适用于广大的农村环境。

4）性能价格比高。

5）适用于职业旅行者（如记者等）和商人。

6）适用于地面移动系统不能覆盖的地区（地理上扩展）。

7）能支持和应对突发事件及安全方面的需求。

1.3.3 集群调度移动通信系统

集群调度移动通信（Mobile Trunked Dispatch Communication）又称集群调度系统，简称

集群系统，是指利用集群移动通信系统进行的专用指挥、调度等功能的移动通信方式。专用调度系统，从一对一的单机对讲到单信道一呼百应的调度系统，后来又出现了带选呼功能的自动拨号无线调度网。

在一些诸如油田、铁路、矿山等大型企业，要求建网的用户有增无减。因此，发展集群通信系统，逐步淘汰传统的专用调度网是满足需求的最可靠、最有效的办法。目前，国家无线电管理委员会开放了包括800MHz在内的频段作为我国集群通信的频段。调度系统一般采用大区制，一个基站，使用全向天线，架设较高，发射功率较大，覆盖半径一般为15～20km，通常使用单频（双频）单工或双频半双工方式工作。这种系统除通话外，还有信令传输、遥测、遥控等功能。

与移动电话系统相比，集群移动通信系统主要有如下特点：

1）多"用户"共享。由于集群系统是多个单位共享的高度智能化的调度系统，所以其用户是指共享系统的部门或单位，而不是移动台。这里所说的共享，是指在通信上的共用，如共用无线信道、覆盖区，共同承担费用等。在集群系统正常运行之后，如有新用户申请加入，只需建立自己使用的调度台和移动台，定期交纳费用，即可入网工作。

2）采用排队制。在系统内部，集群系统多采用排队制。即在一次呼叫中，因信道被占用而接通时，由储存主、被叫号码的排队设备自动记录下来，一旦有空闲信道时，按先后顺序接通。蜂窝状移动电话则是呼损系统，一次呼叫如无空闲信道时，听到的是忙音，需挂机后，再进行重拨。

3）具有限时功能。由于集群系统是调度系统，主要用来传送各项指令，因此，一般具有限时功能，通常为1min、3min或更长时间。具体时间可通过软件进行设定。经各系统统计，一次正常的调度通话时间平均约为20s，所以一般最长限时为5min。蜂窝状移动电话系统不需要设置此项功能。此外，为了在发生差错时便于分析责任，重要的调度电话，一般情况下要通过录音机，自动记录通话时间、双方号码和通话内容，并存入生产档案。蜂窝状移动电话系统为保障公民的通信自由，是没有此项录音功能的。

4）具有电话互联功能。集群系统的通信主要在本系统内，其通信方式应以无线通信为主。为了开展与市话用户的通信，可通过适当方式进入市话网，称为电话互联功能。对于系统内的移动台，仅有为数不多的调度台和移动台有权进入市话网，即有电话互联功能。大多数移动台仅能在系统内部进行无线通信。也可应用户的要求，增大具有进行电话互联功能的移动台的数量，这将使整个系统容量明显下降、成本提高，而且还将受到设备本身的限制。为此，不应让过多的移动台有电话互联功能。

数字集群标准包括欧洲电信标准协会（ETSI）制定的欧洲集群标准TETRA系统和美国的iDEN系统，北美的APCO Project25，以色列的FHMA标准，欧洲的DMR标准，中国的PDT标准等。

1.4　移动通信网络的主流业务

移动业务是来自各运营商提供的业务，包括移动、联通、电信等提供的服务。基于移动通信环境下的业务种类，主要分为语音业务和数据业务两大类。

1.4.1 低速移动数据通信技术

（1）GSM 电路交换方式

这是最初的移动数据通信方式，采用 GSM 电路交换方式，通过手机或者无线调制解调器接入数据网，由于无线接口速率很低，只有 9600bit/s，而且还不稳定，这种接入方式的服务质量不能为用户所接受，因此用户很少。

（2）WAP 技术

WAP 技术可以将无线通信技术和 Internet 结合起来，通过提供通用的平台，把目前 Internet 网上 HTML 语言的信息转换成为 WML 描述的信息，显示在手机显示屏上。

WAP 被认为是一种综合性可伸缩的协议，它主要用于：

1）各种移动电话终端。

2）现有的和规划的无线服务，如 SMS、USSD、GPRS 等。

3）移动网络标准，如 CDMA、GSM、UMTS。

4）多种接入终端，如触摸屏、键盘等。

1.4.2 高速移动数据通信技术

新一代宽带移动通信网属于《国家中长期科学和技术发展规划纲要（2006—2020 年）》中确定的 16 个重大科技专项之一，代表了信息技术的主要发展方向，实施这一专项将大大提升我国无线移动通信的综合竞争实力和创新能力，推动我国移动通信技术和产业向世界先进水平跨越。

据《国家"十一五"科学技术发展规划》，"十一五"期间该重大专项重点实施的内容和目标是研制具有海量通信能力的新一代宽带蜂窝移动通信系统、低成本广泛覆盖的宽带无线通信接入系统、近短距离无线互联系统与传感器网络，掌握关键技术，显著提高我国在国际主流技术标准所涉及的知识产权占有比例，加大科技成果的商业应用。

宽带移动通信专项是一个面向 2020 年的长期规划。它包括三部分内容：一是蜂窝移动通信系统的后续演进，包括 LTE（长期演进）技术、HSPA（高速分组接入）技术、4G 等；二是宽带无线接入，即像 Wimax 这样的技术的发展；三是近短距离的无线互联系统与传感器网络的发展。

HSPA + 是 HSPA（3GPP R6）的向下演进版本，是上下行能力增强的一项技术，在 FDD 系统中，上下行资源是分开处理的，因此 HSPA + 的终端类别要分别从上下两个角度进行。从标准定义的角度，HSPA + 的下行业务信道是 HS - DSCH，因此下行的终端类别也称为 "HSDPA 终端类别"，"HSDPA 终端类别" 不同于 3GPP R5 规范中的 "HSDPA 终端类别"。同样，HSPA + 的上行业务信道是 E - DCH，因此上行的终端类别可称为 "HSUPA 终端类别"，也不同于 3GPP R6 规范中的 "HSUPA 终端类别"。

1.4.3 移动语音通信技术

2G/3G 采用电路交换来传送语音业务，与固定电话的语音传送方式相似，技术成熟，语音质量高，这里不再赘述。4G 及之后的移动通信系统，因采用 IP 分组交换的传送模式，基于 IP 分组的语音业务（VoIP）的传送成为亟待解决的问题，4G 采用 VoLTE 的语音传送解决方案。

VoLTE 是移动 4G + 的组成部分，是高清语音的简称，作为基于 4G 网络的高品质音、视频通话服务，其业务终端需要具备支持 VoLTE 功能的手机，同时开通 VoLTE 功能，除此之外，所在区域有 VoLTE 网络的覆盖。

对用户而言，使用 VoLTE 最直接的感受就是接通等待时间更短（比 3G 降 50%，大概在 2s 左右），以及更高质量、更自然的语音视频通话效果。VoLTE 是架构在 4G 网络上全 IP 条件下的端到端语音方案，因为基于高分辨率编解码技术，所以，与 2G、3G 语音通话相比，VoLTE 语音质量提高了 40% 左右。此外，在 2G、3G 网络条件下，掉线时有发生，但 VoLTE 的掉线率接近零。

对运营商而言，部署 VoLTE 意味着开启了向移动宽带语音演进之路。从长远来看，这将给运营商带来提升无线频谱利用率、降低网络成本的机会。因为对于语音业务，LTE 的频谱利用效率远远优于传统制式，达到 GSM 的 4 倍以上。

VoLTE 业务的发展主要包括三个阶段：

1）第一阶段：LTE 热点覆盖，出现 pre - VoLTE 应用。LTE 初期以热点覆盖为主，主要面向数据卡、平板电脑等移动宽带数据应用，分为基于软终端的语音业务，即"LTE 数据卡 + 软终端 + 电脑"方式，可以满足一些特定场景的语音需求，并为将来部署手机方式的 VoLTE 做准备，以及基于"LTE CPE + 固定话机"方式，采用这种方式为偏远地区用户提供宽带接入和语音服务。

2）第二阶段：LTE 区域连续覆盖区域，此阶段为 VoLTE 的发展期，在这一阶段运营商扩大了 LTE 覆盖水平，达到可以运营语音业务的条件，特别是在城市和人口密集地区；同时，LTE 智能手机大量出现，推动了 VoLTE 的发展。运营商将在这一阶段商用基于 IMS 的 VoLTE 业务，但需要有充分准备，一方面，VoLTE 涉及较多新技术，需要必要的测试和试验；另一方面，IMS 的部署、集成需要一定周期，现网一些设备如 MSC、HLR、IT 系统可能需要相应的改造或升级。另外，这一阶段的 LTE 覆盖仍存在一定的局限性，运营商需要利用传统 CS 覆盖的广度和深度来提供无缝的语音业务，即 LTE 与 CS 的互操作，其中有两个主要的技术要点：第一，LTE 用户漫游到 CS 域后的业务提供方式，有两种可选方案，一种是完全由 MSC 处理语音业务，另一种是通过 MSC 接入 IMS 域以提供语音业务，后者就是 3GPP 定义的 ICS（IMS Centralized Service）架构，这需要升级现网 MSC 成为 EMSC（增强的 MSC）；第二，通话中的 LTE 到 CS 的切换，3GPP 为此定义了 SRVCC（Single Radio Voice Call Continuity）技术。

3）第三阶段：LTE 全覆盖，VoLTE 成为主流应用，这一阶段 LTE 覆盖达到相当完善的程度，或 LTE 和其他无线宽带技术如 HSPA 组成无缝网络，使得移动宽带语音应用成为主流，传统 CS 将会被逐渐取代，市场已经逐渐显现。

1.4.4 移动通信业务的特点

1）移动增值：移动增值服务是在通信技术、计算机技术、互联网技术不断发展融合的基础上，在人们对以信息为基础的各种应用需求快速增长的激励下，在社会信息化水平日益提高的前提下，迅速发展的一种全新的服务方式。

2）3G 网络服务：能够处理图像、音乐、视频流等多种媒体形式，提供包括网页浏览、电话会议、电子商务等多种信息服务。为了提供这种服务，无线网络必须能够支持不同的数据传输速度，因此，在室内、室外和行车的环境中能够分别支持至少 2Mbit/s、384kbit/s 以及 144kbit/s 的传输速度。

3）娱乐类业务：用户能够欣赏最新的歌曲、音乐电视和电影，查找喜欢的歌手，点播目标歌曲和电影，包括体育新闻的点播与体育赛事的精彩预告、回顾、图片、铃声下载。

4）资讯类业务：新闻类资讯，用户可以以多种形式接收本地及世界新闻；财经类资讯，3G 服务提供与消息相关的财经新闻和评论，辅以图表分析和投资组合；便民类资讯，用户可以在手机屏幕上获取移动银行、电话簿、交通实况、黄页、票务预订等信息。

5）高带宽是 3G 与 2G/2.5G 的主要区别，因此高速移动 Internet 接入将是宽带无线服务的重要内容。

6）多媒体是 3G 业务的另一个显著特点。移动可视电话将会成为移动时代广泛应用的业务。流媒体业务也会受到 3G 用户的喜爱。移动流媒体业务的功能是给移动用户提供在线的不间断的声音、影像或动画等多媒体播放，而无需用户事先下载到本地。流媒体还可以提供视频点播/音频点播，内容可以是电视节目、录像、娱乐信息、体育频道、音乐欣赏、新闻、动画等，是体现移动特色的主要业务，但提供流媒体服务需要考虑对流媒体业务按照内容或版权收费和国家政策等方面的因素。

7）高精度定位和区域触发定位。高精度定位业务是利用卫星辅助定位 A - GPS 技术，定位精度可以达到 5～50m，可以开展城市导航、资产跟踪、基于位置的游戏、高精度的紧急呼救等对精度要求较高的定位业务。

1.5　移动通信网络的发展趋势

4G 技术革命的到来已成为必然的趋势，移动通信已经进入 4G 时代。与以往的 3G 技术相比，4G 技术在通信的范围、通信的服务质量以及数据传输方面都有着很大的优势。LTE 通过采用 OFDM 和 MIMO 作为无线网络演进的标准，改进并且增强了 3G 的空中接入技术，使得其在 20MHz 频谱带宽的情况下能够提供下行 100Mbit/s 与上行 50Mbit/s 的峰值速率，这种具有革命性的改革，使得 LTE 技术改善了小区边缘位置的用户的性能，提高小区容量值并且降低了系统的延迟。

我国的 LTE 网络是基于 3G 网络的 TD - SCDMA 技术和 WCDMA 技术发展起来的，那么，对应地，也将发展成为 TD - LTE 和 FDD LTE 技术。LTE 具有的技术特征包括：

1）提高了通信的速率，下行峰值速率为 100Mbit/s、上行峰值速率为 50Mbit/s。

2）提高了频谱的效率。

3）主要目标为分组域任务，系统在整体架构上将基于分组交换。

4）降低无线网络的延时。

5）提高小区边界的比特速率，在基站的分布位置不发生变化的前提下增加小区边界比特速率。如 MBMS（多媒体广播和组播业务）在小区边界可以提供 2Mbit/s 的数据速率。

6）强调兼容性，支持已有的 3G 系统，也支持与非 3GPP 规范系统的协同运作。

LTE 的关键技术主要包括：

　　1）OFDM 技术：LTE 系统采用的是两套前缀循环方案，根据场地的具体情况进行选择。

　　2）MIMO 技术：MIMO 将多径无线信道与发射、接收作为一个优化的整体进行，以保证高通信容量和高频谱利用率的实现。

　　3）高阶调制技术：LTE 系统增加了 256QAM 的高阶调制。采用该高阶调制可以提高信道利用率，这在 LTE 中是一个非常有效的解决方案。

　　就 LTE 的发展脉络而言，从 21 世纪初开始，即 2000 年 5 月，大唐集团代表我国政府提交的 TD - SCDMA 技术，被国际电联批准为第三代移动通信国际标准，2000 年 12 月，TD - SCDMA 技术论坛成立。2001 年 3 月，TD - SCDMA 标准被 3GPP（第三代移动通信伙伴项目）接纳。2003 年 7 月，TD - SCDMA 384kbit/s 数据传输现场演示会在北京举行，北电、大唐成立 TD - SCDMA 联合实验室，进行世界首次 TD - SCDMA 手持电话演示。

　　2005 年上半年，TD - SCDMA 分别进行产业化专项室内、场外测试。2005 年 6 月，在法国召开的 3GPP 会议上，大唐移动等中国企业提出了基于 OFDM 的 TDD 演进模式方案，同年 11 月，在韩国举行的 3GPP 工作组会议通过大唐移动主导的针对 TD - SCDMA 后续演进的 LTE TDD 技术提案，为 TD - LTE 后续发展奠定了基础。2006 年 3 月，TD - SCDMA 规模测试方案最终正式确定，同年 8 月，TD - SCDMA 规模测试第一阶段宣告结束。

　　2007 年 1 月，中国移动联合国内外主流厂商在 3GPP RAN1 工作组会上，正式提出 LTE TDD 优化与融合的指导原则并获得通过，同年 3 月，TD - SCDMA 设备的采购招标正式启动。2007 年 11 月，在韩国济州举行的 3GPP 工作组会议，通过了 LTE TDD 融合技术提案，基于 TD 的帧结构统一了延续已有标准的两种 TDD（TD - SCDMA LCR/HCR）模式，同年 12 月召开的 3GPP RAN 38 次全会上，融合帧结构方案获得通过，被正式写入 3GPP 标准，改进后的 LTE TDD 确保了 LTE TDD 与 TD - SCDMA 的良好兼容，为 TD 长远发展找到了最佳出路，因此被广泛认为是 TD - SCDMA 技术演进的一个里程碑。

　　2007 年 12 月，国务院常务会议审议并通过了我国"新一代宽带无线移动通信网"科研规划，TD - LTE 被列入国家重大科技专项。2008 年 3 月，工业和信息化部牵头成立了 TD - LTE 工作组，成员包括了三大电信运营商。2009 年 1 月，我国政府正式向中国移动颁发了 TD - SCDMA 业务的经营许可，中国移动开始 TD - SCDMA 的二期网络建设，2009 年 8 月，工业和信息化部主导的 TD - LTE 技术试验正式启动。至 12 月中旬，完成单系统基本集测试。

　　2009 年 12 月，TD - LTE 进入外场测试阶段。2010 年 6 月，大唐、中兴、华为、创毅视讯、安立等 11 家公司发布首款使用 TD - LTE 芯片的产品，TD - LTE 端到端产品能力形成。2010 年 10 月，国际电信联盟无线通信部门（ITU - R）第 5 研究组国际移动通信工作组（WP5D）第 9 次会议在重庆召开，这次会议对包括我国提交的 TD - LTE Advanced 在内的 6 项技术提案进行了深入研究讨论，最终确定 LTE Advanced（包含我国提交的 TD - LTE Advanced）和 802.16m 为新一代移动通信（4G）国际标准。2011 年 7 月，TD - LTE Band 38 成为达到 GCF 终端认证条件的首个频段。2012 年 5 月，TD - LTE 规模技术试验完成，TD - LTE 技术成熟度得到验证，从重要数据指标来看，TDD 与 FDD 基本相当。2012 年 10 月，在国际电信联盟 2012 世界电信大会期间，我国政府首次正式公布将 2.6GHz 频段的 2500 ~ 2690MHz 的全部 190MHz 频率资源规划为 TDD 频谱。

　　科技部在 2013 年启动了"863 计划"中的 5G 移动通信先期研究重大项目。2015 年，在重大专项、新一代宽带无线通信网开展了面向 5G 的相关部署，在 5G 的运用、发展愿景以及关键技术研发等方面均取得了重要的进展，具体表现如下：

1）联合国内企业与科研院所及大学对 5G 未来发展的远景、产业和频谱发展进行了研究，为推动世界范围内的 5G 发展做出了重要贡献。

2）构建了以超大多天线为基础的方针评估与云实验平台，可开展多项 5G 候选业务的专项，开展多轮架构。

3）在架构、无线网络、无线传输、关键器件等方面取得了关键的进展。目前科技部正在完成制定"十三五"信息领域的科技专项规划和"十三五"重大专项中间的 5G 移动通信的规划，将新型无线传输理论与技术并列为重点发展的技术方向。同时也在推动实施宽带通信和新型网络的重点研发专项，重点支持面向 2020 年之后的新型无线通信的体系架构、业务模式、新型无线传输与组网技术，新型频谱资源开发与利用等支持，力图形成无线通信的新架构、新理论、新技术和新的业务应用模式，拓展无线通信网在互联网＋，包括智能制造、便捷交通系统、智慧能源、高效物流等领域的应用。

2017 年 11 月，为适应和促进第五代移动通信系统在我国的应用和发展，根据《中华人民共和国无线电频率划分规定》，工业与信息化部公布了 3000~5000MHz 频段内的 5G 频率规划，规划 3300~3600MHz 和 4800~5000MHz 频段作为 5G 系统的工作频段，其中，3300~3400MHz 频段原则上仅限室内使用。

5G 系统的推进大致可以分为研究、标准化和产品化三个大的阶段。在 2016 年之前，ITU 进行了针对愿景、趋势和频谱的前期研究工作，而 3GPP 也已开展了针对一系列过渡性技术方案的研究和标准化工作。这一阶段的 4G 增强方案，如 elevation BF 和 FD - MIMO 等，将会为相关技术在 5G 的进一步演进奠定良好的基础；2016~2017 年，ITU 将定义 5G 的完整系统需求和评估方法，而 3GPP 从 Rel - 14 正式开始 5G 技术的研究工作；2018 年，ITU 的 5G 技术需求和评估方法制定完成后，3GPP 就将转入标准制定阶段；2019 年，3GPP 将完成 5G 系统第一版本的技术规范，而各厂商也将进入 5G 系统的产品化阶段。

IMT - 2020（5G）推进组于 2013 年 2 月由我国工业和信息化部、国家发展和改革委员会、科学技术部联合推动成立，组织架构基于原 IMT - Advanced 推进组，是聚合移动通信领域产学研用力量、推动第五代移动通信技术研究、开展国际交流与合作的基础工作平台。根据 IMT - 2020 推进组制定总体计划，我国的 5G 技术研发与试验工作将分两步进行：

1）第一步主要由中国信息通信研究院主导，运营企业、设备企业及科研机构共同参与，在 2015~2018 年间分三个阶段开展工作：第一阶段已在 2016 年 9 月基本完成，这一阶段主要针对 5G 的重点技术，对大规模天线、新型多址、新型多载波、高频段通信等 7 项无线关键技术及 4 项网络关键技术进行了单点的样机性能和功能验证；第二阶段已在 2016 年 6 月~2017 年 9 月期间展开工作，这一阶段将会融合多种关键技术，开展单基站性能测试；第三阶段是 2017 年 6 月~2018 年 10 月，这一阶段将会对 5G 系统的组网技术性能进行测试，并且对 5G 典型业务进行演示。

2）第二步工作将是针对产业化需求，2018~2020 年间，在第一步技术研发工作基础之上，进行针对产品研发的试验验证。这一步将会由运营商来主导，最终将为 5G 系统的商用奠定基础。

5G 发展的驱动力之一是业务的发展、融合以及新型网络形态的兴起，而 5G 发展的另一大驱动力，则来自系统规模的爆炸式发展，包括了数据流量规模以及终端连接数规模，IMT－2020 对数据流量增长趋势的预测如图 1-5-1 所示。

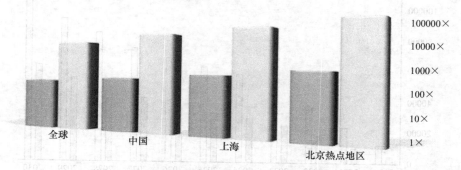

图 1-5-1　IMT－2020 对数据流量增长趋势的预测

根据其预测，2030 年全球移动终端数量将达到 180 亿部，IMT－2020 对终端连接数增长趋势的预测如图 1-5-2 所示。

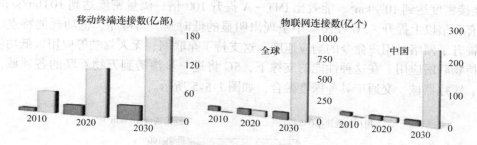

图 1-5-2　IMT－2020 对终端连接数增长趋势的预测

国际电信联盟（ITU）对移动终端（非物联网终端）数量和终端类别占比的发展进行了趋势预测，在这些移动终端中，绝大多数将是智能手机终端或平板电脑等以数据业务为主的智能设备，如图 1-5-3 所示。

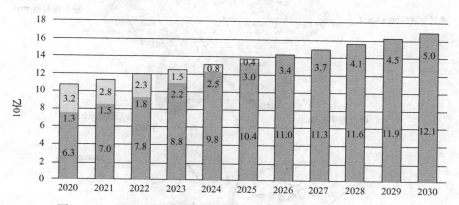

图 1-5-3　ITU 对移动终端数量及各类别终端占比发展趋势的预测

5G 的直接和间接性经济产出如图 1-5-4 所示。

目前 5G 技术已经确定了 9 大关键能力指标，分别为：峰值速率达到 20Gbit/s、用户体验数据率达到 100Mbit/s、频谱效率比 IMT－A 提升 3 倍、移动性达 500km/h 时、时延达到

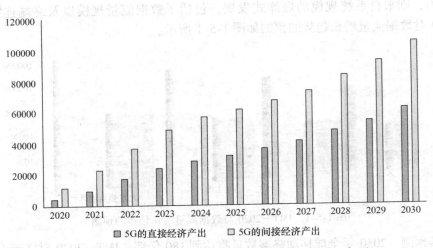

图 1-5-4　5G 的直接和间接性经济产出示意图（单位：亿元）

1ms、连接密度达到 $10^6/km^2$、能效比 IMT－A 提升 100 倍、流量密度达到 10Tbit/s/m²、成本效率有百倍以上提升。5G 在传输中呈现出明显的低时延、高可靠、低功耗的特点。低时延大大提升了网络对用户命令的响应速度，这支持了车联网、无人驾驶等应用，低功耗能更好地支持物联网应用。在这种性能的支撑下，5G 将进一步渗透到万物互联的各领域，与工业设施、医疗器械、交通工具等深度融合，如图 1-5-5 所示。

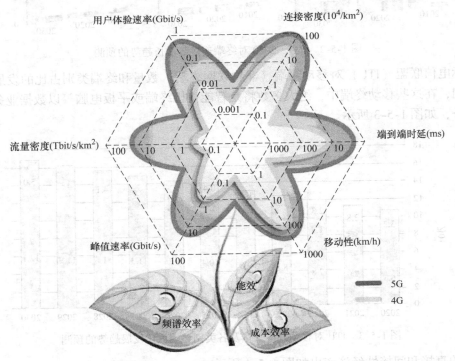

图 1-5-5　5G 系统关键能力指标示意图

练习题与思考题

1. 什么是移动通信？移动通信有哪些特点？
2. 移动通信的基本工作方式有哪些？
3. 公众蜂窝移动通信网络的基本组成包括哪些方面？
4. 什么是卫星通信？
5. 简述移动通信的发展历史及发展趋势。

第2章 移动通信信道与天线

2.1 移动通信信道

通信信道（Communication Channel）是通信网中数据传输的通路，一般分为物理信道和逻辑信道。物理信道指用于传输数据信号的物理通路，它由传输介质与有关通信设备组成；逻辑信道是指在物理信道的基础上，发送与接收数据信号的双方通过中间节点所实现的逻辑通路。

与其他通信信道相比，移动通信信道是最为复杂的一种。因为移动通信靠的是无线电波的传播，多径衰落和复杂恶劣的无线电波传播环境是移动通信信道区别于其他有线信道最显著的特征，这是由运动中进行无线通信这一方式本身所决定的。在典型的城市环境中，一辆快速行驶的汽车上的移动台所接收到的无线电信号，在1s之内的显著衰落可达数十次，衰落深度可达 $20 \sim 30\mathrm{dB}$，这种衰落现象将严重降低接收信号的质量，影响通信的可靠性。为了有效地克服衰落带来的不利影响，必须采用各种抗衰落技术，包括分集接收技术、均衡技术和纠错编码技术等。

移动信道的特点包括：①传播的开放性；②接收环境的复杂性；③用户的随机移动性。

所有信道都有一个输入集 A，一个输出集 B，以及两者之间的映射关系，如条件概率 $\{P(y|x),\ (x \in A,\ y \in B)\}$，这些参量可用来规定一条信道，输入集就是信道所容许的输入符号的集，通常输入的是随机序列，如 $X_1,\ X_2,\ \cdots,\ X_n,\ \cdots$，其中 $X \in A(r=1,\ 2,\ \cdots)$。随机过程在限时或限频的条件下均可化为随机序列，在规定输入集 A 时，也包括对各随机变量 X 的限制，如功率限制等。输出集是信道可能输出的符号的集，如输出序列为 $Y_1,\ Y_2,\ \cdots,$ $Y_n,\ \cdots$，其中 $Y \in B$。输入和输出序列 X 和 Y 可以是数或符号，也可以是一组数或矢量。

按输入集和输出集的性质，可划分信道类型，当输入集和输出集都是离散集时，称信道为离散信道，电报信道和数据信道就属于这一类。当输入集和输出集都是连续集时，称信道为连续信道，电视和电话信道属于这一类。当输入集和输出集中一个是连续集、另一个是离散集时，则称信道为半离散信道或半连续信道，连续信道加上数字调制器或数字解调器后就是这类信道。

输入和输出之间有一定的概率联系，信道中一般都有随机干扰，因而输出符号和输入符号之间常无确定的函数关系，需用条件概率 $P(y_1, y_2, \cdots, y_n | x_1, x_2, \cdots, x_n)$ 来表示。其中，x 和 $y(1, 2, \cdots, n)$ 分别是输入随机序列和输出随机序列的样本，且 $x \in A$，$y \in B$。信道的无记忆表示某个输出量 y 只与相应的输入 x 有关，而与前后的输入无关。当只与前面有限个输入有关时，可称为有限记忆信道，当与前面无限个输入有关，但关联性随间隔加大而趋于零时，可称为渐近有记忆信道。此外，当上式中的 P_1，P_2，$\cdots$ 等条件概率是同样的函数时，称为平稳信道。这也适用于有记忆信道，即变量的时间顺序推移时，条件概率的函数形式不变。

输入和输出都是单一的情况，这类信道被称为单用户信道，当输入或输出不止一个时，称为多用户信道，也就是几个用户合用同一个信道。但当几个用户的信息通过复用设备合并后再送入信道时，这个信道仍为单用户信道。只有当这个信源分别用编码器变换后再一起送入信道，或在信道的输出上接有几个译码器分别提取信息给信宿，也就是信道的输入端或输出端不止一个时，才称为多用户信道。

当有多个输入端 X_a，X_b，…，而输出只有一个时，称为多址接入信道，它可用条件概率 $P(y|X_a, X_b, …)$ 来定义。当只有一个输入 X，而输出有几个 Y_a，Y_b，…时，就称为广播信道，可用条件概率 $P(y_a|x)$，$P(y_b|x)$，…来定义。广播信道还有一个特例称为退化型广播信道，此时各条件概率应满足：x，y_a，y_b，y_c，…组成马尔可夫链。对于正态无记忆平稳连续信道而言，其条件概率 $P(y|x)$ 为正态分布，这种信道常简称为高斯信道。

信道是移动通信理论和信息论中的一个重要概念。信道是用来传送信息的，所以理论上应使其能无错误地传送的最大信息率，也就是计算信道容量问题，并证明这样的信息率是能达到或逼近的，同时能够清楚地描述其实现方法，这就是信道编码问题。克劳德·艾尔伍德·香农博士所建立的信息论就是用来提出和解决这些问题的。香农三大定理是存在性定理，香农第一定理是可变长无失真信源编码定理，香农第二定理是有噪信道编码定理，香农第三定理是保失真度准则下的有失真信源编码定理。虽然并没有提供具体的编码实现方法，但为通信信息的研究指明了方向。

2.2　无线电波传播理论

1861 年，麦克斯韦在他递交给英国皇家学会的论文《电磁场的动力理论》中阐明了电磁波传播的理论基础。赫兹（Heinrich Rudolf Hertz）在 1886 年间首先通过试验验证了麦克斯韦的理论，并证明了无线电辐射具有波的所有特性，并发现电磁场方程可以用偏微分方程表达，即波动方程。无线电波是指在自由空间（包括空气和真空）传播的射频频段的电磁波，无线电波的波长越短、频率越高，相同时间内传输的信息就越多。无线电波在空间中的传播方式主要包括直射、反射、折射、穿透、绕射（衍射）和散射。

2.2.1　无线电波传播特性及频谱划分

（1）无线电波传播特性

无线电波是电磁波的一种，频率为 3～300000000kHz，电磁波包含很多种类，按照频率从低到高的顺序排列为无线电波、红外线、可见光、紫外线、X 射线及 γ 射线。

频率越低，传播损耗越小，覆盖距离越远，绕射能力也越强。但是低频段的频率资源紧张，系统容量有限，因此低频段的无线电波主要应用于广播、电视、寻呼等系统。高频段频率资源丰富，系统容量大。但是频率越高，传播损耗越大，覆盖距离越近，绕射能力越弱。另外，频率越高，技术难度也越大，系统的成本相应提高。

无线电波的速度只随传播介质的电和磁的性质而变化。无线电波在真空中传播的速度，等于光在真空中传播的速度，因为无线电波和光均属于电磁波。空气的介电常数与真空很接近，略大于 1，因此无线电波在空气中的传播速度略小于光速，通常我们近似认为就等于光速。

无线电波视距传播的一般形式主要是直射波和地面反射波的叠加，结果可能使信号加强，也可能使信号减弱。由于地球是球形的，受地球曲率半径的影响，视距传播存在一个极限距离，它受发射天线高度、接收天线高度和地球半径影响。无线电波非视距传播的一般形式有绕射波、对流层反射波和电离层反射波。绕射波是建筑物内部或阴影区域信号的主要来源，绕射波的强度受传播环境影响很大，且频率越高，绕射信号越弱。对流层反射波产生于对流层，对流层是异类介质，由于天气情况而随时间变化，它的反射系数随高度增加而减小，这种缓慢变化的反射系数使电波弯曲，对流层反射方式应用于波长小于10m（即频率大于30MHz）的无线通信中，对流层反射波具有极大的随机性。当电波波长大于1m（即频率小于300MHz）时，电离层是反射体，从电离层反射的电波可能有一个或多个跳跃，因此这种传播用于长距离通信。电离层也具有连续波动的特性。无线电波的传播途径示意图如图2-2-1所示。

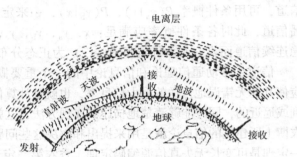

图 2-2-1　无线电波的传播途径示意图

（2）无线电波频谱划分

根据无线电波的波长（或频率）把无线电波划分为各种不同的波段（或频段），波段表如表2-2-1所示。

表 2-2-1　无线电波划分波段表

频段号	频段名称	频段范围	传播方式	传播距离	米制划分	可利用的范围
4	甚低频（VLF）	3～30kHz	波导	几千千米	万米波	世界范围长距离无线电导航
5	低频（LF）	30～300kHz	地波、天波	几千千米	千米波	长距离无线电民航战略通信
6	中频（MF）	300～3000kHz	地波、天波	几千千米	百米波	中等距离点到点广播和水上移动
7	高频（HF）	3～30MHz	地波、天波	几百千米以内	十米波	长和短距离点到点全球广播，移动通信
8	甚高频（VHF）	30～300MHz	对流层散射绕射	几百千米以内	米波	短和中距离点到点移动通信，LAN声音和视频广播个人通信
9	特高频（UHF）	300～3000MHz	空间波、对流层散射绕射、视距	100km以内	分米波	短和中距离点到点移动通信，LAN声音和视频广播，个人通信，卫星通信
10	超高频（SHF）	3～30GHz	视距	30km左右	厘米波	短和中距离点到点移动通信，LAN声音和视频广播，移动通信，个人通信，卫星通信
11	极高频（EHF）	30～300GHz	视距	20km	毫米波	短和中距离点到点移动通信，LAN个人通信，卫星通信

无线电波按波长可以分为长波、中波、短波、超短波。长波主要采用地波传输，可以实施远距离通信，传输距离最远可以达到 1 万千米以上。中波、短波一般采用天波传输（电离层反射），可以用来传输广播信号，中波和短波的传输距离要比长波短，一般有几百到几千千米。微波一般采用视距传输（直线），可以用来传输电视信号，电视信号所属微波传输距离比较短，一般在几十到一两百千米，所以在没有卫星电视的年代，需要通过微波中继站，一站一站地接力传输。微波波长很短，波长极短的微波用于雷达测距和卫星通信，雷达探测距离长短与波长、输出功率有关系，像输出功率极大的地面大型雷达站甚至可以探测 4000 ~ 5000km 外的目标。

（3）无线电波的主要应用

航海和航空中使用的语音电台应用 VHF 调幅技术，这使得飞机和船舶上可以使用轻型天线。政府、消防、警察和商业使用的电台通常在专用频段上应用窄带调频技术。民用或军用高频语音服务使用短波，用于船舶、飞机或孤立地点间的通信。陆地中继无线电（Terrestrial Trunked Radio，TETRA）是一种为军队、警察、急救等特殊部门设计的数字集群电话系统。无线电紧急定位信标、紧急定位发射机或个人定位信标是用来在紧急情况下，通过卫星对人员进行定位的小型无线电发射机，它们的作用是给救援人员提供目标的精确位置，以便提供及时的救援。雷达通过测量反射无线电波的延迟来推算目标的距离，并通过反射波的极化和频率感应目标的表面类型。微波炉利用高功率的微波对食物加热。无线电波可以产生微弱的静电力和磁力，在微重力条件下，这可以被用来固定物体的位置。另外在天文学方面，通过射电天文望远镜接收到的宇宙天体发射的无线电波信号可以研究天体的物理、化学性质。

2.2.2 自由空间无线电波传播

自由空间是指无任何地物带来的衰减、无任何阻挡、无任何多径的传播空间。理想的无线传播条件是不存在的，一般认为只要满足以下条件，电波的传播方式就被认为是在自由空间传播的，包括：①地面上空的大气层是各向同性的均匀媒质；②其相对介电常数 ε 和相对磁导率 μ 都等于 1；③传播路径上没有障碍物阻挡；④到达接收天线的地面反射信号场强可以忽略不计。

设各向同性的天线的辐射功率为 P_T，则距离辐射源 d 处的天线接收功率 $P_R(d)$ 可以表示为

$$P_R(d) = \frac{P_T G_T G_R \lambda^2}{(4\pi)^2 d^2 L} \tag{2-2-1}$$

式中，G_T 为发射天线的增益；G_R 为接收天线的增益；L 为与传播无关的系统损耗因子；λ 为波长（m）。在距离天线 d 处的接收功率是距离（发射机到接收机之间的距离）的函数，接收机接收到的功率随距离的二次方衰减，接收功率与距离的关系为 20dB/10 倍程。

发射机发射信号后，经过一定距离的传播，功率因为辐射而受到损耗，这种损耗称为路径损耗。路径损耗 PL（单位为 dB）定义为有效发射功率与接收功率之间的差值。

在有增益的情况下，自由空间的路径损耗为

$$PL = 10\lg \frac{P_T}{P_R} = -10\lg \left[\frac{G_T G_R \lambda^2}{(4\pi)^2 d^2} \right] \tag{2-2-2}$$

当天线具有单位增益,即发射天线的增益和接收天线的增益都为 1 时,其路径损耗简化为

$$PL = 10\lg\frac{P_T}{P_R} = -10\lg\Big[\frac{\lambda^2}{(4\pi)^2 d^2}\Big] \tag{2-2-3}$$

把波长变换为频率后,对式(2-2-3)化简为

$$L = 32.44 + 20\lg f + 20\lg d(\text{dB}) \tag{2-2-4}$$

若考虑发射天线和接收天线的增益,则损耗计算公式可表示为

$$L = 32.44 + 20\lg f + 20\lg d - G_T - G_R(\text{dB}) \tag{2-2-5}$$

2.2.3 无线电波传播衰落

在移动通信传播环境中,电波在传播路径上遇到起伏的地带、高大建筑物、树林等障碍物阻挡,形成电波的阴影区,就会造成信号场强中值的缓慢变化,引起衰落。通常把这种现象称为阴影效应,由阴影效应引起的衰落又称为阴影慢衰落。

另外,由于大气的气象条件的变化,电波折射系数随时间的平缓变化,使得同一地点接收到的信号场强中值也随时间缓慢地变化。但因为在陆地移动通信中随时间的慢变化远小于随地形的变化,因而,常常在工程设计中忽略了随时间的慢变化,而仅考虑随地形的慢变化。

慢衰落反映了接收电平的均值变化而产生的损耗,一般遵从对数正态分布。慢衰落产生的原因主要包括:

1) 路径损耗,这是慢衰落的主要原因。

2) 障碍物阻挡电磁波产生的阴影区,因此慢衰落也称为阴影衰落。

3) 与天气变化、障碍物和移动台的相对速度、电磁波的工作频率等有关。

与慢衰落相对应的是移动台附近的散射体(地形、地物和移动体等)引起的多径传播信号,在接收点叠加后造成接收信号快速起伏的现象,这种变化所引起的衰落称为快衰落,快衰落主要分为以下几种:

1) 时间选择性衰落:快速移动在频域上产生多普勒效应而引起频率扩散,在不同的时间衰落特性不一样,由于用户的高速移动在频域引起了多普勒频移,在相应的时域上其波形产生了时间选择性衰落。可以采用信道交织编码技术,将由于时间选择性衰落带来的突发性差错信道,变成近似独立性差错的 AWGN 信道。

2) 空间选择性衰落:不同的地点、不同的传输路径衰落特性不一样,它是由于开放型的时变信道,使天线的点波束产生了扩散而引起了空间选择性衰落,通常也称为平坦瑞利衰落,其平坦特性是指在时域、频域中不存在选择性衰落。对于空间选择性衰落而言,可以通过采用空间分集和其他空域处理的方法来加以克服。

3) 频率选择性衰落:不同的频率衰落特性不一样,会引起时延扩散。在不同的频段上,信号的衰落特性不同,它是信道在时域上的时延扩散而引起的在频域上的选择性衰落。可以采用自适应均衡、OFDM 及 CDMA 系统中的 RAKE 接收技术来改善频率选择性衰落。

快衰落产生的原因包括:

1) 多径效应。移动体(如汽车)往来于建筑群与障碍物之间,其接收信号的强度,将由各直射波和反射波叠加合成。各条路径的长度会随时间而变化,因此,到达接收点的各分

量场之间的相位关系也是随时间而变化的，这些分量场的随机干涉，形成总的接收场的衰落。多径时延特性可用时延谱或多径散布谱（即不同时延的信号分量平均功率构成的谱）来描述。多径信道的特性可以用时间色散参数、带宽、多普勒扩展、相干时间来进行描述。抗多径干扰的措施包括：接收机的距离测量精度；智能天线；抗多径信号处理与自适应抵消技术。

　　2）多普勒效应。移动台以恒定的速率沿某一方向移动时，由于传播路程差的原因，会造成相位和频率的变化，表示为：频移＝相对速度/（光速/电磁波频率）×入射电磁波与移动方向夹角的系统。多普勒效应引起时间选择性衰落，由于相对速度的变化引起偏移度也随之变化，即使没有多径信号，接收到的同一路信号的载频范围也会随时间不断变化引起时间选择性衰落。例如在场景1中，某移动台速度为100km/h，移动终端使用频率为GSM 900MHz，假设发射频率为900MHz，则最大的多普勒频移为100000/3600/300×900×1＝83Hz，此时移动方向与无线电波发射的方向一致；场景2中，运动的方向与发射方向成90°角，多普勒频移为0；场景3中，移动台移动方向夹角在0~90°之间时，多普勒频移的范围值为0~83Hz；场景4中，移动方向与无线电波发射方向的夹角为90°~180°时，则多普勒频移为负值，取值范围为−83~0Hz。无线通话中频率误差的标准一般为0.05 ppm（即百万分之0.05），则900MHz允许的频率误差为900×0.05Hz＝45Hz。从而可以看出，终端运动时通话的接收频率的误差有可能会超过频率误差，进而影响到通话质量，因此，消除或降低多普勒频移对无线通信的影响，是高速运动中进行无线通信需要考虑的方面，多普勒频移示意图如图2-2-2所示。

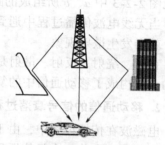

图2-2-2　多普勒频移示意图

2.2.4　移动无线信道的特性

1. 移动通信的无线传播环境

　　对无线传播环境的分析，是为了能够更好、更准确地研究信息在自由空间中是如何传播的，它是移动通信网小区规划的基础，分析的价值就是保证了精度，同时节省了人力、费用和时间，在规划某区域的蜂窝系统之前，选择信号覆盖区的蜂窝站址使其互不干扰，是需要完成的前提工作。

　　我国幅员辽阔，各省、市的无线传播环境千差万别。例如，处于西北山林地区的城市与处于中部江汉平原地区的城市相比，其传播环境有很大不同，两者的传播分析方法也会存在较大差异。因此如果仅仅根据经验而忽略各地不同地形、地貌、建筑物、植被等参数的影响，必然会导致所建成的网络或者存在覆盖、质量问题，或者是所建基站过于密集，造成资源浪费。随着我国移动通信网络技术的飞速发展，各运营商越来越重视传播环境的分析与本地区特有环境相匹配的问题。

　　对于直射波而言，可以按自由空间传播来考虑，虽然电波在自由空间里传播时不受阻挡，没有反射、折射、绕射、散射和吸收，但是，当电波经过一段距离的传播之后，由于辐射造成的能量扩散仍会引起衰落。直射现象示意图如图2-2-3所示。

　　除了考虑电波在自由空间中的直射传播方式外，还应考虑在接收机和发射机之间的各种障碍物对电波传播所产生的影响，这种影响即是由电磁波的绕射所造成的。绕射现象示意图如图 2-2-4 所示。

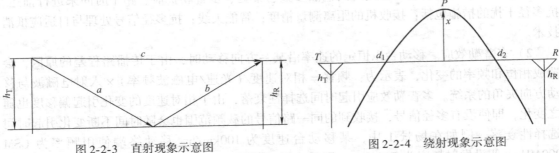

图 2-2-3　直射现象示意图　　　　　图 2-2-4　绕射现象示意图

当无线电波在传播过程中遇到两种不同介质的光滑界面，即界面面积比波长大得多时，就会发生反射现象。因此从发射天线到接收天线的电波传播过程中也同时含有反射波，其过程见图 2-2-3 中 a、b 所组成的路径。

当无线电波传播过程中遇到小于波长的物体，并且单位体积内阻挡体的个数非常巨大时，就会发生散射现象。

直射、绕射、反射、散射是移动通信中电波的四种基本传播方式，再加上移动台的快速移动，就构成了移动通信中的复杂的电波传播环境。

2. 移动通信的信号衰落过程

电磁波在传播过程中，由于传播媒介及传播途径随时间的变化而引起的接收信号强弱变化的现象称为衰落。多径传播是由于传播环境不均匀，从同一天线发射的电磁波由不同的路径达到同一个接收点的情形。由于随机的多径射线相干涉所引起的接收点场强发生随机强起伏，这些不同的途径使电磁场的相移不同。当环境随机变动时，多径的相移也随机起伏，因而各路径的电场叠加结果随时间做随机强起伏。

在特殊气象条件下，大气的折射指数可能发生较强的随机起伏，也会引起衰落。除此之外，由于街道纵横、建筑耸立或山区峰峦起伏，电磁波可能受到多重反射和散射，因而在通信范围内电场强度随地区而起伏。如用户在通信时不随时移动，多径传播只能使信号强弱随地区而异，如用户随时移动，则信号也能发生衰落。信号强度随路径变化示意图如图 2-2-5 所示。

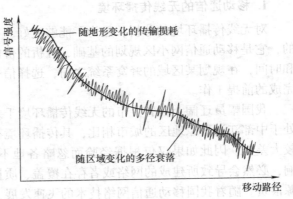

图 2-2-5　信号强度随路径变化示意图

2.2.5　移动无线信道的衰落特性

1. 快衰落

如前所述，快衰落主要是由于多径传播而产生的衰落，因为移动体周围有许多散射、反射和折射体，引起信号的多径传输，使到达的信号之间相互叠加，其合成信号幅度表现为快速的起伏变化，其变化率比慢衰落快，故称它为快衰落。由于快衰落表示接收信号的短期变化，所以又称短期衰落（short‐term‐fading）。快衰落根据其信号特点，一般服从瑞利（Rayleigh）分布、莱斯（Rice）分布或纳卡迦米（Nakagami）分布。

瑞利分布是最常见的一种分布类型，用于描述平坦衰落信号接收包络，或独立多径分量接收包络统计时变特性，两个正交高斯噪声信号之和的包络服从瑞利分布，瑞利分布的概率密度可表示为

$$p(r) = \begin{cases} \dfrac{r}{\sigma^2}\exp\left(-\dfrac{r^2}{2\sigma^2}\right) & (0 \leqslant r \leqslant \infty) \\ 0 & (r < 0) \end{cases} \tag{2-2-6}$$

式中，r 和 σ 分别表示包络检波之前所接收的电压信号的幅度和均方值。

数学期望和方差分别为

$$E(X) = \int_{-\infty}^{\infty} xf(x)\,\mathrm{d}x = \int_{0}^{\infty} \frac{x^2}{\sigma^2}\mathrm{e}^{-\frac{x^2}{2\sigma^2}}\mathrm{d}x = \int_{0}^{\infty} -x\mathrm{d}\mathrm{e}^{-\frac{x^2}{2\sigma^2}}$$

$$= -x\mathrm{e}^{-\frac{x^2}{2\sigma^2}}\Big|_{0}^{\infty} + \int_{0}^{\infty}\mathrm{e}^{-\frac{x^2}{2\sigma^2}}\mathrm{d}x = 0 + \sqrt{2}\sigma\int_{0}^{\infty}\mathrm{e}^{-\left(\frac{x}{\sqrt{2}\sigma}\right)^2}\mathrm{d}\frac{x}{\sqrt{2}\sigma} = \sqrt{\frac{\pi}{2}}\sigma \tag{2-2-7}$$

$$D(X) = E(X^2) - [E(X)]^2 = \int_{0}^{\infty}\frac{x^3}{\sigma^2}\mathrm{e}^{-\frac{x^2}{2\sigma^2}}\mathrm{d}x = \int_{0}^{\infty} -x^2\mathrm{d}\mathrm{e}^{-\frac{x^2}{2\sigma^2}}$$

$$= -x^2\mathrm{e}^{-\frac{x^2}{2\sigma^2}}\Big|_{0}^{\infty} + \int_{0}^{\infty}\mathrm{e}^{-\frac{x^2}{2\sigma^2}}\mathrm{d}x^2 - [E(X)]^2 = 0 + 2\sigma x^2\int_{0}^{\infty}\mathrm{e}^{-\left(\frac{x}{\sqrt{2}\sigma}\right)^2}\Big|_{0}^{\infty} - [E(X)]$$

$$2\sigma^2 - \left(\sqrt{\frac{\pi}{2}}\sigma\right)^2 = \frac{4-\pi}{2}\sigma^2 \tag{2-2-8}$$

概率密度函数曲线如图 2-2-6 所示。

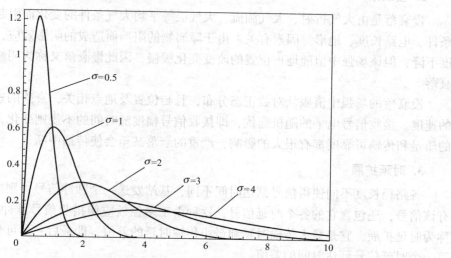

图 2-2-6 σ 变化下瑞利分布概率密度函数

信号在传输过程中由于多径效应，接收信号是直射信号（主信号）和多径信号的叠加，此时接收信号的包络服从莱斯分布。莱斯分布是广义的瑞利分布，实际上可以理解为主信号

与服从瑞利分布的多径信号分量的和。莱斯分布的概率密度函数表示为

$$p(r) = \begin{cases} \dfrac{r}{\sigma^2}\exp\left[-\dfrac{(r+A)^2}{2\sigma^2}\right]I_0\left(\dfrac{A_r}{\sigma^2}\right) & (A \geq 0, r \geq 0) \\ 0 & (r < 0) \end{cases} \quad (2\text{-}2\text{-}9)$$

式中，A 指主信号幅度的峰值；$I_0(g)$ 是 0 阶第一类修正贝塞尔函数，贝塞尔分布常用参数 K（称为莱斯因子）来进行描述，K 为主信号的功率与多径分量方差之比，可以表示为 $K = \dfrac{A^2}{2\sigma^2}$，当 $A \to 0$，$K \to -\infty$，且起支配作用的主信号幅度减小时，莱斯分布转变为瑞利分布。莱斯分布的概率密度函数曲线如图 2-2-7 所示。

在无线信道中，莱斯分布是一种较常见的用于描述接收信号包络统计时变特性的分布类型，其中莱斯因子是反映信道质量的重要参数，在计算信道质量和链路预算、移动台移动速度以及测向性能分析等方面都发挥着重要的作用。

瑞利和莱斯分布能够在很多情况下对信号通过衰落信道后的包络

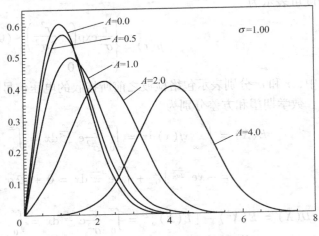

图 2-2-7　莱斯分布概率密度函数

进行很好的建模，Nakagami 信道模型对实测数据具有很好的拟合性，因此它们在理论上已经成为一类具有广泛代表意义的无线信道模型并具有重要的应用价值。

2. 慢衰落

慢衰落是由大气折射、大气湍流、大气层等平均大气条件的变化而引起的，主要与气象条件、电路长度、地形等因素有关。由于障碍物的阻挡而造成的阴影效应，使得接收信号强度下降，但该场强中值随地理位置的改变变化缓慢，因此慢衰落又称为阴影衰落或对数正态衰落。

慢衰落的场强中值服从对数正态分布，且与位置及地点相关，衰落的速度取决于移动台的速度。接收信号电平的随机起伏，即接收信号幅度随时间的不规则变化，衰落对传输信号的质量和传输可靠度都有很大的影响，严重的衰落甚至会使传播中断。

3. 时延扩展

各路径长度不同使得信号到达时间不同，基站发送一个脉冲信号，则接收信号中不仅含有该信号，还包含它的各个时延信号，这种由于多径效应使接收信号脉冲宽度扩展的现象，称为时延扩展，它是最大传输时延和最小传输时延的差值，即最后一个可分辨的时延信号与第一个时延信号到达时间的差值。

对于数字信号传输多径时延的极限，是一个数字信号周期，否则，时延扩展将会导致码元宽度增加，这就会产生码间串扰，使接收波形失真。

当两条多径信号之间的相对时延超过一个扩频码的码片宽度时，扩频系统可以利用分集

接收技术合并这两个可分离的多径信号，从而改善接收信号的质量。时延扩展是一个统计变量，与电波传播环境（时间、地域和用户情况）密切相关，针对不同地区的时延扩展，其典型值如表 2-2-2 所示。

表 2-2-2　时延扩展典型值

环 境 类 型	时延扩展/μs
开阔区	< 0.2
郊区	< 0.5
城区	< 3

时延扩展可用多径时延谱 $P(t)$ 描述为

$$P(t) = \frac{1}{\Delta} e^{-\frac{t}{\Delta}} \quad t \geq 0 \tag{2-2-10}$$

归一化时延谱函数如图 2-2-8 所示。

4. 相干带宽

相干带宽是描述多径信道特性的一个重要参数，它是指某一特定的频率范围，在该频率范围内的任意两个频率分量都具有很强的幅度相关性，即在相干带宽范围内，多径信道具有恒定的增益和线性相位。通常，相干带宽近似等于最大多径时延的倒数，从频域看，如果相干带宽小于发送信道的带宽，则该信道特性会导致接收信号波形产生频率选择性衰落，即某些频率成分信号的幅值可以增强，而另外一些频率成分信号的幅值会被削弱。

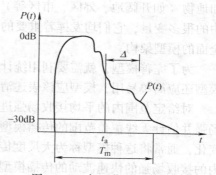

图 2-2-8　归一化时延谱函数

相干带宽一般是用来划分平坦衰落信道和频率选择性衰落信道的量化参数，如果信道的最大多径时延扩展为 T_m，那么信道的相干带宽 $B_c = 1/T_m$；若发射信号的射频带宽 $B < B_c$，那么认为接收信号经历的是平坦衰落。

当衰落服从瑞利分布时，两个不同频率和包络的信号的相关函数为

$$\rho = \frac{1}{1 + (2\pi \Delta f)^2 \Delta^2} \tag{2-2-11}$$

相关函数与频率间隔 Δf、均方时延扩展 Δ 成反比，定义相关函数为 0.5 时的频率间隔 Δf 为相干带宽。

$$B_c = \frac{1}{2\pi \Delta} \tag{2-2-12}$$

相干带宽描述了衰落信号中的各频率分量之间的相关性，当相关时就不发生频率选择性衰落。

5. 相干时间

时间分集要求两次发射的时间要大于信道的相干时间，即如果发射时间小于信道的相干时间，则两次发射的信号会经历相同的衰落，分集抗衰落的作用就不存在了。例如，对于码片速率为 1.28Mc/s 的 TD-SCDMA 系统，每个码片时间长度为 0.78μs，也就是码片之间的

相干时间是 $0.78\mu s$，同一信号通过不同路径到达接收端的码片超过这个时间就有多径分集的效果。

2.3 电波传播损耗预测模型

移动通信系统的无线网络工程设计中，采用电波传播损耗预测模型计算路径的传播损耗，确定无线蜂窝小区的服务覆盖区。也就是说，在建设实际的移动通信系统之前，要根据系统所处的传播环境和地形特征，运用相应条件下的传播模型，准确预测路径传输损耗或接收点信号场强。对移动通信系统场强进行充分的预测是完全有必要的。只有这样，才能做好无线网络的规划，才能使所建的移动通信网有的放矢。在系统建成之后，还要根据实际情况进行场强实测，对系统进行调整，使其在最佳状态下运行。

移动无线传播损耗预测模型需要具有能够根据不同的地形（如平原、丘陵、山谷等）和地物（如开阔地、郊区、市区等）做出适当调整的性能。这些环境因素涉及了传播模型中的很多变量，它们均发挥着重要的作用。因此，一个良好的移动无线传播模型是一个考虑全面的模型架构。

为了完善模型，就需要利用统计方法，测量出大量的数据，对模型进行校正。一个好的模型还应简单易用，模型应该表述清楚，尽量减少提供给用户任何主观判断和解释的参数。

对给定范围内的平均接收场强进行预测，估算特定位置附近场强的变化，用于预测平均场强并估计无线覆盖范围的传播模型，由于它们描述的是发射机与接收机之间长距离的场强变化，通常将这种模型称为大尺度传播模型；而描述短距离（几个波长）或短时间（秒级）内的接收场强的快速波动的传播模型，称为小尺度衰减模型。

2.3.1 地形地物

移动通信中陆地上的地形分类有准平滑地形和不规则地形，其中准平滑地形是指从传播路径的地形断面去观察，地形起伏量在 20m 以下，且起伏变化缓慢的平坦地形；不规则地形是指除准平滑地形以外的地形。

（1）丘陵地形

丘陵地形并非平坦的高地，而是有规则起伏的地形，包括山岳重叠的地形。

（2）孤立山岳

传输中单独的山岳即孤立山岳，该山岳以外的地形是对接收点无影响的地形。

（3）倾斜地形

不论地形平坦与否，至少在延伸 5km 以上范围内有起伏的地形为倾斜地形。

（4）水陆混合地形

水陆混合地形指包括海面和湖面的地形。移动通信中陆地上的地物是指地面上影响传播的障碍物，按地物划分，损耗是多种多样的。移动网络规划时，一般把地物分为三种类型的地区分别进行链路预算。

1）密集城区。密集城区也称为城市核心地区，通常指城市中政治、经济、文化、商务及娱乐等活动中心区，该区域一般高楼林立，因此有较高的建筑物穿入损耗，是城市中话务量密度最高的区域。

2）城区。城区是指除热点区域以外的城市市区，包括城市的工业区、一般商业区、居民区等。建筑物穿透损耗为 15～20dB。高楼大厦或有稠密的两层以上建筑物的地区，建筑物密度通常在 15% 以上，街道以及建筑物和茂盛的高大树木混杂稠密的地区等。该区域一般属于中话务密度区。

3）郊区及农村。郊区及农村指移动台附近有不太稠密的障碍物（建筑物）的地区，例如房屋稀少且不高大的乡镇和公路，呈开阔状态的地面等，建筑物穿透损耗一般不会大于10dB，属中低话务密度区域。

2.3.2 Okumura – Hata 模型

Okumura – Hata 模型，是根据实测数据建立的模型，该模型提供的数据较齐全，应用较广泛，该模型以准平坦地形大城市地区的场强中值路径损耗作为基准，对不同的传播环境和地形条件等因素用校正因子加以修正。Okumura – Hata 模型的适用范围如表 2-3-1 所示。

表 2-3-1 Okumura – Hata 模型的适用范围

频率 f/MHz	通信距离 d/km	基站天线有效高度 h_b/m	移动台天线有效高度 h_m/m
150～1500	1～20	30～200	1～10

模型路径损耗公式为

$$L_{Okumura} = 69.55 + 26.16\lg f - 13.82\lg h_b - \alpha(h_m) + (449 - 6.55\lg h_b)\lg d \quad (2-3-1)$$

式中，$L_{Okumura}$ 为市区准平滑地形电波传播损耗中值（dB）；f 为工作频率（MHz）；h_b 为基站天线有效高度（m）；h_m 为移动台天线有效高度（m）；d 为移动台与基站之间的距离（km）；$\alpha(h_m)$ 为移动台天线高度因子。

对于大城市，频率小于 300MHz 时的移动台天线高度因子修正为

$$\alpha(h_m) = 8.29[\lg(1.54h_m)]^2 - 1.1 (dB) \quad (2-3-2)$$

频率大于 300MHz 时的移动台天线高度因子修正为

$$\alpha(h_m) = 3.2[\lg(11.75h_m)]^2 - 4.97 (dB) \quad (2-3-3)$$

对于中小城市的移动台天线高度因子修正为

$$\alpha(h_m) = (1.1\lg f - 0.7)h_m - (1.56\lg f - 0.8)(dB) \quad (2-3-4)$$

对于郊区的模型路径损耗公式修正为

$$L_{Okumura-2} = L_{Okumura} - 2[\lg(f/28)]^2 - 5.4 (dB) \quad (2-3-5)$$

对于开阔地的模型路径损耗公式修正为

$$L_{Okumura-3} = L_{Okumura} - 4.78(\lg f)^2 + 18.33\lg f - 40.94 (dB) \quad (2-3-6)$$

2.3.3 COST 231 – Hata 模型

根据 Okumura – Hata 模型，利用一些修正项使频率覆盖范围从 1500MHz 扩展到 2000MHz，所得到的传播模型表达式即为 COST 231 – Hata 模型。COST 231 – Hata 模型的适用条件包括：

1）使用频段 f 为 1500～2000MHz。

2）基站天线有效高度为 30～200m。

3）移动台天线高度为 1～10m。

4）通信距离为 $1 \sim 20\text{km}$。

基本传播损耗中值公式为

$$L_{\text{COST}} = 46.3 + 33.9\lg f - 13.82\lg h_{\text{b}} - \alpha(h_{\text{m}}) + (44.9 - 6.55\lg h_{\text{b}})\lg d + C_{\text{m}} \quad (2\text{-}3\text{-}7)$$

式中，d 的单位为 km；f 的单位为 MHz。基站、移动台天线有效高度，单位为 m。

基站天线有效高度计算方法：设基站天线离地面的高度为 h_{s}，基站地面的海拔为 h_{g}，移动台天线离地面的高度为 h_{m}，移动台所在位置的地面海拔为 h_{mg}，则可以得到基站天线的有效高度表达式为 $h_{\text{b}} = h_{\text{s}} + h_{\text{g}} - h_{\text{mg}}$，移动台天线的有效高度为 h_{m}，C_{m} 为城市修正因子。

$$C_{\text{m}} = \begin{cases} 0\text{dB} \ \text{树林密度适中的中等城市和郊区} \\ 3\text{dB} \ \text{大城市} \end{cases} \quad (2\text{-}3\text{-}8)$$

因为天线总是架设在现场的地形或地物之上，天线本身的高度并没有绝对的实际意义，所以有必要用天线的有效高度来定义，即

1）基站天线的有效高度定义为天线的海拔减去 15km 以内的平均海拔。

2）移动台天线的有效高度定义为天线在当地地面以上的高度，一般取值 1.5m。

2.3.4 传播模型的应用

对环境的传播损耗进行测试，即使用连续波（Continuous Wave，CW）作为信号源测试其传播损耗，那么所测得的信号传播损耗就只与无线环境有关，而与信号本身没有关系，这样测试得到的数据用来进行模型校正最准确。

无线传播特性测试期望测得的数据，即本地均值，也就是长期衰落和空间传播损耗的合成，因此测试结果中需要消除快衰落的影响，CW 测试可以根据 Lee Criteria 充分消除快衰落的影响；单音信号的发射机功率精度和单音信号的接收机测量精度（CW 测试的精度要求一般为 1dBm 左右）都能以更低的成本得到保证。

通过对其周围进行车载采样测试，经过筛选得到足够多的合理的路径损耗测试数据，然后用这些数据对传播模型公式中的各个系数进行联合求解，求解的条件就是校正后模型的预测值与实测数据之间的误差、均方差、标准方差达到要求。经过校正的传播模型将会比较好地反映当地无线传播环境，符合当地无线传播环境的实际情况。

校正过程中需要注意的方面包括：

（1）数字地图的选择

首先，数字地图应该满足一定的精度要求，精度越高，模型校正的准确度也就越高，相应的运算量也就越大。

其次，是地图的时效性。由于目前我国大多数城市的建设速度都非常快，使得数字地图的更新周期也就相应地缩短了，因此必须关注数字地图的时效性，如果所选地图的地貌信息与实际情况出入过大，模型校正的准确程度也将大大降低。

（2）发射站点的选择

为保证获得的数据能够真实地反映当地的无线传播环境，在选择站点的时候应使其符合特大城市、大型城市、一般中小型城市的地貌分布和路况等具体环境。

（3）路线的选择

为保证所获得数据的全面性和真实性，测试时的线路选择也需要认真考虑，最终确定的路线应符合环境要求。

（4）数据采集

数据采集是模型校正能否准确的基础条件，如果所采集的路测数据不能准确地反映当地实际情况，那么即使完成了模型校正也是毫无意义的校正，这样校正出来的模型是没有办法应用到实际工作中的。传播模型所反映的是无线信号的中值损耗，因此采集到的测试数据应当能较好地表现该中值损耗，也就是说要去除路测数据中所包含的快衰落的影响。

（5）数据筛选

在路测过程中往往会采集到一些不符合模型校正要求的需滤除的数据信息，为了防止这些数据对模型校正的影响，在校正之前必须滤除它们，这就是数据信息筛选。它主要包括高架桥上和隧道中的数据滤除、远距数据滤除、近距数据滤除、街道波导效应数据滤除、街道弯角效应数据滤除、地貌类型与数字地图不相符的数据滤除。

2.4 天线

移动无线信道最重要的组成部分之一就是用来发送和接收无线电磁波的天线系统。天线是一种变换器，它把传输线上传播的导行波，变换成在无界媒介（通常是自由空间）中传播的电磁波，或者进行相反的变换，是一种在无线电设备中用来发射或接收电磁波的部件。无线电通信、广播、电视、雷达、导航、电子对抗、遥感、射电天文等工程系统，均离不开利用电磁波来传递信息，并且依靠天线来进行工作。此外，在用电磁波传送能量方面，非信号的能量辐射也需要天线，一般天线都具有可逆性，即同一副天线既可用作发射天线，也可用作接收天线，同一天线作为发射或接收的基本特性参数是相同的，这就是天线的互易定理。

2.4.1 天线定义及类型

天线辐射的是无线电波，接收的也是无线电波，然而发射机通过馈线送入天线的并不是无线电波，接收天线也不能把无线电波直接经馈线送入接收机，其中必须经过能量转换过程。在发射端，发射机产生的已调制的高频振荡电流（能量）经馈电设备输入发射天线（馈电设备可随频率和形式不同，直接传输电流波或电磁波），发射天线将高频电流或导波（能量）转变为无线电波——自由电磁波（能量）向周围空间辐射，天线设备在无线传输过程中的位置如图 2-4-1 所示。

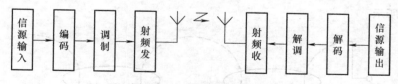

图 2-4-1 无线传输示意图

天线的种类可按工作性质、用途、方向性、工作波长、结构形式、使用场合等不同方面来划分。

1）按工作性质可分为发射天线和接收天线。

2）按用途可分为通信天线、广播天线、电视天线、雷达天线。

3）按方向性可分为全向天线和定向天线。

4）按工作波长可分为超长波天线、长波天线、中波天线、短波天线、超短波天线、微波天线。

5）按结构形式和工作原理可分为线天线和面天线。

6）按维数可分为一维天线和二维天线。

7）按使用场合的不同，可以分为手持终端天线、车载台天线、基地天线。

2.4.2 天线辐射电磁波的工作原理

当导体上通以高频电流时，在其周围空间会产生电场与磁场，按电磁场在空间的分布特性，可分为近区和远区。如果 R 为空间中某一点距导体的距离，在 R 小于 λ 时的区域称为近区，在该区内的电磁场与导体中的电流和电压有紧密的联系。

反之，在 R 大于 λ 的区域称为远区，在该区域内电磁场能离开导体向空间传播，它的变化相对于导体上的电流、电压就要滞后一段时间，此时传播出去的电磁波与导线上的电流、电压已经没有直接的联系了，这个区域的电磁场称为辐射场。

当导线的长度 L 远小于波长 λ 时，辐射很微弱，而当导线的长度 L 增大到可与波长相比拟时，导线上的电流将大大增加，因而就能形成较强的辐射。发射天线正是利用辐射场的这种性质，使传送的信号经过发射天线后能够充分地向空间辐射，天线的空间能量转换原理示意图如图 2-4-2 所示。

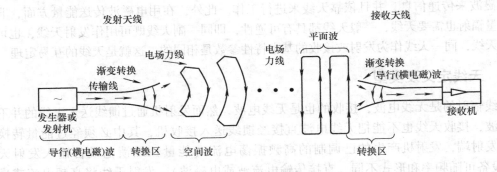

图 2-4-2　天线的空间能量转换原理示意图

电场和磁场在空间是相互垂直的，同时两者又都垂直于传播方向，电磁波传播方向示意图如图 2-4-3 所示。

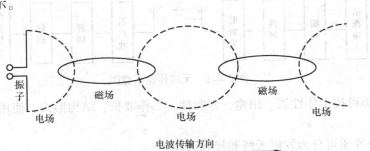

图 2-4-3　电场和磁场在空间传播示意图

2.4.3　天线特性参数

影响天线性能的工作参数和特性有很多，通常在天线设计过程中可以进行调整，如方向性、谐振频率、阻抗、增益、孔径或辐射方向图、极化、效率和带宽等。另外，发射天线还有最大额定功率，而接收天线则有噪声抑制参数，如表 2-4-1 所示。

表 2-4-1　天线电性能参数与机械性能参数

序　号	电性能参数	机械性能参数
1	工作频段	尺寸
2	输入阻抗	重量
3	驻波比	天线罩材料
4	极化方式	外观颜色
5	增益	工作温度
6	方向图	存储温度
7	波瓣宽度	风载
8	下倾角	迎风面积
9	前后比	接头形式
10	旁瓣抑制与零点	包装尺寸
11	功率容量	天线抱杆
12	三阶互调	防雷等级
13	天线口隔离	

（1）天线的方向性

发射天线的基本功能是把从馈线取得的能量向周围空间辐射出去，并且是把大部分能量朝所需的方向辐射，垂直放置的半波对称振子具有平放的"面包圈"形的立体方向图，立体方向图虽然立体感强，但绘制困难，平面方向图用来描述天线在某指定平面上的方向性。天线的方向性特性曲线通常用方向图来表示，方向图宽度一般是指主瓣宽度，即从最大值下降一半时两点所张的夹角。方向图越宽，增益越低；方向图越窄，增益越高，如图 2-4-4 所示。

（2）波瓣宽度

方向图通常都有两个或多个瓣，其中辐射强度最大的瓣称为主瓣，其余的瓣称为副瓣或旁瓣。在主瓣最大辐射方向两侧，辐射强度降低 3dB（功率密度降低一半）的两点间的夹角定义为波瓣宽度（波束宽度或主瓣宽度或半功率角），波瓣宽度越窄，方向性越好，作用距离越远，抗干扰能力越强。

（3）前后比

方向图中，前后瓣最大值之比称为前后比，记为 F/B，前后比越大，天线的后向辐射（或接收）越小，前后比 F/B 的定义式为

$$F/B = 10 \lg [(前向功率密度)/(后向功率密度)]　　　(2-4-1)$$

对天线的前后比 F/B 有要求时，其典型值为 18 ~ 30dB。前后比表示如图 2-4-5 所示。

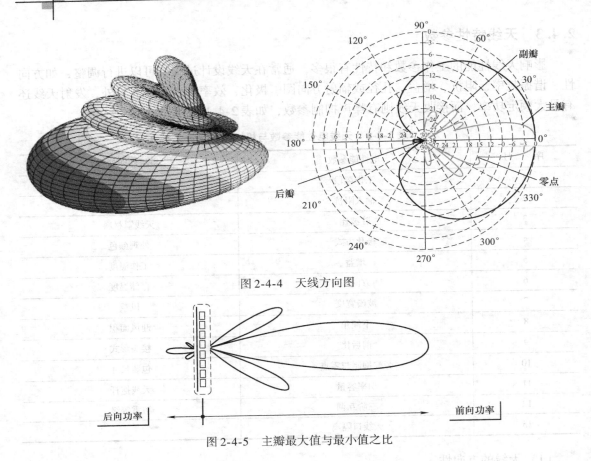

图 2-4-4　天线方向图

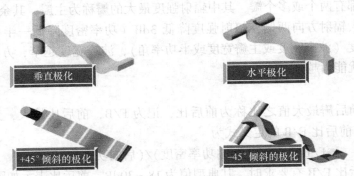

后向功率　　　　　　　　　　　前向功率

图 2-4-5　主瓣最大值与最小值之比

（4）天线的下倾

为使主波瓣指向地面，安置时需要将天线适度下倾。

（5）双极化

当来波的极化方向与接收天线的极化方向不一致时，接收到的信号都会变小，也就是说，此时会发生极化损失。当接收天线的极化方向与来波的极化方向完全正交时，例如用水平极化的接收天线接收垂直极化的来波，或用右旋圆极化的接收天线接收左旋圆极化的来波时，天线就完全接收不到来波的能量，这种情况下极化损失为最大，称极化完全隔离。天线辐射的电磁场的电场方向就是天线的极化方向，如图 2-4-6 所示。

垂直极化　　　　　　　　水平极化

+45° 倾斜的极化　　　　　　−45° 倾斜的极化

图 2-4-6　极化方向示意图

（6）谐振频率

天线在某一频率调谐，并在此谐振频率为中心的一段频带上有效，但其他天线参数（尤其是辐射方向图和阻抗）随频率而变，所以天线的谐振频率可能仅与这些参数的中心频率相近。

（7）天线增益

天线增益是指最强辐射方向的天线辐射方向图强度与参考天线的强度之比取对数。以理想点源天线为参考基准时，选取增益单位 dBi，而以半波振子天线增益为参考基准时，则以 dBd 为单位，两者之间的关系为

$$dBi = dBd + 2.15 \tag{2-4-2}$$

增益主要特性包括：

1）天线是无源器件，不能产生能量，天线增益只是将能量有效集中向某特定的方向辐射或接收电磁波能力。

2）天线增益由振子叠加而产生，增益越高，天线长度越长。

3）天线增益越高，方向性越好，能量越集中，波瓣越窄。

（8）工作频率

无论是发射天线还是接收天线，它们都应在一定的频率范围（频带宽度）内工作，在移动通信系统中，天线的频带宽度就是天线的驻波比（SWR）不超过 1.5 时，天线的工作频率范围值。

（9）输入阻抗

天线的输入阻抗，定义为天线输入端信号电压与信号电流之比，输入阻抗的大小则与天线的结构、尺寸以及工作波长有关，半波对称振子是最重要的基本天线，其输入阻抗为 50Ω。

（10）驻波比

电波穿行于天线系统不同部分（电台、馈线、天线、自由空间）会遇到阻抗差异，因此电波的部分能量会反射回源端，在馈线上形成一定的驻波，此时，电波最大能量与最小能量比值可以测出，将这个值称为驻波比（SWR），驻波比为 1∶1 是理想情况，1.5∶1 的驻波比在能耗较为关键的低能应用上被视为临界值。

驻波比恶化意味着信号反射比较强，也就是说负载和传输线的匹配效果比较差。所以在一个系统中，如果驻波比很差，可能会使信号传输效果变差，通道增益下降。

（11）带宽

定向天线和全向天线的水平、垂直波瓣宽度如图 2-4-7 所示。

（12）下倾角

下倾角用于控制覆盖、减小交调，包括两种调节方法：机械下倾和电调下倾。调节方式如图 2-4-8 所示。

（13）特征阻抗

特征阻抗是微波传输线的固有特性，它等于模式电压与模式电流之比，无耗传输线的特征阻抗为实数，有耗传输线的特征阻抗为复数。馈线特征阻抗与导体直径以及导体间介质的介电常数 ε 有关，而与馈线长短、工作频率以及馈线终端所接负载阻抗无关。

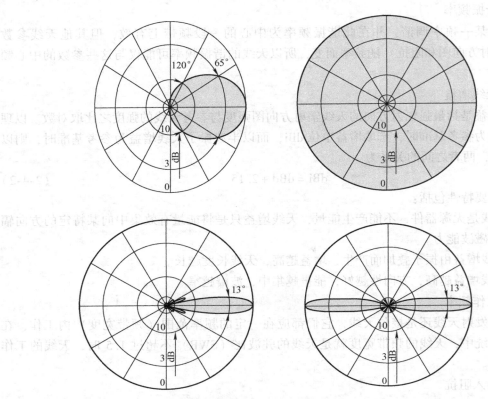

图 2-4-7　波瓣 3dB 宽度示意图（水平-垂直）

（14）馈线衰减系数

信号在馈线里传输，除有导体的电阻损耗之外，还包括绝缘材料的介质损耗，这两种损耗随馈线长度的增加以及工作频率的提高而增加，因此，应合理布局尽量缩短馈线长度。单位长度产生的损耗大小用衰减系数表示，其单位为 dB/m（分贝/米），或者是用 dB/100m（分贝/百米），典型线缆的衰减系数如表 2-4-2 所示。

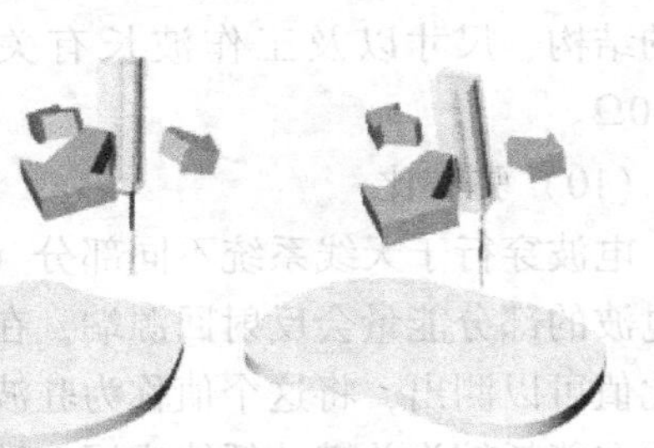

图 2-4-8　电调下倾（左）和机械下倾（右）

表 2-4-2　几种线缆的衰减系数比较

型　号	频率/MHz	890	1000	1700	2000	SWR	弯曲半径/m	生产厂家
LDF5－50A(7/8)	衰减系数/(dB/100m)	4.03	4.3	5.87	6.46	1.15	0.25	ANDREW
LDF6－50(5/4)		2.98	3.17	4.31	4.77	1.15	0.38	ANDREW
M1474A(7/8)			4.3		6.6	1.15	0.22	ACOME
SYFY－50－22(7/8)		4.03		5.87	6.46	1.15	0.3	天津 609 厂
HFC22D－A(7/8)			4.47		6.7	1.15	0.25	LG

（15）回波损耗

表示为天线入口入射波的功率与反射波功率之比。

2.4.4　几种典型的移动通信收发天线

移动通信系统常用的天线有基站天线、直放站天线与室内天线，天线的选择需要根据服务区的覆盖、服务质量、话务分布、地形地貌条件来综合考虑。常见的天线实物如图 2-4-9 所示。

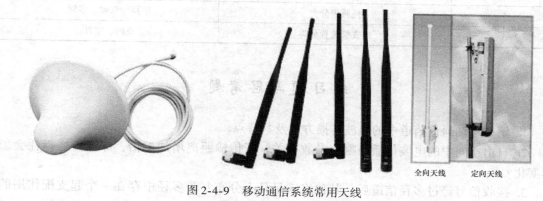

全向天线　　定向天线

图 2-4-9　移动通信系统常用天线

（1）板状天线

这类天线是用得最为普遍的一类，且是极为重要的基站天线，其优点是增益高、扇形区方向图好、后瓣小、垂直面方向图俯角控制方便、密封性能可靠并且使用寿命长，板状天线也常常被用作直放站的用户天线。

（2）栅状抛物面天线

除板状天线外，也可选用栅状抛物面天线作为直放站施主天线，由于抛物面具有良好的聚焦作用，所以抛物面天线集射能力较强。

（3）八木定向天线

八木定向天线具有增益较高、结构轻巧、架设方便、价格便宜等优点。因此，它特别适用于点对点的通信，例如它是室内分布系统的室外接收天线的首选天线类型，并且，八木定向天线的单元数越多，其增益越高。

（4）全向吸顶天线

全向吸顶天线具有结构轻巧、外形美观、安装方便等优点，市场上见到的室内吸顶天线，外形花色很多，但其内芯的构造几乎都是一样的。这种吸顶天线的内部结构，虽然尺寸很小，但由于是在天线宽带理论的基础上，借助计算机的辅助设计，以及使用网络分析仪进行调试，所以能很好地满足在非常宽的工作频带内的驻波比要求，按照国家标准，在较宽的频带内工作的天线其驻波比指标要求为 SWR≤2。当然，如果能达到 SWR≤1.5 更好。室内吸顶天线属于低增益天线，一般为 $G=2\mathrm{dBi}$。

（5）环形天线

环形天线有普通的单极或多极天线功能，再加上小型环形天线的体积小、高可靠性和低成本等优势，使其成为微小型通信产品的理想天线。

天线种类的分类如表 2-4-3 所示。

表 2-4-3　各种天线类型划分

序　号	划分依据	典型代表
1	按形状分类	鞭状、板状、吸顶、抛物面
2	按方向性分类	全向、定向
3	按极化分类	单极化、双极化
4	按下倾分类	机械下倾、电调下倾
5	按频带分类	单频、双频、多频
6	按安装位置分类	室内、室外

练习题与思考题

1. 阐述移动通信信道中的电波传播方式及其特点。

2. 自由空间中的电波传播与哪些参数有关？若传输距离增加 1 倍，那么传播损耗会怎样变化？

3. 接收信号经过多径信道后，其包络满足什么分布？若多径中存在一个起支配作用的直达波，其包络满足什么分布？

4. 解释时延扩展和相关带宽的概念。

5. 假设基站发射机发射载频为 1850MHz，终端移动台以 80km/h 的速度运动，计算最大多普勒频移。

第3章 移动通信中的调制解调技术

3.1 概述

从时域角度来看，调制就是用基带信号去控制载波信号的某个或几个参量的变化，将信息荷载在其上形成已调信号传输，而解调是调制的反过程，通过具体的方法从已调信号的参量变化中恢复原始的基带信号。从频域角度看，调制就是将基带信号的频谱搬移到信道通带中或者其中的某个频段上的过程，而解调是将信道中来的频带信号恢复为基带信号的反过程。

这里所说的基带信号，是指信源（信息源）发出的没有经过调制（进行频谱搬移和变换）的原始电信号，其特点是频率较低，信号频谱从零频附近开始，具有低通形式，根据原始电信号的特征，基带信号可分为数字基带信号和模拟基带信号（相应地，信源也分为数字信源和模拟信源）。

与基带信号相反，调制信号是由原始信息变换而来的低频信号，调制本身是一个电信号变换的过程，是按原始信号的特征去改变载频信号的某些特征值（如振幅、频率、相位等），导致载频信号的这个特征值发生有规律的变化，当然，这个规律是由基带信号本身的规律所决定的，由此，载频信号就携带了信息源的相关信息。

按照不同的分类方式，调制的种类也有多种：

1）按调制信号的形式不同，调制可分为模拟调制和数字调制。用模拟信号来进行调制称为模拟调制，用数据或数字信号来进行调制称为数字调制。

2）按被调信号的种类不同，可分为脉冲调制、正弦波调制和强度调制。脉冲调制的载波是脉冲，正弦波调制的载波是正弦波，强度调制的载波是高频的光波。

移动通信对调制方式的指标需求包括：

1）频带利用率，表示为 $\eta = R_b/B$，其中 R_b 为比特速率，B 为无线信号的带宽，单位为 bit/s/Hz。

2）功率效率（保持信息精确度的情况下所需的最小信号功率，或者说最小信噪比）。

3）已调信号恒包络。

4）易于解调。

5）带外辐射（要求已调信号的功率谱的副瓣要小，使超出带宽外的信号功率降低到规定值以下，一般要求达到 $-70 \sim -60$dB）。

具体采用何种调制方式，在移动通信系统设计中，要综合考虑以上各种因素的影响。

3.2 数字频率调制

3.2.1 移频键控（FSK）调制

移频键控（Frequency – Shift Keying，FSK）也称为数字频率控制，是数字通信中使用较成熟的一种调制方式，基本原理是利用载波的频率变化来传递数字信息。在数字通信系统中，这种频率的变化不是连续而是离散的，移频键控广泛应用于低速数据传输设备中，它的调制方法简单易于实现、解调不需要恢复本地载波、可以异步传输、抗噪声和衰落性能较强，在中低速数据传输中得到了广泛的应用。

FSK 的数学表达式为

$$S(t) = \sum_n b_n g(t - nT_s)\cos(\omega_1 t + \varphi_1) + \sum_n \overline{b_n} g(t - nT_s)\cos(\omega_2 t + \varphi_2) \tag{3-2-1}$$

式中，当传"1"码时，对应输出频率 f_1；当传"0"码时，对应输出频率 f_2。

2FSK 信号的带宽为

$$B = |f_2 - f_1| + 2f_s \tag{3-2-2}$$

2FSK 信号的调制波形如图 3-2-1 所示。

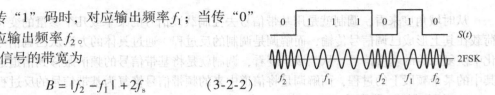

图 3-2-1 2FSK 信号的调制波形

3.2.2 最小移频键控（MSK）调制

在 FSK 方式中，相邻码元的频率不变或者跳变一个固定值，而在两个相邻的频率跳变的码元之间，其相位通常是不连续的，MSK（Minimum Shift Keying）的设计目标是对 FSK 信号做某种改进，使其相位始终保持连续不变，从而使得调制后的频谱主瓣窄、旁瓣衰落快，满足通信系统信道宽度要求，节省频率资源。

MSK 是一种特殊的 FSK 调制，其特殊性体现在：①正交信号的最小频差；②在相邻符号交界处相位保持连续；③最小频差越小，频带利用率越高。连续相位 FSK 的表达式为

$$S(t) = A\cos[\omega_c t + \theta(t)] \tag{3-2-3}$$

相对于未调载波 ω_c，ω_1 和 ω_2 的偏移为 $\pm\Delta\omega$，因此

$$S(t) = A\cos[\omega_c t + \Delta\omega + \theta(0)] \tag{3-2-4}$$

式中，$\omega_1 = \omega_c + \Delta\omega$，$\omega_2 = \omega_c - \Delta\omega$，$\omega_c = \dfrac{\omega_1 + \omega_2}{2}$，$\Delta\omega = \dfrac{\omega_1 - \omega_2}{2}$。初始相位角取决于过去码元调制的结果，其选择的依据是要防止相位的任何不连续性。

FSK 信号正交的条件是

$$2\Delta\omega T_s = n\pi \quad n \text{ 为整数} \tag{3-2-5}$$

要使得频带利用率提高，频偏就要降低，当 $n = 1$ 时为最小，即调制指数表示为

$$2\Delta\omega T_s/\pi = 1 \tag{3-2-6}$$

相位的变化曲线示意图如图 3-2-2 所示。

MSK 调制信号的特征包括：

1）MSK 信号为恒包络已调波，不但功率谱特性好，更适于非线性信道传输，如短波衰落信道。移动通信多采用 MSK。

2）每比特码元间隔包含整数倍的 1/4 载波周期。

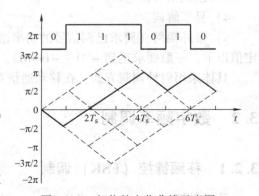

图 3-2-2 相位的变化曲线示意图

3）以信道载波相位为基准，在传输码元 1 或 0 的转换时刻，相位线性地增加或减少 $\pi/2$，MSK 的已调波相位变化为 0、$\pm\pi/2$，与 QPSK 的 0、$\pm\pi/2$ 及 π 的相位变化比较，性能较优。

4）调制指数为 0.5。

5）码元转换时刻，信号的相位是连续的，即信号波形无突变。

6）能以最小的调制指数（即 0.5）获得正交信号。

7）对于给定的频带，能具备更高的比特速率（相对于 PSK）。

3.2.3　高斯滤波的最小移频键控（GMSK）调制

为了进一步减小两个不同频率的载波在切换时的跳变能量，使得在相同的数据传输速率时，频道间距可以变得更紧密，在 MSK 调制的基础上，使数据流送交频率调制器前先通过一个高斯（Gauss）滤波器（预调制滤波器）进行预调制滤波，由于数字信号在调制前进行了高斯预调制滤波，调制信号在交越零点不但相位连续，而且平滑过滤，因此 GMSK 调制的信号频谱紧凑、误码特性好。

GMSK 信号的产生原理示意图如图 3-2-3 所示。

需要注意的是：

1）低通滤波器为高斯滤波器。

2）输出直接对 VCO 模块调频，以保持已调波包络的恒定和相位的连续。

3）使用锁相环模块对相位突变进行平滑，使得在码元转换点相位连续，没有尖角。

GMSK 调制的相位变化曲线如图 3-2-4 所示。

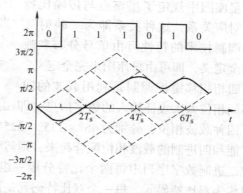

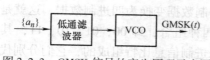

图 3-2-3　GMSK 信号的产生原理示意图　　　图 3-2-4　GMSK 调制的相位变化曲线

3.3　数字相位调制

3.3.1　二相相移键控（BPSK）调制

在数字相位调制中，载波的相位随调制信号状态不同而改变，如果两个频率相同的载波同时开始振荡，这两个频率同时达到正最大值，同时达到零值，同时达到负最大值，此时它们就处于"同相"状态；如果一个达到正最大值时，另一个达到负最大值，则称为"反相"。把信号振荡一次（一周）作为 360°，如果一个波比另一个波相差半个周期，两个波的相位差180°，也就是反相。当传输数字信号时，"1"码控制发0°相位，"0"码控制发180°相位。

BPSK信号相干解调的过程，是输入已调信号与本地载波信号进行极性比较的过程，因此可以采用极性比较法进行解调，由于BPSK信号实际上是以一个固定初相的未调载波为参考，因此，解调时必须有与此同频同相的同步载波。如果同步载波的相位发生变化，如0相位变为π相位或π相位变为0相位，则恢复的数字信息就会发生"0"变"1"或"1"变"0"，从而造成错误的恢复，这种因为本地参考载波倒相，而在接收端发生错误恢复的现象称为"倒π"现象或"反相工作"现象。绝对移相的主要缺点是容易产生相位模糊，造成反相工作。这也是它实际应用较少的主要原因。

3.3.2　四相相移键控（QPSK）调制

对于输入的二进制数字序列先进行分组，将每两个比特编为一组，然后用4种不同的载波相位来表征，而这种编组通常是按格雷码排列的，QPSK信号载波相位矢量示意图如图3-3-1所示。

星座图中定义了一种调制技术的两个基本参数：

1）信号分布。

2）与调制数字比特之间的映射关系。

星座图中规定了星座点与传输比特间的对应关系，这种关系即为"映射"，一种调制技术的特性可由信号分布和映射完全定义，即可由星座图来完全定义。

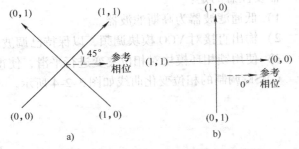

图 3-3-1　QPSK 信号载波相位矢量示意图

四相相移键控调制是利用载波的四种不同相位差来表征输入的数字信息，即四进制移相键控。在 $M = 4$ 时，QPSK调相技术规定了四种载波相位，分别为45°、135°、225°、315°，调制器输入的数据是二进制数字序列，为了能和四进制的载波相位配合起来，则需要把二进制数据变换为四进制数据，这就是说需要把二进制数字序列中每两个比特分成一组，共有四种组合，即00、01、10、11，其中每一组称为双比特码元。每一个双比特码元是由两位二进制信息比特组成的，它们分别代表四进制四个符号中的一个符号。

QPSK中每次调制可传输2个信息比特，这些信息比特是通过载波的四种相位来传递的。解调器根据星座图及接收到的载波信号的相位来判断发送端发送的信息比特。QPSK调制原理结构框图如图3-3-2所示。

首先将输入的串行二进制信息序列经串/并变换，变成 $m = \log_2 M$ 个并行数据流，每一路的数据率是 R/m，

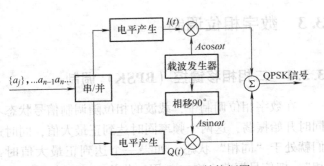

图 3-3-2　QPSK 调制原理结构框图

R 是串行输入码的数据率。I/Q 信号发生器将每一个 m 比特的字节转换成一对数字,分成两路速率减半的序列,电平发生器分别产生双极性二电平信号 $I(t)$ 和 $Q(t)$,然后对 $\cos x$ 和 $\sin x$ 进行调制,相加后即得到 QPSK 信号。

将 QPSK 看作是两个正交 2PSK 信号的合成,因此可由两个 2PSK 信号相干解调器完成对 QPSK 信号的解调,其原理结构框图如图 3-3-3 所示。

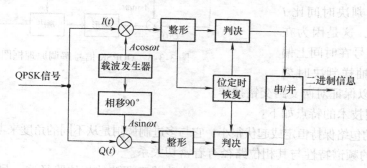

图 3-3-3 QPSK 解调原理结构框图

3.3.3 偏移四相相移键控(OQPSK)调制

采用 NRZ(不归零码)直接进行调制所得的 QPSK 信号的幅度非常恒定,但缺点是它的信号频谱较宽,当 QPSK 进行波形成形时,它们将失去恒包络的性质,从而发生弧度为 π 的相移,会导致信号的包络在瞬间通过零点,任何一种在过零点的非线性放大都会引起旁瓣再生和频谱扩展,必须使用效率较低的线性放大器放大 QPSK 信号,这将使放大器的效率受到限制,进而影响到终端的小型化。

为了克服 QPSK 对信道的线性度要求,交错 QPSK(OQPSK)或参差 QPSK 虽然在非线性环境下也会产生频谱扩展,但对此已不那么敏感,因此能支持更高效率的放大器。OQPSK 是 QPSK 的改进型,它与 QPSK 有同样的相位关系,也是把输入码流分成两路,然后进行正交调制。不同点在于它将同相和正交两支路的码流在时间上错开了半个码元周期,由于两支路码元半周期的偏移,每次只有一路可能发生极性翻转,不会发生两支路码元极性同时翻转的现象。因此,OQPSK 信号相位只能跳变 0°、±90°,不会出现 180°的相位跳变。

OQPSK 信号产生原理框图如图 3-3-4 所示。

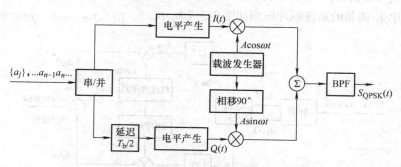

图 3-3-4 OQPSK 信号产生原理框图

OQPSK 信号解调原理框图如图 3-3-5 所示。

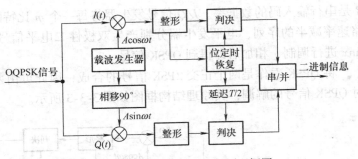

图 3-3-5　OQPSK 信号解调原理框图

OQPSK 信号可采用正交相干解调方式解调，相比于 QPSK 信号的解调，OQPSK 对 Q 支路信号抽样判决时间比 I 支路延迟了 $T/2$，这是因为在调制时 Q 支路信号在时间上偏移了 $T/2$，所以抽样判决时刻也应偏移 $T/2$，以保证对两支路交错抽样。

OQPSK 调制技术的特点如下：

1）已调波的包络保持恒定或起伏很小，它与多进制调制是从不同的角度来考虑调制技术的。

2）已调波的频谱特性与其相位路径有着密切关系。

3）恒包络调制技术的发展是围绕着进一步改善已调波的相位路径这一目标进行的。

4）BPF（带通滤波器）的作用是形成 QPSK 信号频谱形状，保持包络恒定。

OQPSK 克服了 QPSK 的 180°的相位跳变，信号通过 BPF 后包络起伏小，性能得到了改善，但是，当码元转换时，相位变化不连续，存在 90°的相位跳变，因而高频滚降慢，频带仍然较宽。

3.3.4　π/4 四相相移键控（π/4－QPSK）调制

为了改进 QPSK 调制信号的频谱特性，美国贝尔电话实验室的 P·A. Baker 于 1962 年首次在 QPSK 和 OQPSK 的基础上提出了 π/4－QPSK 调制方法，π/4－QPSK 已调信号在"●"组和"○"组信号间交替跳变，使两种方式的矢量图合二为一，并且使载波相位只能从一种模式向另一种模式跳变，其信号星座图如图 3-3-6 所示。

π/4－QPSK 已调信号的相位突变仅限于 $+\pi/4$、$-\pi/4$、$+3\pi/4$ 和 $-3\pi/4$，不会因 180°相位突跳引起 100%包络起伏，因此比 QPSK 调制方式具有更好的频谱特性。π/4－QPSK 调制的系统原理框图如图 3-3-7 所示。

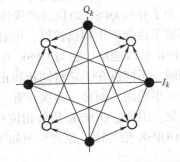

图 3-3-6　π/4－QPSK 信号星座图

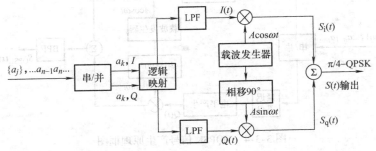

图 3-3-7　π/4－QPSK 调制的系统原理框图

输入比特串经过串/并变换器后，被分割成两组并行的数据串 Q 分量与 I 分量，每组的码率等于输入比特率的一半，其中 Q 分量与 I 分量分别表示为

$$I_k = I_{k-1}\cos\Delta\theta_k - Q_{k-1}\sin\Delta\theta_k \tag{3-3-1}$$
$$Q_k = I_{k-1}\sin\Delta\theta_k - Q_{k-1}\cos\Delta\theta_k \tag{3-3-2}$$

Q 分量与 I 分量信息比特与相移间的映射关系如表 3-3-1 所示。

表 3-3-1　输入比特对应载波相移的映射表

信息比特 (I, Q)	相　移
(1, 1)	$+\pi/4$
(0, 1)	$+3\pi/4$
(0, 0)	$-3\pi/4$
(1, 0)	$-\pi/4$

Q 分量与 I 分量信息串分别被两个相互正交的载波调制，产生 $\pi/4$-QPSK 波形可以表示为

$$S_{\pi/4\text{-QPSK}} = I(t)\cos(\omega t) - Q(t)\sin(\omega t) \tag{3-3-3}$$

矩形脉冲通过带限信道时，脉冲会在时间上扩展，每个符号的脉冲将扩展到相邻符号的码元内造成码间串扰，导致接收机在检测码元时误码率增大。LPF 模块能够将输入的二进制电平转换为一定波形的信号，目的是降低码间串扰，提高频带利用率，改善信号的时频特性，可以提高接收端的信噪比和系统的抗干扰性。在信道干扰受控的系统中，当发射端采用满足奈奎斯特准则的升余弦滚降滤波器时，接收端带通滤波器（BPF）可采用窄带最大平坦滤波器，使系统易于实现。

升余弦滚降滤波器的传递函数可表示为

$$H = \begin{cases} T_b & 0 < f < f_b(1-\alpha)/2 \\ 0 & f_b(1+\alpha)/2 < f \\ T_b\cos^2\dfrac{\pi}{2\alpha}T_b\left(f_b - \dfrac{1-\alpha}{2T_b}\right) & f_b(1-\alpha)/2 \leqslant f \leqslant f_b(1+\alpha)/2 \end{cases} \tag{3-3-4}$$

式中，α 为滚降因子，取值范围为 0~1，实际应用中一般取 0.25~0.6。

$\pi/4$-QPSK 信号的幅度范围介于 QPSK 和 OQPSK 信号幅度范围之间，适合差分解调（非相干检测），即利用与输入信号中所包含的被调制信号载波同频同相的相干载波进行解调，差分解调可分为三类，分别是鉴频器检测、中频差分检测和基带差分检测。鉴频器检测方案实现较为简单，但由于系统采用四电平检测，经多径效应严重的信道后，信号被误检的概率大大增加，同时，对带通滤波器的要求较为严格，不适合方案的实现。中频差分检测不需要接收机产生本地载波，易实现快速同步，但由于需要较多级移位寄存器以保证输入/输出信号的相似，对数字电路芯片的要求较高，尤其在数据比特率较高的场合，同时延迟时钟需要很高的精度，实现较为困难。因此，解调采用基带差分检测方案。

3.4　正交幅度调制（QAM）

正交幅度调制是用两路独立的基带信号，对两个相互正交的同频载波进行抑制载波双边带调幅，利用这种已调信号的频谱在同一带宽内的正交性，实现两路并行的数字信息的传

输。正交幅度调制方式通常有四进制 QAM（4 - QAM）、十六进制 QAM（16 - QAM）、六十四进制 QAM（64 - QAM）等，对应的空间信号矢量端点分布图（星座图），分别有 4、16、64、…个矢量端点。电平数 m 和信号状态 M 之间的关系是，对于 4 - QAM 而言，当两路信号幅度相等时，其产生、解调、性能及相位矢量均与 4 - PSK 相同。

在 QAM 中，数据信号由相互正交的两个载波的幅度变化表示，模拟信号的相位调制和数字信号的 PSK（相移键控）可以被认为是幅度不变、仅有相位变化的特殊的正交幅度调制。因此，模拟信号相位调制和数字信号的 PSK（相移键控）可以被看作是 QAM 的特例，其本质是相位调制。

QAM 是一种矢量调制，将输入比特个数先映射（一般采用格雷码）到一个复平面（星座）上，形成复数调制符号，然后将符号的 I 分量和 Q 分量（对应复平面的实部和虚部）采用幅度调制，分别对应调制在相互正交（时域正交）的两个载波（相互正交）上，这样与幅度调制（AM）相比，其频谱利用率将提高 1 倍。

QAM 是幅度、相位联合调制的技术，它同时利用了载波的幅度和相位来传递信息比特，因此在最小距离相同的条件下，可实现更高的频带利用率，QAM 最高已达到 1024 - QAM（信号状态 $M = 1024$ 个样点），样点数目越多，其传输效率越高，例如具有 1024 个样点的 1024 - QAM 信号，每个样点表示一种矢量状态，1024 - QAM 有 1024 种状态，每 10 位二进制数规定了 1024 种状态中的一种，1024 - QAM 中规定了 1024 种载波和相位的组合，1024 - QAM 的每个符号和周期传送 10bit。

正交振幅调制信号的一般表示式为

$$S_{\text{MQAM}}(t) = \sum_n A_n g(t - nT_s) \cos(\omega_c t + \theta_n) \tag{3-4-1}$$

多进制正交幅度调制的表示式为

$$S_{\text{MQAM}}(t) = X(t) \cos\omega_c t - Y(t) \sin\omega_c t \tag{3-4-2}$$

QAM 调制器的原理是发送数据在比特/符号编码器（也就是串/并变换器）内被分成两路，各为原来两路信号的 1/2，然后分别与一对正交调制分量相乘，求和后输出。接收端完成相反过程，正交解调出两个相反码流，并且补偿由信道引起的失真，判决器识别复数信号并映射回原来的二进制信号。QAM 信号的调制原理框图如图 3-4-1 所示。

当对数据传输速率的要求高过 8 - PSK 能提供的上限时，采用 QAM 的调制方式，因为 QAM 的星座点比 PSK 的星座点更分散，星座点之间的距离因此更大，所以能提供更好的传输性能，但与此同时也增加了 QAM 解调的复杂性。

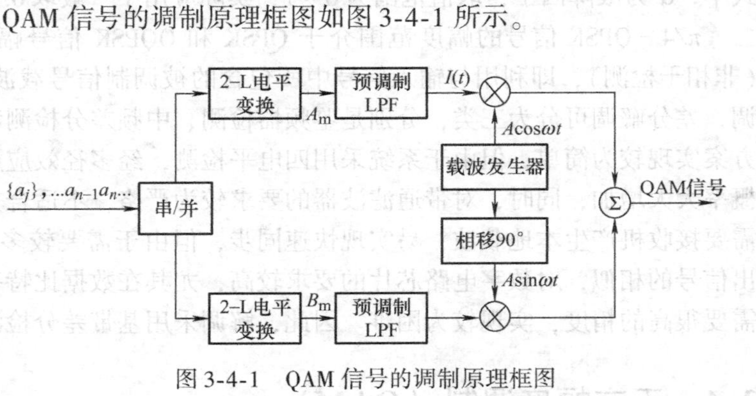

矩形 QAM 的星座图呈

图 3-4-1　QAM 信号的调制原理框图

矩形网格配置，因为矩形 QAM 信号之间的最小距离并不是相同能量下最大的，因此它的误码率性能没有达到最优，不过，考虑到矩形 QAM 等效于两个正交载波上的脉冲幅度调制

（PAM）的叠加，因此矩形 QAM 的调制解调比较简单。与之相对比，是环状的星座图，其中对于样点值为 8 的 8 - QAM，环状的星座图可以使用最低的平均能量来达到最小的欧几里得度量，与 8 - QAM 相比，环状的 16 - QAM 则是亚优化的，并且环状的 QAM 能非常好地显示出 QAM 与相移键控之间的关系。16 - QAM 信号矢量端点的星座图如图 3-4-2 所示。

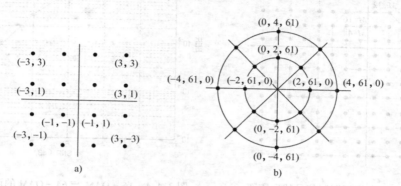

图 3-4-2   信号矢量端点星座图
a）矩形   b）环形

假设信号点之间的最小距离为 2A，且所有信号点等概率出现，则平均发射信号功率可以表示为

$$P(s) = \frac{A^2}{M} \sum_{i=1}^{M} (c_i^2 + d_i^2) \tag{3-4-3}$$

具体来说，对于矩形 16 - QAM，信号平均功率为

$$P(s) = \frac{A^2}{M} \sum_{i=1}^{M} (c_i^2 + d_i^2) = \frac{A^2}{16}(4 \times 2 + 8 \times 10 + 4 \times 18) = 10A^2 \tag{3-4-4}$$

对于环形 16 - QAM，信号平均功率为

$$P(s) = \frac{A^2}{M} \sum_{i=1}^{M} (c_i^2 + d_i^2) = \frac{A^2}{16}(8 \times 2.61^2 + 8 \times 4.61^2) = 14A^2 \tag{3-4-5}$$

多进制 M - QAM 信号的星座图如图 3-4-3 所示。

不同形状的 M - QAM 星座图的特点如下：

1）环形与矩形 16 - QAM 两者功率相差 1.4dB。

2）结构上，环形 16 - QAM 只有两个振幅值，而矩形 16 - QAM 有 3 种振幅。

3）环形 16 - QAM 有 8 种相位值，而矩形 16 - QAM 有 12 种相位值。

4）$M = 4$、16、64、256 时为矩形，而 $M = 32$、128 时星座图为十字形。

5）信号点间的最小距离为 $d_{M-QAM} = \frac{\sqrt{2}}{L-1}$。

6）当 $M = 4$ 时，4 - PSK 与 4 - QAM 星座图相同，$d_{4-PSK} = d_{4-QAM}$。

7）当 $M = 16$ 时，16 - QAM 系统的抗干扰能力优于 16 - PSK，$d_{16-PSK} = 0.39 < d_{16-QAM} = 0.47$。

由于 QAM 的频带利用率的提高是以牺牲一定误码率为代价的，因此选择多进制的 QAM 调制，需要先预测信道质量，电平数不一定越高越好。16 - QAM 和 64 - QAM 的误码性能仿真图形如图 3-4-4 所示。

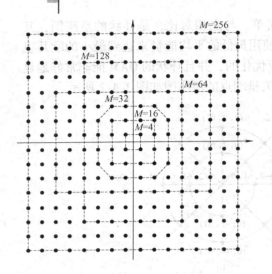

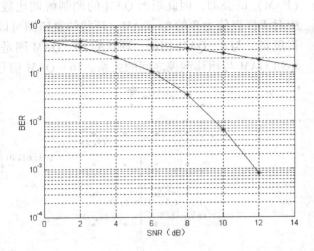

图 3-4-3　多进制正交振幅调制信号的星座图
（$M=4$、16、32、64、128、256）

图 3-4-4　16-QAM 与 64-QAM 的误码性能比较
（下方为 16-QAM 曲线，上方为 64-QAM 曲线）

在理想的带通信道的情况下，M-PSK 信号、QAM 信号以及相关 M-FSK 信号的带宽和功率有效性如表 3-4-1 所示。

表 3-4-1　信号的带宽和功率有效性比较

	进制数 M	2	4	8	16	32	64
M-PSK	$\eta_B = R_b/B$	0.5	1	1.5	2	2.5	3
	$E_b/N_0 (BER=10^{-6})$	10.5	10.5	14	18.5	23.4	28.5
M-FSK	$\eta_B = R_b/B$	0.4	0.57	0.55	0.42	0.29	0.18
	$E_b/N_0 (BER=10^{-6})$	13.5	10.8	9.3	8.2	7.5	6.9

3.5　多载波调制技术

单载波调制一般采用一个载波信号，在数据传输速率不太高、多径干扰不是特别严重时，通过使用均衡算法可使系统正常工作，但是对于宽带数据业务来说，由于数据传输速率较高，时延扩展造成数据符号间的相互重叠，从而产生符号间干扰。

根据前面介绍的相干带宽的知识可以发现，当信号的带宽超过和接近信道的相干带宽时，信道仍然会造成频率选择性衰落。多载波调制（Multi-Carrier Modulation，MCM）技术采用多个载波信号，把数据流分解为若干个子数据流，从而使子数据流具有更低的传输比特速率，利用这些数据分别去调制若干个载波。

所以，在多载波调制信道中，数据传输速率相对较低，码元周期加长，只要时延扩展与码元周期相比小于一定的比值，就不会造成码间干扰，因而多载波调制对于信道的时间弥散性不敏感。

3.5.1　多载波传输系统

多载波调制可以通过多种技术途径来实现，如多音实现（Multitone Realization）、正交多载波调制（OFDM）、MC-CDMA 编码和编码 MCM（Coded MCM）。多载波传输系统主要包括编码映射模块、调制与相干解调模块以及串/并变换模块，其原理框图如图 3-5-1 所示。

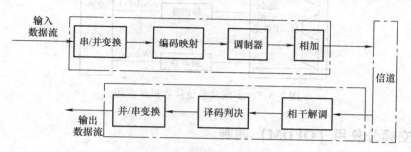

图 3-5-1　多载波传输系统原理框图

当输入的数据比特流通过串/并变换后，变为 N 个子比特流，用前面所述的线性调制方式将其第 i 个子比特流调制到第 i 个子载波上，带宽为 B_N，则叠加后的发送信号为

$$S_{\text{MCM}} = \sum_{i=0}^{N-1} S_i g(t) \cos(\omega_i t) \tag{3-5-1}$$

式中，g 为波形成形后的脉冲；S 为第 i 个子载波上的符号，并且子载波频率需要满足信道条件，即

$$\omega_i = \omega_0 + iB_N \quad (i = 0,1,2,\cdots,N-1) \tag{3-5-2}$$

可以发现，每个子载波数据流占用一个子信道，其带宽为 B_N，总的数据传输速率通过计算可得

$$R = NR_N \tag{3-5-3}$$

相应地，总的带宽可以表示为

$$B = NB_N \tag{3-5-4}$$

MCM 在不改变原有系统信号带宽与数据传输速率的条件下，其子载波带宽远小于信道的相干带宽，所以产生误码的概率很小。MCM 传输系统的发射部分如图 3-5-2 所示。

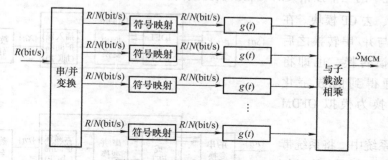

图 3-5-2　多载波发射机示意图

MCM 传输系统的接收部分如图 3-5-3 所示。

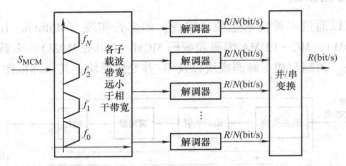

图 3-5-3　多载波系统接收机示意图

3.5.2　正交频分复用（OFDM）调制

OFDM（Orthogonal Frequency Division Multiplexing）即正交频分复用，实际上是多载波调制的一种，它是多载波传输方案的实现方式之一，它的调制和解调是分别基于 IFFT 和 FFT 来实现的，是实现复杂度最低、应用最广的一种多载波传输方案。

OFDM 中的各个载波是相互正交的，每个载波在一个符号时间内有整数个载波周期，每个载波的频谱零点和相邻载波的零点重叠，这样便减小了载波间的干扰。由于载波间有部分重叠，所以它比传统的 FDMA 提高了频带利用率。

OFDM 传播过程中，高速信息数据流通过串/并变换，分配到速率相对较低的若干子信道中传输，每个子信道中的符号周期相对增加，这样可减少因无线信道多径时延扩展所产生的时间弥散性对系统造成的码间干扰。另外，由于引入了保护间隔，在保护间隔大于最大多径时延扩展的情况下，可以最大限度地消除多径带来的符号间干扰。如果用循环前缀作为保护间隔，还可避免多径带来的信道间干扰。

在频分复用系统中，整个带宽分成了多个子频带，子频带之间不重叠，为了避免子频带间相互干扰，频带间通常加保护带宽，但这会使频谱利用率下降。为了克服这个缺点，OFDM 采用 N 个重叠的子频带，子频带间正交，因而，在信号接收端无需分离频谱就可将信号接收下来。

OFDM 系统实现框图如图 3-5-4 所示。

OFDM 系统中的三个强相关的功能模块分别为：串/并、并/串变换模块；FFT、IFFT 转换模块；加 CP、去 CP 模块。在载波调制之前与并/串转换之后需要实现数-模转换，也即将 DSP 芯片处理得到的数字化 OFDM 数据转换为模拟 OFDM 信号。

在 OFDM 系统中，将系统带宽 B 分为 N 个带宽为 Δf 的子信道，把 N 个串行码元变换为 N

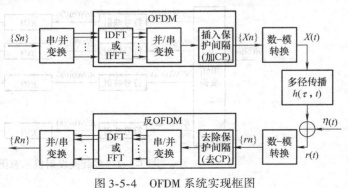

图 3-5-4　OFDM 系统实现框图

个并行的码元（符号长度 T_s 是单载波系统的 N 倍），分别调制这 N 个子信道载波进行同步传输，子载波的间隔 $\Delta f = 1/T_s$，所有的子载波在 T_s 内是相互正交的。

OFDM 信号生成原理示意图如图 3-5-5 所示。

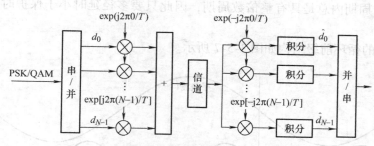

图 3-5-5　OFDM 信号生成原理示意图

承载了 PSK 或 QAM 调制信号的子载波叠加信号表示为

$$s(t) = \sum_{i=0}^{N-1} d_i \exp\left[\mathrm{j}2\pi\left(f_c + \frac{i}{T}\right)t \right]$$

$$= \sum_{i=0}^{N-1} d_i \exp\left(\mathrm{j}2\pi\frac{i}{T}t + \mathrm{j}2\pi f_c t \right) \quad 0 \leqslant t \leqslant T \tag{3-5-5}$$

对于信号 $s(t)$，以 T/N 的速率进行抽样，可以得到

$$S_k = S\left(k\frac{T}{N}\right) = \sum_{i=0}^{N-1} d_i \exp\left(\mathrm{j}\frac{2\pi ki}{N} \right)(0 \leqslant k \leqslant N-1) \tag{3-5-6}$$

即可得到

$$\{S_k\} = \mathrm{IDFT}\{d_i\} \tag{3-5-7}$$

对数据进行 OFDM 调制和采样的过程，可以等效为离散傅里叶反变换的运算。

在 OFDM 系统的发射端加入保护间隔，可以消除多径所造成的 ISI（符号间干扰），其方法是在 OFDM 符号保护间隔内填入循环前缀，以保证在 FFT 周期内 OFDM 符号的时延副本内包含的波形周期个数也是整数，使得在解调过程中不会产生 ISI。

由于多径效应造成的子载波间干扰影响示意图如图 3-5-6 所示。

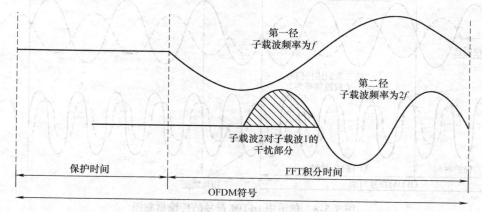

图 3-5-6　OFDM 子载波间干扰影响示意图

当 OFDM 接收机解调子载波 1 的信号时，会引入子载波 2 对它的干扰，同理亦然。这主要是由于在 FFT 积分时间内两个子载波的周期不再是整倍数，从而不能保证正交性。

循环前缀是将 OFDM 符号尾部的信号搬移到头部构成的，这样可以保证有时延的 OFDM 信号在 FFT 积分周期内总是具有整倍数周期，因此只要多径延时小于保护时间，就不会造成载波间干扰。

OFDM 符号的循环前缀结构如图 3-5-7 所示。

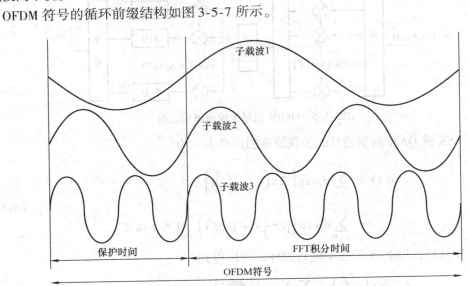

图 3-5-7　增加循环前缀后 OFDM 符号示意图

对于三子载波两径信道，OFDM 符号的传输过程如图 3-5-8 所示。

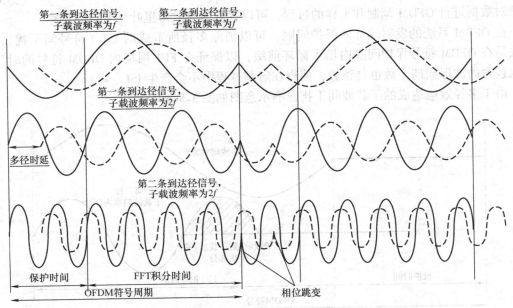

图 3-5-8　信道中 OFDM 符号的传输示意图

OFDM 的主要技术特点如下：

1）可以有效地对抗信号波形之间的干扰，适用于多径环境和衰落信道中的高速数据传输。

2）通过各子载波的联合编码，使其具有很强的抗衰落能力。

3）各子信道的正交调制和解调可通过离散傅里叶反变换（IDFT）和离散傅里叶变换（DFT）实现。

4）OFDM 较易与其他接入方式结合，构成 MC – CDMA 和 OFDM – TDMA。

3.6　调制技术在移动通信中的应用

正如前面所讨论的，移动通信环境复杂，对调制技术的要求相对有线而言更高，移动通信中对调制技术的要求主要考虑频带利用率和功率效率。随着移动通信技术的飞速发展，对速率的要求越来越高，与之相矛盾的是频率资源越来越紧张，因此采用高阶调制成为其必然的发展趋势。在理想带通信道的条件下，M – FSK、M – PSK、M – QAM 的频带利用率和功率效率分别如表 3-6-1、表 3-6-2、表 3-6-3 所示。

表 3-6-1　M – FSK 的带宽和功率效率

进制数 M	2	4	8	16	32	34
$\eta_B = R_b/B$	0.4	0.57	0.55	0.42	0.29	0.18
E_b/N_0（$BER = 10^{-6}$）	13.5	10.80	9.30	8.20	7.50	6.90

表 3-6-2　M – PSK 的带宽和功率效率

进制数 M	2	4	8	16	32	64
$\eta_B = R_b/B$	0.5	1	1.5	2	2.5	3
E_b/N_0（$BER = 10^{-6}$）	10.5	10.5	14	18.5	23.4	28.5

表 3-6-3　M – QAM 的带宽和功率效率

进制数 M	4	16	64	256	1024	4096
$\eta_B = R_b/B$	1	2	3	4	5	6
E_b/N_0（$BER = 10^{-6}$）	10.5	15	18.5	24	28	33.5

M – FSK 随着 M 的增大，频谱利用率逐渐减小，但功率效率较好；M – PSK 和 M – QAM 在 $M = 4$ 时，频谱利用率和功率效率相同，而 4 – QAM 实现较 QPSK 复杂，因此在 $M = 4$ 的时候，一般选用 QPSK，当 M 大于 4 时，在频谱利用率相同的情况下，M – QAM 的功率效率优于 M – PSK，因此在选用高阶调制时，一般选用 M – QAM。

GSM 时代，由于语音业务速率较低，因此选用了 GMSK 作为其调制方式，以达到抗干扰能力强的目的，但随着数据业务的发展，对频谱利用率的要求越来越高，因此 3G 普遍采用 QPSK 调制。4G LTE 系统以数据业务为主，以传送速率作为主要目标，因此 4G 根据不同的信道条件可选三种调制方式，分别是 QPSK、16 – QAM 和 64 – QAM。在小区边缘和信道质量差的时候，选用频带利用率较低但抗干扰性能好的 QPSK 调制；相反在信道质量好的时候，选用频带利用率好但抗干扰能力较差的 64 - QAM 调制；而在中间情况采用 16 - QAM 调制。

　　4G 系统灵活地运用了不同进制的调制方式，将调制性能与实际的信道环境相结合，将调制技术的使用最优化。未来的 5G 系统有望在 4G 的基础上进一步提高进制数，并采用新的强有力的抗衰落技术，以达到更高的频谱利用率，缓解频率资源紧张等问题。

练习题与思考题

1. 调制和解调的主要功能是什么？对于二进制调制，哪种调制方式的抗干扰能力最强？
2. 写出 BPSK 和 QPSK 信号的表达式、星座图和频谱利用率。
3. 请画出 QPSK 调制器和解调器的框图，并说明它的调制和解调原理。
4. OQPSK 与 QPSK 比较，有哪些优点？
5. 请画出 OFDM 系统结构图，并描述其工作原理。

第4章 移动通信中的抗衰落技术

4.1 概述

移动通信系统中，多径传播的信号到达接收机输入端，形成幅度衰落、时延扩展及多普勒频谱扩展，这些将导致数字信号的高误码率，从而严重影响通信质量。移动信道中衰落信号示意图如图4-1-1所示。

为了提高系统的抗衰落性能，通信系统可以采用分集技术、均衡技术、信道编码技术来有效地解决这些问题。移动信道是复杂的无线信道，由于信号传播的开放性、接收点地理环境的复杂性和多样性以及通信用户的随机移动性，使得移动通信信道存在4种主要效应，分别为阴影效应、远近效应、多径效应和多普勒效应，以及4类损耗，包括小尺度衰

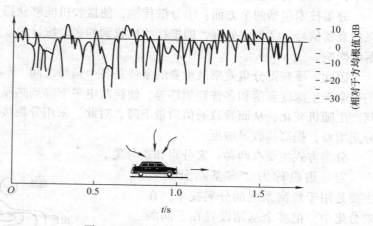

图4-1-1 移动信道中衰落信号示意图

落，时间选择性衰落、频率选择性衰落和空间选择性衰落。分集技术可以有效地对抗选择性衰落，提高移动通信系统传输可靠性，分集重数越高，系统的传输可靠性亦越高。其基本出发点是，即使一条无线传播路径中的信号经历了深度衰落，另一条相对独立的路径中仍有可能包含较强的信号，可以在多径信号中选择两个或两个以上的信号，这样对接收机的瞬时信噪比和平均信噪比都有改善。

均衡是接收端的均衡器产生与信道特性相反的特性，用来抵消信道的时变多径传播特性引起的干扰，即通过均衡器消除时间对信道的选择性（对幅度和延迟进行补偿）。信道编码技术则是通过引入可控制的冗余比特，使信息序列的各码元和添加的冗余码元之间存在相关性，在接收端，信道译码器根据这种相关性对接收到的序列进行检查，从中发现错误或进行纠错。

4.2 分集技术

分集技术是用来补偿衰落信道损耗的，通常通过两个或更多的接收天线来实现，在不增加传输功率和带宽的前提下，它可以改善无线通信信道的传输质量。在移动通信中，基站和移动台的接收机都可以采用分集技术。

4.2.1　分集接收原理

分集是接收端对它收到的衰落特性相互独立的信号进行处理，用以降低信号电平起伏的问题，分散传输是使接收端能获得多个统计独立的、携带同一信息的衰落信号，集中接收是接收机把收到的多个统计独立的衰落信号进行合并（选择与组合）以降低衰落的影响。

通过多个信道（时间、频率或者空间）接收到承载相同信息的多个副本，由于多个信道的传输特性不同，信号多个副本的衰落就不相同。接收机使用多个副本包含的信息能比较正确地恢复出原发送信号。如果不采用分集技术，在噪声受限的条件下，发射机必须要发送较高的功率，才能保证信道情况较差时链路正常连接。在移动无线环境中，由于终端的电池容量非常有限，所以反向链路中所能获得的功率也非常有限，而采用分集方法可以降低发射功率，这在移动通信中非常重要。

分集技术包括两个方面：①分散传输，使接收机能够获得多个统计独立的、携带同一信息的衰落信号；②集中处理，即把接收机收到的多个统计独立的衰落信号进行合并以降低衰落的影响。

因此，要获得分集效果最重要的条件是各个信号之间"不相关"，由于传播环境的恶劣，信号会产生深度衰落和多普勒频移等，使接收电平下降到热噪声电平附近，相位也会随着时间产生随机变化，从而导致通信质量下降，对此，采用分集接收技术减轻衰落的影响，获得分集增益，提高接收灵敏度。

分集方式主要有两种：宏分集和微分集。

宏分集也称为"多基站分集"，主要是用于蜂窝系统的分集技术，在宏分集中，把多个基站设置在不同的地理位置和不同的方向上，同时和小区内的一个移动台进行通信，只要在各个方向上的信号传播不是同时受到阴影效应或地形的影响而出现严重的慢衰落，这种办法就可以保证通信不会中断，它是一种减少慢衰落的技术。宏分集过程如图4-2-1所示。

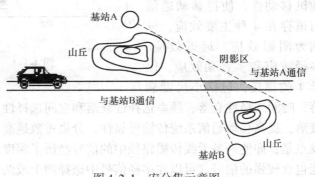

图 4-2-1　宏分集示意图

微分集是一种减少快衰落影响的分集技术，目前微分集采用的主要技术有空间分集、极化分集、频率分集、场分量分集、角度分集、时间分集等分集技术，如图4-2-2所示。

（1）空间分集

空间分集的基本原理是在任意两个不同的位置上接收同一信号，只要两个位置的距离（$D \geqslant 0.5\lambda$）大到一定程度，则两处所收到的信号衰落是不相关的，也就是说快衰落具有空间独立性。空间分集也称为天线分集，空间分集示意图如图4-2-3所示。

（2）频率分集

频率分集的基本原理是，基于频率间隔大于相关带宽的两个信号的衰落是不相关的，因此，可以用多个频率传送同一信息，以实现频率分集。

频率分集需要用两个发射机来发送同一信号，并用两个接收机来接收同一信号，这种分

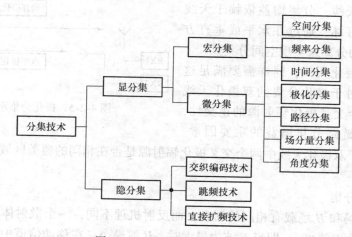

图 4-2-2　分集技术分类结构图

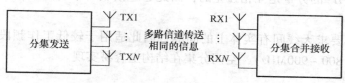

图 4-2-3　空间分集示意图

集技术多用于频分双工（FDM）方式的视距微波通信中，由于对流层的传播和折射，有时会在传播中发生深度衰落。

在实际的使用过程中，使用 1 : N 保护交换方式，当需要分集时，相应的业务被切换到备用的一个空闲通道上。其缺点是不仅需要备用切换，而且需要有和频率分集中采用的频道数相等的若干接收机。频率分集示意图如图 4-2-4 所示。

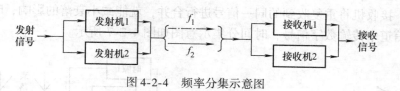

图 4-2-4　频率分集示意图

（3）极化分集

极化分集是基于两个不同极化的电磁波具有独立的衰落，所以发送端和接收端可以用两个位置很近但为不同极化的天线分别发送和接收信号，以获得分集的效果。

极化分集可以看成是空间分集的一种特殊情况，它也要用两副天线（针对二重分集情况），但仅仅是利用不同极的电磁波所具有的不相关衰落特性，因而缩短了天线间的距离。在极化分集中，由于射频功率被分配给了两个不同的极化天线，因此发射功率要损失 3dB 左右。

在移动环境下，两副在同一地点、极化方向相互正交的天线发出的信号，呈现出不相关的衰落特性。利用这一特点，在收发端分别装上垂直极化天线和水平极化天线，就可以得到两路衰落特性不相关的信号，极化分集示意图如图 4-2-5 所示。

这种方法的优点是它只需一根天线，结构紧凑，节省空间；缺点是它的分集接收效果低于空间分集接收天线，分集增益依赖于天线间不相关特性的好坏，通过在水平或垂直方向上天线位置间的分离来实现空间分集。

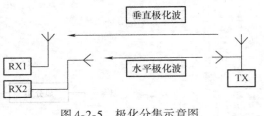

图 4-2-5　极化分集示意图

若采用交叉极化天线，同样需要满足这种隔离度要求，对于极化分集的双极化天线来说，天线中两个交叉极化辐射源的正交性，是决定信号上行链路分集增益的主要因素。该分集增益依赖于双极化天线中两个交叉极化辐射源是否在相同的覆盖区域内提供相同的信号场强。

（4）场分量分集

电磁波的 E 场和 H 场载有相同的消息，而反射机理不同，一个散射体反射的 E 波和 H 波的驻波图形相位相差 $90°$，即当 E 波为最大时，H 波最小。在移动信道中，多个 E 波和 H 波叠加，E_x、H_x、H_y 的分量是互相独立的，因此通过接收 3 个场分量，也可以获得分集的效果。

场分量分集不要求天线间有实体上的间隔，因此适用于较低工作频段（100MHz），当工作频率较高时（800～900MHz），空间分集在结构上容易实现。

（5）角度分集

角度分集是使电波通过几个不同的路径，并以不同的角度到达接收端，而接收端利用多个方向性接收天线，能分离出来自不同方向的信号分量，由于这些信号分量具有相互独立的衰落特性，因而可以实现角度分集并获得抗衰落的效果。角度分集示意图如图 4-2-6 所示。

（6）时间分集

快衰落除了具有空间和频率独立性以外，还具有时间独立性，即同一信号在不同时间、不同区间多次重发，只要各次发送的时间间隔足够大，那么各次发送信号所出现的衰落将是彼此独立的，接收机将重复收到的同一信号进行合并，就能减小衰落的影响，时间分集主要用于在衰落信道中传输数字信号，时间分集示意图如图 4-2-7 所示。

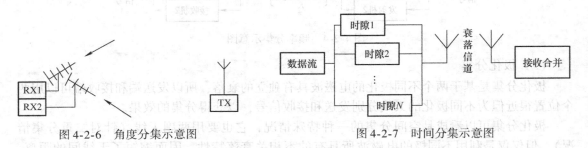

图 4-2-6　角度分集示意图　　　　　　　图 4-2-7　时间分集示意图

4.2.2　分集合并技术及性能比较

分集技术是研究如何充分利用传输中的多径信号能量，以改善传输可靠性的技术。它也是一项研究利用信号的基本参量在时域、频域与空域中，如何分散开又如何收集起来的技术。在接收端，获得若干条相互独立的支路信号以后，将再通过合并技术来得到分集增益。

从合并所处的位置来看，合并可以在检测器以前，即在中频和射频上进行合并，且多半是在中频上合并；合并也可以在检测器以后，即在基带上进行合并。按照合并时所采用的准则与方式，分集合并技术主要分为四种：最大比值合并（Maximal Ratio Combining，MRC）、等增益合并（Equal Gain Combining，EGC）、选择式合并（Selection Combining，SC）、切换合并（Switching Combining）。

M 重分集对信号的处理概括为 M 条支路信号的线性叠加，可以表示为

$$f(t) = \alpha_1(t)f_1(t) + \alpha_2(t)f_2(t) + \cdots + \alpha_M(t)f_M(t) = \sum_{k=1}^{M} \alpha_k(t)f_k(t) \quad (4\text{-}2\text{-}1)$$

式中，f 为第 k 支路的信号；α 为第 k 支路信号的加权因子。

（1）最大比值合并

最大比值合并中，接收端由多个分集支路经过相位调整后，按照适当的增益系数，同相相加，再送入检测器进行检测。在接收端，各个不相关的分集支路经过相位校正，并按适当的可变增益加权再相加，之后送入检测器进行相干检测，设定第 i 个支路的可变增益加权系数为该分集支路的信号幅度与噪声功率之比。

最大比值合并方案在接收端只需对接收信号做线性处理，然后利用最大似然检测即可还原出发送端的原始信息，其译码过程简单、易实现，合并增益与分集支路数 N 成正比。最大比值合并示意图如图 4-2-8 所示。

（2）等增益合并

等增益合并也称为相位均衡，它仅对信道的相位偏移进行校正而幅度不做校正。等增益合并不是最佳合并方式，只有假设每一路信号的信噪比相同的情况下，在信噪比最大化的约束下，它才是最佳的。

等增益合并输出的结果是各路信号幅值的叠加，对 CDMA 系统，它维持了接收信号中各用户信号间的正交性状态，即保留衰落在各个通道间造成的差异，也不影响系统的信噪比。当系统中对接收信号的幅度测量不便时可以选用此种合并方式，等增益合并示意图如图 4-2-9 所示。

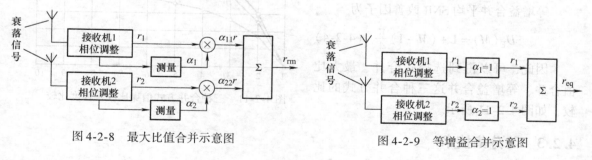

图 4-2-8　最大比值合并示意图　　　　图 4-2-9　等增益合并示意图

（3）选择式合并

当系统采用选择式合并技术时，选择式合并中的 N 个接收机的输出信号先送入选择逻辑，选择逻辑再从 N 个接收信号中选择具有最高基带信噪比的基带信号作为输出，每增加一条分集支路，对选择式分集输出信噪比的贡献仅为总分集支路数的倒数倍。选择式合并示意图如图 4-2-10 所示。

（4）切换合并

接收机扫描所有的分集支路，并选择 SNR 在特定的预设阈值之上的该条分支，在此信

号的 SNR 降低到所设的阈值下之前，选择该信号作为输出信号，当 SNR 低于设定的阈值时，接收机开始重新扫描并切换到另一个分支，因此，此种合并方式也称为扫描合并。

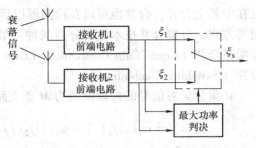

图 4-2-10 选择式合并示意图

由于切换合并并非连续选择最好的瞬间信号合并，因此可能比选择合并性能要略差一些。但是，由于切换合并并不需要同时连续不停地监视所有的分集支路，因此这种方法实现起来要简单得多。

对选择合并和切换合并而言，两者的输出信号都是只取所有分集支路中的一个信号，并且，它们也不需要预先了解信道状态信息，因此，选择合并和切换合并既可用于相干调制也可用于非相干调制。

为了定量地衡量分集的改善程度，常用分集改善效果，即分集增益和分集改善度这两个指标来描述。其中，分集改善效果是指采用分集技术与不采用分集技术两者相比，对减轻深衰落影响所得到的效果。分集改善度是指在相对接收信号电平时，单一接收与分集接收的衰落累积时间百分比之比，无论采用哪一种分集接收方式，都会使系统的有效衰落储备增加，即抗频率选择性衰落的能力增强，同时，还能不同程度地改善带内失真，改善交叉极化鉴别度。

具体来说，选择式合并平均 SNR 改善因子可以表示为

$$D_S(M) = \sum_{k=1}^{M} \frac{1}{k} \qquad (4\text{-}2\text{-}2)$$

最大比值合并平均 SNR 改善因子为

$$D_R(M) = M \qquad (4\text{-}2\text{-}3)$$

等增益合并平均 SNR 改善因子为

$$D_E(M) = 1 + (M-1)\frac{\pi}{4} \qquad (4\text{-}2\text{-}4)$$

因此，可以得到选择式合并、最大比值合并、等增益合并这三种合并方式的比较，如图 4-2-11 所示。

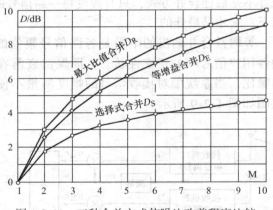

图 4-2-11   三种合并方式信噪比改善程度比较

4.2.3   隐分集技术

隐分集技术包括时间隐分集技术和频率隐分集技术。

交织编码的目的是把一个较长的突发差错离散成随机差错，再用纠正随机差错的前向纠错编码（FEC）技术消除随机差错。交织深度越大，则离散度越大，抗突发差错能力也就越强，但交织深度越大，交织编码处理时间越长，从而造成数据传输时延增大，也就是说，交织编码是以时间为代价的。因此，交织编码属于时间隐分集，在实际移动通信环境下的衰落，将造成数字信号传输的突发性差错，利用交织编码技术可离散并纠正这种突发性差错，改善移动通信的传输特性。交织编/译码器系统结构框图如图 4-2-12 所示。

输入
编码器
交织
存储器
突发信道
去交织
存储器
译码器
输出
独立无记忆信道

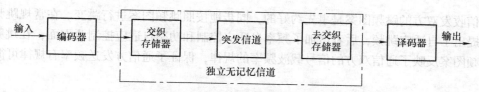

图 4-2-12　交织编/译码器系统结构框图

采用交织技术，可打乱码字比特之间的相关性，将信道传输过程中的成群突发错误，转换为随机错误，从而提高整个通信系统的可靠性。交织编码根据交织方式的不同，可分为线性交织、卷积交织和伪随机交织。其中线性交织编码是一种比较常见的形式，线性交织编码器，是指把纠错编码器输出信号均匀分成 m 个码组，每个码组由 n 段数据构成，这样就构成一个 $n\times m$ 的矩阵，把这个矩阵称为交织矩阵。

例如，数据以行的顺序进入交织矩阵，交织处理后以列的顺序从交织矩阵中送出，这样就完成对数据的交织编码，还可以按照其他顺序从交织矩阵中读出数据，无论采用哪种方式，其最终目的都是把输入数据的次序打乱，如果数据阵列中的某一元素只包含 1 个数据比特，称为按比特交织，如果数据阵列中的元素包含多个数据比特，则称为按字交织，接收端的交织译码与交织编码过程相类似。交织的实现过程示意图如图 4-2-13 所示。

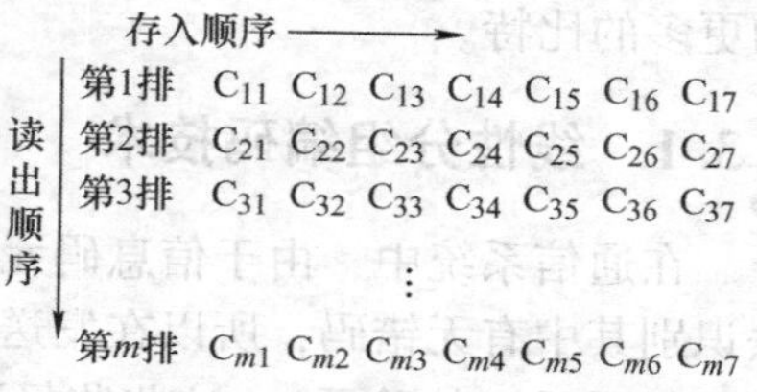

存入顺序
读出顺序
第1排 C_{11} C_{12} C_{13} C_{14} C_{15} C_{16} C_{17}
第2排 C_{21} C_{22} C_{23} C_{24} C_{25} C_{26} C_{27}
第3排 C_{31} C_{32} C_{33} C_{34} C_{35} C_{36} C_{37}
第m排 C_{m1} C_{m2} C_{m3} C_{m4} C_{m5} C_{m6} C_{m7}

图 4-2-13　交织的实现过程示意图

按行写入/按列读出方式示意图如图 4-2-14 所示。

信号传输方向
输入：
按行写入
交织器
按列读出
信号传输方向
输出：

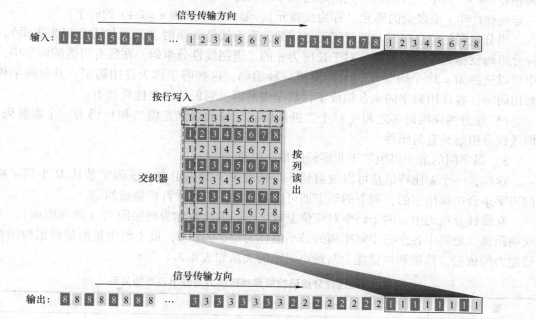

图 4-2-14　按行写入/按列读出方式示意图

除了时间隐分集技术之外，还有一类重要的隐分集技术，即以跳频技术为代表的频率隐分集技术。跳频技术可以抗频率选择性衰落，它是当跳频的频率间隔大于信道相关带宽时，可使各个跳频驻留时间内的信号相互独立。

通信收发双方的跳频图案是事先约好的,同步地按照跳频图案进行跳变。在常规跳频的基础上又提出了自适应跳频,后者增加了频率自适应控制和功率自适应控制两方面,在跳频通信中,跳频图案反映了通信双方的信号载波频率的规律,保证了通信方发送频率有规律可循。

4.3 信道编码技术

由于移动通信存在干扰和衰落,在信号传输过程中将出现差错,从而使接收端产生图像跳跃、不连续、出现马赛克等现象,因此需要对数字信号采取一定的纠、检错技术,即纠错/检错编码技术,用以增强数据在信道中传输时抵御各种干扰的能力,提高系统的可靠性。对将在信道中传送的数字信号进行的纠、检错编码就是信道编码。

信道编码之所以能够检出和校正接收比特流中的差错,是因为加入了一些冗余比特,把几个比特上携带的信息扩散到更多的比特上,为此付出的代价是,必须传送比该信息所需要的更多的比特。

4.3.1 线性分组编码技术

在通信系统中,由于信息码元序列是一种随机序列,接收端无法预知码元的取值,也无法识别其中有无错码,所以在发送端需要在信息码元序列中增加一些差错控制码元,它们称为监督码元(校验元),这些监督码元和信息码元之间有确定的关系。

信息码元和监督码元之间的关系不同,形成的码类型也不同,可将其分为两大类:分组码和卷积码。其中,分组码是把信息码元序列以每 k 个码元分组,编码器将每个信息组按照一定规律产生 r 个多余的码元(称为校验元),形成一个长为 $n=k+r$ 的码字。

当分组码的信息码元与监督码元之间的关系为线性关系时(用线性方程组来表示),这种分组码就称为线性分组码。对于长度为 n 的二进制线性分组码,在所有可能的码字中,从中可以选择 $M=2^k$ 个码字($k<n$)组成一种编码,这些码字称为许用码字,其余码字称为禁用码字,各许用码字的集合构成了代数学中的群,它们的主要性质如下:

1)任意两许用码字之和(对于二进制码这个和的含义是模二和)仍为一个需要码字,即线性分组码具有封闭性。

2)码字间的最小码距等于非零码的最小码重。

这样,一个 k 比特信息可以映射到一个长度为 n 的码组中,该码字是从 M 个码字构成的码字集合中选出来的,剩下的码字即可以对这个分组码进行检错或纠错。

在线性分组码中,两个码字对应位上数字不同的位数称为码字距离(简称距离),又称汉明距离。编码中各个码字间距离的最小值称为最小码距 d,最小码距是衡量码组检错和纠错能力的依据,检错和纠错能力与最小码距的关系如表 4-3-1 所示。

表 4-3-1　线性分组码检错和纠错能力与最小码距的关系

编　　号	检错和纠错能力	最 小 码 距
1	检测 e 个错码	大于 $e+1$
2	纠正 t 个错码	大于 $2t+1$
3	纠正 t 个错码,同时检测 e 个错码	大于 $e+t+1$

对于（7，3）码组而言，信息的编码方案如表4-3-2所示。

表4-3-2 （7，3）码中8种信息的编码

1	2	3	4	5	6	7
0	0	0	0	0	0	0
0	0	1	1	1	0	1
0	1	0	0	1	1	1
0	1	1	1	0	1	0
1	0	0	1	0	1	1
1	0	1	0	1	1	0
1	1	0	1	0	0	0
1	1	1	0	0	0	0

经过行变换和列变换的矩阵生成的线性空间，与原来的矩阵生成的线性空间是等价的，也就是说生成矩阵经过初等变换之后，所生成的码与原来的码是等价的。由此可以将生成矩阵经过变换之后，形成系统生成矩阵（即产生的码中，信息码元在码字的高位部分，而校验码元在码字的低位部分）。

（7，3）线性分组码的生成矩阵可表示为

$$G = \begin{bmatrix} 1 & 0 & 0 & 1 & 0 & 1 & 1 \\ 0 & 1 & 0 & 1 & 1 & 1 & 0 \\ 0 & 0 & 1 & 0 & 1 & 1 & 1 \end{bmatrix} \tag{4-3-1}$$

其校验矩阵为

$$H = \begin{bmatrix} 1 & 1 & 0 & 1 & 0 & 0 & 0 \\ 0 & 1 & 1 & 0 & 1 & 0 & 0 \\ 1 & 1 & 1 & 0 & 0 & 1 & 0 \\ 1 & 0 & 1 & 0 & 0 & 0 & 1 \end{bmatrix} \tag{4-3-2}$$

4.3.2 卷积编码技术

卷积码可以用（n，k，m）来描述，其中 k 为每次输入到卷积编码器的字节数，n 为每个 k 元组码字对应的卷积码输出 n 元组码字，m 为编码存储度，也就是卷积编码器的 k 元组的级数，称 $m+1$ 为编码约束度，m 称为约束长度。卷积码将 k 元组输入码元编成 n 元组输出码元。

与分组码不同，卷积码编码生成的 n 元码组不仅与当前输入的 k 元组有关，还与前面 m 个输入的 k 元组有关，编码过程中互相关联的码元个数为 $n \times m$，卷积码的纠错性能随 m 的增加而增大，而差错率随 N 的增加而指数下降，在编码器复杂性相同的情况下，卷积码的性能优于分组码。

卷积码和分组码的根本区别在于，它不是把信息序列分组后再进行单独编码，而是由连续输入的信息序列得到连续输出的已编码序列，即进行分组编码时，其本组中的 $n-k$ 个校验元仅与本组的 k 个信息元有关，而与其他各组信息无关；但在卷积码编码中，其编码器将 k 个信息码元编为 n 个码元时，这 n 个码元不仅与当前段的 k 个信息有关，而且与前面的（$m-1$）段信息内容有关（m 为编码的约束长度）。

由三个移位寄存器组成的卷积码编码器如图 4-3-1 所示。

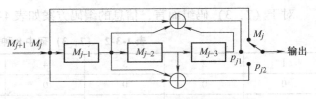

描述卷积码编码器过程的方法包括矩阵法、多项式、码树和网格图，其中多项式法就是由卷积码的生成多项式直接得出其编码器的结构图。译

图 4-3-1　（3，1）卷积码编码器框图

码是根据编码规则和信道干扰的统计特性，对信息序列做出估值的方法，常用的有三类译码方法，分别为代数译码、维特比译码和序贯译码。

维特比译码是根据接收序列在码的格图上找出一条与接收序列距离（或其他量度）为最小的一种算法，与求最短路径的算法相类似，若接收序列为 $R = (10100101100111)$，译码器从某个状态出发，每次向右延伸一个分支，并与接收数字相应分支进行比较，计算它们之间的距离，然后将计算所得距离加到被延伸路径的累积距离值中。对到达每个状态的各条路径的距离累积值进行比较，保留距离值最小的一条路径，称为幸存路径（当有两条以上取最小值时，可任取其中之一）。这种算法所保留的路径与接收序列之间的似然概率为最大，所以又称为最大似然译码。

一种（2，1）卷积码编/译码器如图 4-3-2 所示。

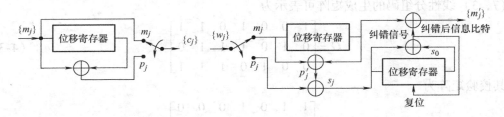

图 4-3-2　（2，1）卷积码（左：编码器；右：译码器）（$k = 2$）

由于卷积码译码的复杂度随着约束长度的增加以非线性方式迅速增加，在实际应用中，卷积码的实际应用性能往往受限于存储器容量和系统运算速度，尤其是对约束长度比较大的卷积码，为了在有限的硬件或软件资源条件下保证系统较高的译码性能，需要对算法实现更进一步的优化。

4.3.3　Turbo 编码技术

Shannon 编码定理指出，如果采用足够长的随机编码，就能逼近 Shannon 信道容量，但是传统的编码都有规则的代数结构，与随机性这一前提相距甚远，同时，出于译码复杂度的考虑，码长也不可能太长，所以传统的信道编码性能与信道容量之间都有较大的差距。

1993 年，Berrou、Glavieux 以及 Thitimajshima 在 IEEE ICC 上发表的 "Near Shannon limit error-correcting coding and decoding：Turbo codes" 论文，提出了一种全新的编码方式——Turbo 码，它将两个简单的分量码通过伪随机交织器并行级联，来构造具有伪随机特性的长码，并通过在两个 SISO 译码器之间进行多次迭代，而实现了伪随机译码。

编码方面主要包括对并行级联编码与串行级联编码的分析，以及对混合级联方式的研究，Turbo 码编码器原理框图如图 4-3-3 所示。

交织器模块为一个映射函数，作用是将输入信息序列中的比特位置进行重置，以减小分量编码器输出校验序列的相关性和提高码重。

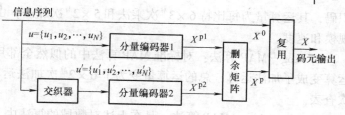

图 4-3-3　Turbo 码编码器原理框图

在交织器的设计中，要遵循如下原则：

1）置乱原来的数据排列顺序，避免置换前相距较近的数据在置换后仍然相距较近，特别要避免相邻的数据在置换后仍然相邻。

2）尽量提高最小码重码字的重量，减小低码重码字的数量。

3）尽可能地避免与同一信息位直接相关的两个分量编码器中的校验位均被删除。

4）对于不归零的编码器，交织器设计时要避免出现"尾效应"图案。

5）考虑具体应用系统的数据大小，使交织深度在满足时延要求的前提下，与数据大小一致，或是数据帧长度的整数倍。

码率为 1/3 的 Turbo 码编码器原理示意图如图 4-3-4 所示。

设 1/3 的 Turbo 码编码器编码为

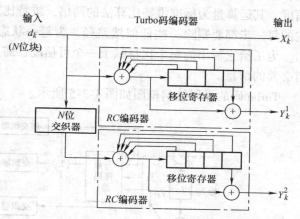

图 4-3-4　码率为 1/3 的 Turbo 码编码器原理示意图

$$X_k Y_k^1 Y_k^2 \tag{4-3-3}$$

输入序列为

$$d_k = (1 \quad 0 \quad 1 \quad 1 \quad 0 \quad 0 \quad 1) \tag{4-3-4}$$

第一个分量码的输出为

$$X_k = (1 \quad 0 \quad 1 \quad 1 \quad 0 \quad 0 \quad 1)$$

$$Y_k^1 = (1 \quad 1 \quad 1 \quad 1 \quad 0 \quad 0 \quad 1) \tag{4-3-5}$$

交织后数据序列变为

$$d_k' = (1 \quad 1 \quad 0 \quad 1 \quad 0 \quad 1 \quad 0) \tag{4-3-6}$$

第二个分量码的校验位序列为

$$Y_k^2 = (1 \quad 0 \quad 0 \quad 0 \quad 0 \quad 0 \quad 0) \tag{4-3-7}$$

Turbo 码表示为

$$(1 \quad 1 \quad 1, 0 \quad 1 \quad 0, 1 \quad 1 \quad 0, 1 \quad 0 \quad 0, 0 \quad 0 \quad 0, 0 \quad 0 \quad 0, 1 \quad 1 \quad 0) \tag{4-3-8}$$

译码方面主要包括迭代译码、译码算法［最大后验概率算法 MAP、修正的 MAP 算法 Max - Log - MAP、软输出维特比（Viterbi）算法 SOVA］的研究。

1）标准 MAP 算法：通过除以先验分布来消除正反馈的算法，对于约束长度为 M 的卷积码，其运算量为每比特 6×3^M 次乘法和 5×2^M 次加法，由于乘法运算量大，限制了译码的规模和速度。

2）Log – MAP 算法：对标准 MAP 算法中的似然全部用对数似然度来表示，这样，乘法运算变成了加法运算，总的运算量变为了 6×2^M 次加法运算、5×2^M 次求最大运算和 5×2^M 次查表。

3）Max – Log – MAP 算法：是在上述对数域的算法中，将似然值加法表示式中的对数分量忽略，似然加法完全变成求最大值运算，这样除了省去大部分的加法运算外，最大的好处是省去了对信噪比的估计，使得算法更稳健。

4）软输出维特比译码（SOVA）：其基本思想是利用最优留存路径和被删路径的度量差，这个差越小表示这次算法的可靠性越好，然后用这个差去修正这条路径上各个比特的可信度，其运算量为标准维特比算法的两倍，维特比算法是最大似然序列估计算法，但由于在它的每一步都要删除一些低似然路径，为每一状态只保留一条最优路径，它无法提供软输出。为了给它输出的每个比特赋予一个可信度，需要在删除低似然路径时做一些修正，以保留必要的信息。

Turbo 码的译码结构框图如图 4-3-5 所示。

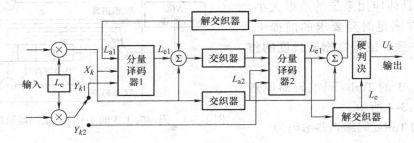

图 4-3-5 Turbo 码的译码结构框图

Turbo 码的特点如下：

1）在 Turbo 码解码过程中，某一特定比特的电平被量化为整数。

2）Turbo 码系统在发射端和接收端，分别设置两个编码器和解码器，这与其他系统存在明显不同。

3）其中一对编/解码器对特定的一段比特流进行奇偶校验码的加入和校验计算，另一对编/解码器则在同一段码流经过交织扰动后对其进行上述同样操作。

4）在得到第一次判决结果后，将此结果反馈到解码器前端，进行二次迭代，最后会互相收敛。

5）分量码采用递归系统卷积码（RSC）。

4.3.4 信道编码技术间的结合与应用

信道编码技术间的结合主要包括 Turbo 码与调制技术（如网格编码调制 TCM）的结合、Turbo 码与均衡技术的结合（Turbo 码均衡）、Turbo 码编码与信源编码的结合、Turbo 码译码与接收检测的结合。Turbo 码与 OFDM 调制、差分检测技术相结合，具有较高的频率利用率，可有效地抑制短波信道中多径时延、频率选择性衰落、人为干扰与噪声带来的不利影响。

4.4　信道均衡技术

　　均衡是指接收端的均衡器产生与信道相反的特性，用来抵消信道的时变多径传播特性引起的码间干扰。在带宽受限的信道中，由于多径效应影响的码间干扰会使被传输的信号产生变形，从而在接收时发生误码，码间干扰是移动无线通信信道中传输高速数据时的主要障碍，多径引起的干扰示意图如图 4-4-1 所示。

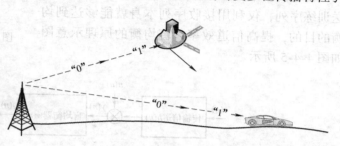

图 4-4-1　多径引起的干扰示意图

　　信号在接收端产生时间色散，如图 4-4-2 所示。

　　而均衡是对付码间干扰的有效手段，由于移动衰落信道具有随机性和时变性，这就要求均衡器必须能够实时地跟踪移动通信信道的时变特性，这种均衡器称为自适应均衡器，自适应均衡器有两种工作模式，即训练模式和跟踪模式。

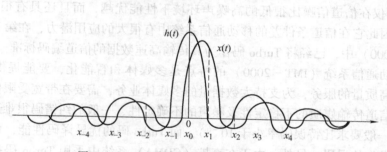

图 4-4-2　理想信道与实际信道脉冲响应比较

　　均衡器分为线性均衡和非线性均衡两大类，线性均衡器和非线性均衡器的主要差别在于自适应均衡器的输出被用于反馈控制的方法。

　　时域均衡系统的主体是横向滤波器，其结构如图 4-4-3 所示。

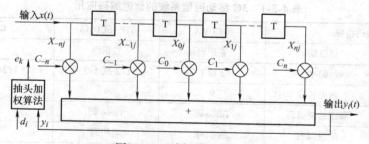

图 4-4-3　线性横向均衡器

　　来自不同传输路径的发送信号，分别通过带有自动抽头的增益器后进行叠加，只要各增益器的自动调整抽头增益值设置合理，就可使输出响应的码间串扰最小，从而能获得高质量的接收信号。

自适应均衡器从调整参数至形成收敛，整个过程是均衡器算法、结构和通信变化率的函数，其中训练序列的时隙结构示意图如图4-4-4所示。

盲均衡技术是在数据通信系统中不必预先发送训练序列，仅利用接收序列本身就能够达到均衡的目的，提高信道效率，盲均衡的原理示意图如图4-4-5所示。

图 4-4-4　训练序列的时隙结构示意图

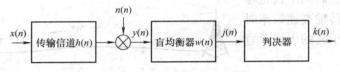

图 4-4-5　盲均衡的原理示意图

4.5　抗衰落技术在移动通信中的应用

Turbo 码不仅在信道信噪比很低的高噪声环境下性能优越，而且还具有很强的抗衰落、抗干扰能力，因此它在信道条件差的移动通信系统中有很大的应用潜力，在第三代移动通信系统（IMT-2000）中，已经将 Turbo 码作为其传输高速数据的信道编码标准。

第三代移动通信系统（IMT-2000）的特点是多媒体和智能化，要能提供多元传输速率、高性能、高质量的服务，为支持大数据量的多媒体业务，需要在带宽受限信道上传输数据，由于无线信道传输媒质的不稳定性及噪声的不确定性，一般的纠错码很难达到较高要求的译码性能（一般要求比特误码率小于 10^{-6}），而 Turbo 码的优异译码性能，可以纠正高速率数据传输时发生的误码。另外，由于在直扩（CDMA）系统中采用 Turbo 码技术可以进一步提高系统的容量，所以有关 Turbo 码在直扩（CDMA）系统中的应用，也就受到了产业界的极大重视。

3G 移动通信系统的三大主流技术信道编码的使用情况如表4-5-1所示。

表 4-5-1　3G 移动通信系统的信道编码应用

信道编码指标		WCDMA	TD-SCDMA	CDMA2000
业务信道	信道编码	卷积码	卷积码	卷积码
	码率	1/2 或 1/3	1/2 或 1/3	1/2，1/3 或 1/4
	约束长度	9	9	9
	高速信道编码	Turbo 码	Turbo 码	Turbo 码
控制信道	信道编码	卷积码	卷积码	卷积码
	码率	1/2	1/2 或 1/3	1/2（反向）或 1/4（前向）
	约束长度	9	9	9
	高速信道编码	Turbo 码	Turbo 码	Turbo 码

　　卫星移动通信信道是典型的衰落信道，信道的衰落会降低信号的接收质量，严重时可能导致通信中断。可以利用分集接收抗衰落技术、自适应均衡抗衰落技术、编码抗衰落技术等方法，通过分析衰落产生的原理并结合抗衰落技术特点，对其抗衰落性能加以分析，以应对此类信道场景。

练习题与思考题

　　1. 在移动通信系统中，信道编码的作用是什么？它是如何分类的？请简述交织编码的功能。

　　2. 请简要介绍卷积码和 Turbo 码的基本原理，它们各有什么特点？

　　3. 分集种类有哪些？

　　4. 对比各种合并技术，请比较它们之间的工作性能。

　　5. 什么是均衡？什么是盲均衡技术？盲均衡技术的特点体现在哪些方面？

第 5 章　移动通信系统中的蜂窝组网技术

蜂窝网络（Cellular network）是一种移动通信硬件架构，把移动电话的服务区分为一个个正六边形的小区，在每个小区的相应位置设一个基站，形成了形状类似于"蜂窝"的结构，因而把这种移动通信方式称为蜂窝移动通信方式。本章将对蜂窝组网技术的相关方面做介绍，包括组网技术、多址接入、信道配置原理与技术、移动性管理。

5.1　蜂窝覆盖技术

以相同半径的圆形覆盖平面，当圆心处于正六边形网格的各正六边形中心，也就是当圆心处于正三角网格的格点时所用圆的数量最少，在通信中，使用圆形来表述实践要求通常是合理的，因此出于节约设备构建成本的考虑，正三角网格或者被称为简单六角网格是最好的选择。覆盖小区的形状如图 5-1-1 所示。

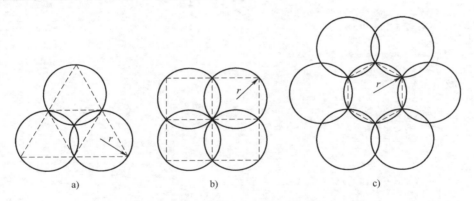

图 5-1-1　各种覆盖小区的形状示意图
a）三角形覆盖　b）正方形覆盖　c）六边形覆盖

对应的三种小区覆盖面积比较如表 5-1-1 所示。

表 5-1-1　覆盖面积比较

小区形状	正三角形	正方形	正六边形
邻区距离	r	$\sqrt{2}r$	$\sqrt{3}r$
小区面积	$1.3r^2$	$2r^2$	$2.6r^2$
交叠区宽度	r	$0.59r$	$0.27r$
交叠区面积	$1.2\pi r^2$	$0.73\pi r^2$	$0.35\pi r^2$

为了避免同频干扰，相邻小区不能使用相同的频率，确保在同一载频信道小区间有足够的距离，蜂窝附近的若干小区都不能采用相同载频的信道，由此构成的区群中，小区数目应满足条件

$$N = i^2 + ij + j^2 \qquad (5-1-1)$$

式中，i 和 j 不能同时为 0，且为非负整数。

区群内小区数目与 i 和 j 间的关系如表 5-1-2 所示。

表 5-1-2　区群内小区数目取值

i \ j	0	1	2	3	4
1	1	3	7	13	21
2	4	7	12	19	28
3	9	13	19	27	37
4	16	21	28	37	48

在由 7 个基本小区构成的一个区群中，正六边形面积为

$$S_r = 2.6D^2 \qquad (5-1-2)$$

重复小区数目可以计算得到

$$N = \frac{\frac{S_r}{3}}{S_0} = \frac{0.86D^2}{2.6r^2} \qquad (5-1-3)$$

重复小区间的关系示意图如图 5-1-2 所示。

小区间距离为

$$H = 2 \times \frac{\sqrt{3}}{2}r \qquad (5-1-4)$$

因此，可以计算出同频信道小区中心的距离值为

$$D = \sqrt{3}\,r\sqrt{\left(j + \frac{i}{2}\right)^2 + \left(\frac{i\sqrt{3}}{2}\right)^2} = \sqrt{3N}\,r$$

$$(5-1-5)$$

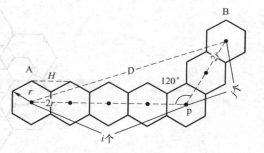

图 5-1-2　重复小区间的关系示意图

N 的值越大，D/r 的比值越大，同频小区的距离越远，因此抗同频干扰性能越好。

经常采用的 4/12 模式覆盖如图 5-1-3 所示。

蜂窝小区的特点如下：

1）中心激励方式小区覆盖，基站设在小区的中央，用全向天线形成圆形覆盖的激励方式。

2）顶点激励方式小区覆盖，设计在每个小区六边形的 3 个顶点上，在每个基站采用 3 副扇形辐射的定向天线，分别覆盖 3 个相邻小区的各区域，每个小区由 3 副扇形天线共同覆盖。

3）扇形小区覆盖面积不及六边形大，同时不利于分裂，但更适合业务量分布不均匀地区的应用场景。

4）扇形小区结构与圆形小区结构相比，如果扇

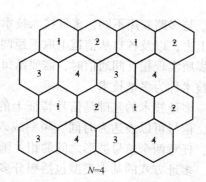

图 5-1-3　$N = 4$ 时的小区覆盖示意图

形结构的小区数目越多，则频率利用率越低。

5）在近距离范围内重复使用同一个频率，相当于一个圆形小区结构重复小区数的区群数较少。

6）在用户密度高的中心城区，可使小区的面积小一些，而在用户密度低的郊区，可使小区的面积尽可能大一些。

对于不同的无线应用环境，小区类型可以分为巨区、宏区、微区和微微区，具体指标如表 5-1-3 所示。

表 5-1-3　小区分类指标

蜂窝类型	巨　区	宏　区	微　区	微　微　区
蜂窝半径/km	100～500	≤35	≤1	≤0.05
终端移动速度/（km/h）	1500	≤500	≤100	≤10
运行环境	所有	乡村郊区	市区	室内
业务量密度	低	低到中	中到高	高
适用系统	卫星系统	蜂窝系统	蜂窝/无绳系统	蜂窝/无绳系统

当特定小区的用户容量和话务量急剧增加时，小区可以被分裂成更小的小区，这一过程称为小区分裂，如图 5-1-4 所示。

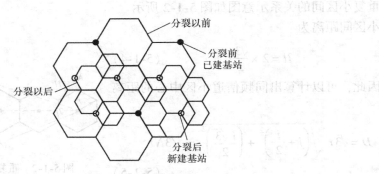

图 5-1-4　小区分裂示意图

5.2　多址接入技术

与多路复用不同，多址接入技术不需要各路信息集中在一起，而是各自经过调制送到信道上去，以及各自从信道上取下经调制而得到的所需信息。当把多个用户接入一个公共的传输媒质实现相互间通信时，需要给每个用户的信号赋以不同的特征，以区分不同的用户，这种技术称为多址技术。

多址技术的基础是信号特征上的差异，多址接入方式的数学基础是信号的正交分割原理，信号可以表达为时间、频率或码型的函数，要求是各信号的特征彼此独立，或者说正交，任意两个信号波形之间的相关函数等于0。

多址方式的基本类型包括频分多址（Frequency Division Multiple Access，FDMA）、时分多址（Time Division Multiple Access，TDMA）、码分多址（Code Division Multiple Access，

CDMA)、空分多址（Space Division Multiple Access，SDMA）和包分多址（Packet Division Multiple Access，PDMA）。

（1）频分多址技术

FDMA 是指不同的移动终端占用不同的频率，每个终端占用一个频率的信道进行通信。因为各个用户使用不同频率的信道，所以相互没有干扰，这是模拟载波通信、微波通信、卫星通信的基本技术，也是第一代模拟移动通信的基本技术，早期的移动通信多使用这种方式，由于每个移动用户进行通信时占用一个频率、一个信道，频带利用率不高，随着移动通信的迅猛发展，很快就显示出其容量不足的缺点。

在频分多址中，不同地址用户占用不同的频率，即采用不同的载波频率，通过滤波器选取信号并抑制无用干扰，各信道在时间上可同时使用。各频率信道除了要传送用户语音外，还要传送信令信息。

一般情况下，要为信令信息的传送专门分配频率信道，该频率信道称为专用控制信道或专用信令信道，但在通话过程中进行信道切换时，是在业务信道中传送切换信令的，由于每个移动用户使用控制信道的时间相对于使用业务信道的时间要少得多，所以往往一对控制信道可供一个基站或多个基站内的所有移动用户共同使用，另外，还利用语音信道传送状态信号、证实信号、应答信号以及为检测正在使用的话音信道质量而在整个通话过程中总是传送的检测音（SAT）等模拟信令。

（2）时分多址技术

时分多址是把时间分割成周期性的帧（Frame），每一个帧再分割成若干个时隙向基站发送信号，在满足定时和同步的条件下，基站可以分别在各时隙中接收到各移动终端的信号而不混扰。

同时，基站发向多个移动终端的信号都按顺序安排在预定的时隙中传输，各移动终端只要在指定的时隙内接收，就能在合路的信号中把发给它的信号区分并分别接收下来。TDMA 的 N 个时隙（信道）在时间轴上互不重叠，应该满足时间正交性：

$$\int X_i(f)X_j(f)\,\mathrm{d}f = \begin{cases} 1 & (i = j) \\ 0 & (i \neq j) \end{cases} \quad (i,j = 1,2,3,\cdots,N) \tag{5-2-1}$$

与 FDMA 相比，TDMA 具有的特点如下：

- 抗干扰能力强，频带利用率高，系统容量大。
- 基站复杂度低，互调干扰小。
- 越区切换简单。
- 系统需要精确地定时和同步。

（3）码分多址技术

CDMA 技术基于扩频技术，即将需传送的具有一定信号带宽信息数据，用一个带宽远大于信号带宽的高速伪随机码进行调制，使原数据信号的带宽被扩展，再经载波调制并发送出去。接收端使用完全相同的伪随机码，与接收的带宽信号做相关处理，把宽带信号换成原信息数据的窄带信号即解扩，以实现多用户数据通信。

因此，CDMA 也是一种扩频多址数字式通信技术，通过独特的代码序列建立信道，可用于无线通信中的任何一种协议，多路信号只占用一条信道，极大提高了带宽使用率，应用于 800MHz 和 1.9GHz 的超高频（UHF）移动电话系统。

对于 IS-95 CDMA 和 CDMA 2000 1X 典型的 CDMA 系统，工作频带为上行 870 ~ 894MHz，下行 825 ~ 849MHz，双工间隔为 45MHz。载频间隔为 1.23MHz，码片速率为 1.2288Mc/s，每个小区可采用相同的载波频率，即这里的频率复用因子为1。

CDMA 具有的特点如下：

- 抗干扰能力强，是所有通信方式无法比拟的。
- 宽带传输，抗衰落能力强。
- 信号隐蔽在噪声中，功率谱密度比较低，有利于信号隐蔽。利用扩频码的相关性来获取用户的信息，抗截获的能力强。
- 系统容量大。
- 系统容量的配置灵活，多小区之间可根据话务量和干扰情况自动均衡。
- 通话质量更佳，CDMA 系统采用软切换技术，系统"掉话"现象明显减少。
- 频率规划简单，用户按不同的序列码区分，所以不相同的 CDMA 载波可在相邻的小区内使用。

（4）空分多址技术

空分多址是在不同空间路径的一种划分方法，该种多址方式，是智能天线技术的集中体现，它以天线技术为基础，理想情况下要求天线给每个用户分配一个点波束，这样根据用户的空间位置就可以区分每个用户的无线信号，这样就完成了多址的划分。

输出信号的表达式为

$$y(t) = \sum_{i=1}^{N} W_i^* x_i(t) \tag{5-2-2}$$

根据所接收到的数据，周期性地更新权值 W，为保证系统很好地工作，使自适应速率能够补偿由运动和多径而引起的变化。SDMA 系统用户服务示意图如图 5-2-1 所示。

SDMA 对通信系统的性能改善是多方面的，其技术的主要特点如下：

- 减少时延扩展和多径衰落。
- 降低共信道干扰。
- 提高频谱利用率。
- 系统容量大且有软容量的特性。
- 可采用语音激活技术。
- 可采用多种分集技术。
- 低信号功率谱。
- 频率规划简单，可同频组网。
- 保密性好。

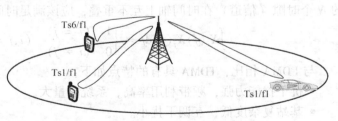

图 5-2-1 SDMA 系统用户服务示意图

5.3 信道配置

有序地分配无线频率是移动通信网络必不可少的，我国则规定在 25 ~ 1000MHz 全频段内均为 25kHz，信道（频率）配置主要是解决将给定的信道（频率）如何分配给区群中的各个小区。

5.3.1　信道配置方法

在 FDMA 和 TDMA 系统中主要采用分区分组配置法和等频距配置法两种信道（频率）配置法。无线信道的保护间隔与信道配置如图 5-3-1 所示。

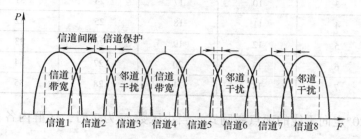

图 5-3-1　基于信道间隔、保护带宽与信道带宽的配置示意图

（1）分区分组配置法

若两个信号在一个线性系统中，由于非线性因素存在，使一个信号的二次谐波与另一个信号的基波产生差拍（混频）后产生寄生信号，即三阶互调失真信号，则三阶互调信号可以表示为

$$\begin{cases} f_1 + f_2 - f_3 \\ 2f_1 - f_2 \\ 2f_2 - f_1 \end{cases} \tag{5-3-1}$$

区群的一个小区频率分配情况如表 5-3-1 所示。

表 5-3-1　基于分区分组配置法的 7 小区区群信道配置表

			信　道　号			
1 号	1	5	14	20	34	36
2 号	2	9	13	18	21	31
3 号	3	8	19	25	33	40
4 号	4	12	16	22	37	39
5 号	6	10	27	30	32	41
6 号	7	11	24	26	29	35
7 号	75	17	23	28	38	42

（2）等频距配置法

等频距配置法是按等频率间隔来配置各个信道的，等频距配置法的规则可以表示为

$$信道号 = i + kN \tag{5-3-2}$$

式中，i 为小区号；k 取值为 0，1，2，3，…；N 为区群内的小区数，因此可以得到基于等频距配置法的信道配置方案，如表 5-3-2 所示。

表 5-3-2   基于等频距配置法的信道配置表

	信 道 号					
1 号	1	8	15	22	29	36
2 号	2	9	16	23	30	37
3 号	3	10	17	24	31	38
4 号	4	11	18	25	32	39
5 号	5	12	19	26	33	40
6 号	6	13	20	27	34	41
7 号	7	14	21	28	35	42

如果采用 120°定向天线的顶点激励式，当小区数 N 为 7 时，区群内各基站信道组的配置如图 5-3-2 所示。

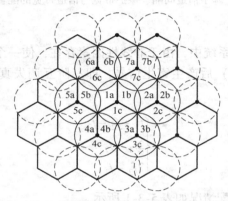

图 5-3-2   顶点激励的小区制信道配置示意图

5.3.2　多信道共用技术

如果一个小区分配的信道数，对于每个用户分别指定一个信道，不同信道的用户不能互换信道，即独立信道方式，与之相对比的是多信道共用方式。

多信道共用是指网内的大量移动用户共享使用有限的无线信道，当用户数目超过服务小区的信道数时，就会出现呼损。因此，在多信道共用模式下，必须能自动管理其控制的信道，其控制方式包括专用呼叫信道方式、循环定位方式、循环不定位方式和循环分散定位方式 4 种。

（1）专用呼叫信道方式

专用呼叫信道方式一般用于大容量移动通信系统，专用呼叫信道有两个作用：一个是处理呼叫，又分为寻呼信道和接入信道；二是指配置语音信道。

（2）循环定位方式

专用呼叫信道方式中的信道是专用信道，而与之相对的，呼叫信道是临时的、不断改变的，被用于循环定位方式，在此种方式中，一旦临时呼叫信道转为通话信道，基站要重新确定某空闲信道为临时呼叫信道，并发空闲信号，移动台一旦收不到空闲信道，就不断进行信道扫描。

（3）循环不定位方式

在循环不定位方式中，其基站在所有不通话的空闲信道上都发出空闲信号指示，网内移动台自动扫描空闲信道，并随机附着在就近的空闲信道上。当基站呼叫系统所接入的某用户时，需要选择一个空闲信道，先发出时间足够长的信号序列，而后再发出指定用户的选呼信号。

（4）循环分散定位方式

在循环分散定位方式中，移动终端发起主呼是在各自停靠的空闲信道上进行的，相反，基站呼叫移动台，其呼叫信号在所有的空闲信道上发出。

5.3.3　话务量与呼损

话务量是电信业务流量的简称，也可以称为电信负载量。话务量既表示电信设备承受的负载，也可以表示用户对通信需求的程度。由于电信用户的电话呼叫次数以及呼叫强度完全呈现的是一种随机性过程，因此话务量被看成是一种统计量参数。

话务量的大小与包括用户数目、单位时间内用户发起呼叫的频繁程度、每次呼叫时用户被服务的时间长度，以及所观测的时间长度等因素有关。具体来说，如果在单位时间内的用户发起的呼叫次数越多，或是每次服务所占用资源的时间越长，而且所观测的时间也越长，那么所对应的话务量计算结果也就越大。由于用户呼叫的发生和完成一次服务所需时间的长短均是一种个人行为，因此，是随机的和时刻变化的，所以话务量是一个随时间变化的随机变量。

话务量由单位时间内用户呼叫强度、一次呼叫服务用户所占用时间长度、观测时间三部分构成，具体含义如表 5-3-3 所示。

表 5-3-3　影响话务量的三因素

因　素	含　义	字母表示
单位时间内用户呼叫强度	表示单位时间内用户的平均呼叫次数	R
一次呼叫服务用户所占用时间长度	表示每次呼叫时，用户平均占用资源的时间长度。在一次接续过程中，包括摘机、听拨号音、拨号、振铃、通话、挂机等在内的整个期间，对交换设备的占用时间长度	U
观测时间	表示对通话业务观测时间的长度，分为小时呼、分钟呼、秒呼	T
话务量	单位时间内用户呼叫强度、一次呼叫服务用户所占用时间长度、观测时间三者的函数，即 $B = f(R, U, T) = R \times U \times T$	B
话务量强度	对话务量而言，最关心的是单位时间内的话务量，即话务量强度，用 A 表示，它是度量信息系统繁忙程度的重要参数指标，话务量强度的定义为 $A = B/T = f(R, U, T)/T = R \times U$，并且为了称呼方便，将话务量强度简称为话务量	A

最早从事话务理论研究的是丹麦科学家 A. K. 爱尔兰（A. K. Erlang），他所发表的有关话务量的代表性著作，至今仍然被认为是话务理论的经典，因此，原国际电报电话咨询委员

会 [International Telegraph and Telephone Consultative Committee，CCITT，即国际电信联盟（International Telecommunication Union，ITU）的前身] 建议使用"Erl"（爱尔兰）这个名字，作为国际上通用的话务量衡量单位。

如果观测 1h，这条电路被不间断地占用了 1h，其实现的话务量就是 1Erl，有时也可以称作"1 小时呼"，如果已知用户线的话务量观测值为 0.4Erl，则它所表示的含义如表 5-3-4 所示。

表 5-3-4 呼叫强度与占用时间之间的关系（0.4Erl）

话 务 量	忙时用户呼叫次数/次	一次呼叫服务用户所占用时间长度/min
	1	24
	2	12
	3	8
0.4Erl	4	6
	6	4
	8	3
	12	2
	24	1

当为多信道共用情况下，由于用户数大于信道数，于是会出现一部分用户同时要求通话，而系统分配的信道数不能满足要求的情况，此时只能通过随机接入的方式，让一部分用户接受服务，从而会使得另一部分用户不能够接受服务，直到有信道出现空闲时，再让发起呼叫请求的用户服务。

因此，被拒绝服务的用户虽然发起了呼叫请求，但因资源限制而未能实现通话，即出现了呼叫失败，因此，称之为发生了"呼损"。呼损的计算方法如表 5-3-5 所示。

表 5-3-5 计算呼损的三种方法

呼损计算方法	具 体 含 义	计算公式
按呼叫计算	表示在所观测的时间范围内，不能够得到服务的损失呼叫次数与所发起的总呼叫次数之比，即呼叫损失概率	$B = C_{损}/C_{总}$
按时间计算	表示在所观测的时间范围内，能够为负载源服务的交换设备，被阻塞的时间与所观测的总时间长度之比，即线束发生阻塞的概率	$E = T_{阻}/T_{总}$
按负载计算	表示在所观测的时间范围内，损失负载量与这段时间范围内的流入负载量之比，即负载所损失的概率	$H = A_{损}/A_{入}$

根据按时间计算呼损的方法，呼损等于全忙条件下的概率，即有任意个呼叫同时发生时的概率表示为

$$E = \frac{A^n/n!}{\sum_{i=0}^{m} A^i/i!} \tag{5-3-3}$$

式中，A 表示流入的话务量，单位为爱尔兰（Erl）；E 为呼损概率；n 为信道数，一般取 $n = 0, 1, 2, 3, \cdots$。

例如，由 A 和 n，求 $E(A)$。

已知，$n = 11$，$A = 10.1 \text{Erl}$，由附录可得 $E(A) = E(10.1) = 0.167531$。

已知，$n = 11$，$A = 11.1 \text{Erl}$，由附录可得 $E(A) = E(11.1) = 0.210326$。

n 取值范围为 $11 \sim 19$ 时，$E(A)$ 的数值结果如表 5-3-6 所示。

表 5-3-6　已知 A 和 n，$E(A)$ 的数值结果

A \ n	11	12	13	14	15	16	17	18	19
11.0	0.206085	0.158894	0.118515	0.085186	0.058797	0.038852	0.024523	0.014765	0.008476
11.1	0.210326	0.162865	0.122085	0.088253	0.061304	0.040795	0.025945	0.015748	0.009116
11.2	0.214553	0.166840	0.125675	0.091335	0.063856	0.042787	0.027416	0.016773	0.009790
11.3	0.218765	0.170815	0.129282	0.094489	0.066452	0.044828	0.028935	0.017841	0.010499
11.4	0.222963	0.174791	0.132907	0.097655	0.069090	0.046917	0.030502	0.018952	0.011243
11.5	0.227143	0.178765	0.136545	0.100851	0.071770	0.049054	0.032118	0.020107	0.012024
11.6	0.231306	0.182737	0.140197	0.104074	0.074489	0.051237	0.033781	0.021306	0.012841
11.7	0.235450	0.186704	0.143860	0.107323	0.077245	0.053466	0.035491	0.022549	0.013695
11.8	0.239576	0.190665	0.147533	0.110596	0.080039	0.055739	0.037248	0.023836	0.014588
11.9	0.243681	0.194620	0.151213	0.113893	0.082867	0.058055	0.039051	0.025167	0.015518
12.0	0.247766	0.198567	0.154901	0.117210	0.085729	0.060413	0.040900	0.026543	0.016488

由 $E(A)$ 和 n，求 A。

已知，$E(A) = 0.020$，$n = 23$，由附录可查出 $A = 15.761 \text{Erl}$。

已知，$E(A) = 0.020$，$n = 33$，由附录可查出 $A = 24.626 \text{Erl}$。

n 取值范围为 $20 \sim 31$ 时，A 的数值计算结果如表 5-3-7 所示。

表 5-3-7　已知 E 和 n，A 的数值计算结果

n \ E	0.001	0.002	0.005	0.010	0.020	0.030	0.070	0.100	0.200
20	9.411	10.068	11.092	12.031	13.182	13.997	15.249	16.271	17.613
21	10.108	10.793	11.860	12.838	14.036	14.884	16.189	17.253	18.651
22	10.812	11.525	12.635	13.651	14.896	15.778	17.132	18.238	19.692
23	11.524	12.265	13.416	14.470	15.761	16.675	18.080	19.227	20.737
24	12.243	13.011	14.204	15.295	16.631	17.577	19.031	20.219	21.784
25	12.969	13.763	14.997	16.125	17.505	18.483	19.985	21.215	22.833
26	13.701	14.522	15.795	16.959	18.383	19.392	20.943	22.212	23.885
27	14.439	15.285	16.598	17.797	19.265	20.305	21.904	23.213	24.930
28	15.182	16.054	17.406	18.640	20.150	21.221	22.867	24.216	25.995
29	15.930	16.828	18.218	19.487	21.039	22.140	23.833	25.221	27.053
30	16.684	17.606	19.034	20.337	21.932	23.062	24.802	26.228	28.113

当信道数一定时，可以得到流入话务量和呼叫损失率之间的函数变化关系，如图5-3-3所示。

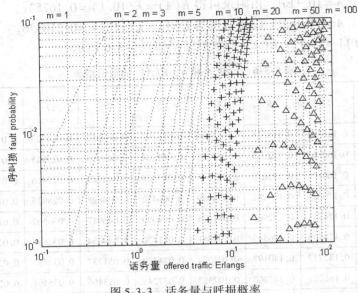

图 5-3-3　话务量与呼损概率

该曲线所表示的变化关系详细描述了流入话务量、呼损以及信道数之间的变化趋势，如表5-3-8所示。

表 5-3-8　呼损计算公式描述的话务量函数关系

变　量　名		呼　损　值	流入话务量	信　道　数
呼损值	不变	—	增大	增加
流入话务量	不变	减小	—	增加
信道数	不变	增大	增大	—

另外，用每信道所完成的平均话务量来描述利用率，当信道数变化时，其利用率的变化如表5-3-9所示。

表 5-3-9　信道利用率的影响趋势

信　道　数		平均话务量	利　用　率
呼损值 = 0.05	10	6.216	0.590 52
	15	10.633	0.673 423
	25	19.985	0.759 43
	35	29.677	0.805 518
	45	39.550	0.834 944
	55	49.540	0.855 690
	65	59.010	0.862 453
	75	69.740	0.883 373
	85	79.910	0.893 111
	95	90.120	0.901 200
	100	95.240	0.904 780

当呼损值变化时，信道利用率的变化如表 5-3-10 所示。

表 5-3-10　呼损值变化对信道利用率的影响趋势

呼　　损		平均话务量	利　用　率
	0.001	40.79	0.679 15
	0.002	42.35	0.704 42
	0.005	44.76	0.742 27
	0.010	46.95	0.774 67
	0.020	49.64	0.810 78
呼叫损失率	0.030	51.57	0.833 71
	0.050	54.57	0.864 02
	0.070	57.06	0.884 43
	0.100	60.40	0.906 00
	0.200	70.90	0.945 33
	0.001	40.79	0.679 15

5.4　蜂窝系统的移动性管理

移动性管理（Mobile Management），是对移动终端的位置信息、接入安全性以及业务连续性等方面的管理，目的是使移动终端与网络的联系状态达到最佳，进而为各种网络服务的应用提供保证。

5.4.1　蜂窝系统位置信息管理

网络用户的实时跟踪和记录移动终端的位置信息，是能够向用户提供各项网络服务的基础。在位置信息记录功能上，网络中的设备各有分工，例如归属位置寄存器用于记录移动交换中心服务器以及访问地位置寄存器的对应地址，包括位置区识别码在内，也被记录在用户识别卡中，由位置更新流程保证三者之间的信息一致性。

其触发过程是，终端在开机、位置区发生变化、周期性位置更新定时器到达时，在各种条件下向网络上报自己的位置信息，实现对用户的信息管理。

以用户从一个访问地位置寄存器覆盖区域，移动到另一个访问地位置寄存器覆盖区域为例进行说明，假设移动台从当前位置区移向另一个访问地位置寄存器覆盖的无线区域时，移动终端会发现自己所设定的无线载频信号在减弱，而另一个位置区的信号在增强，就会向新访问地位置寄存器发送消息，告诉其本身所处的位置消息，访问地位置寄存器收到后，会对用户进行鉴权，认定为网络的合法用户后，进而会发送更新消息给归属位置寄存器网元，更新消息的通知内容为 158 + + + + + + + + 的号码在本服务区内，归属位置寄存器收到后会更新其记录的用户新的相关地址信息，并通知以前服务的访问地位置寄存器，告诉它 158 + + + + + + + + 的号码用户已经不在它所覆盖的服务区了，并让它将存储的数据删除。原访问地位置寄存器删除用户数据，新的访问地位置寄存器增加用户数据，位置信息更新完成后，访问地位置寄存器和用户识别卡中记录的是用户最新的位置信息，这样用户的位置信息就被成功地记录下来。

1）移动应用管理（MAM），因为应用程序有可能会访问敏感数据，这里的原则是管理好允许运行的应用程序，通过白名单和黑名单功能实现。

2）移动内容管理（MCM），通过使用一种通常称为容器化或沙箱化的技术，MCM可以隔离、监控和控制敏感信息的分发与访问，这些信息由组织的安全策略所规定。容器是加密的和集中管理的，并且有管理数据访问、复制、电子邮件及其他功能的策略保护。敏感数据一定是加密的，可以有选择地从一台设备擦除，如设备丢失、被盗或设备所有人从单位离职了。由于大多数组织都将安全性放在第一位，因此现在的MAM和MCM成为一个成功企业移动管理的主要组成部分。

3）移动策略管理（MPM），MPM可用于帮助管理员发现潜在的负面趋势，然后在问题产生影响之前修正问题。例如：当有更高性能的Wi-Fi服务可以使用时，用户是否还会使用移动数据连接，管理控制台警报、报表及高级分析都可以帮助组织跟踪员工使用移动设备的方式。

4）移动费用管理（MEM），MEM针对企业所有和有责任管理的移动设备，涉及固定数量或比例的费用管理问题，但是这里也一样适用于实际费用。专业服务提供商也可以提供MEM。

5）身份管理（IDM）。IDM是将分散、重复的用户数字身份认证进行整合，实现统一、安全、灵活、稳定和可扩展的企业级统一身份认证管理系统。它包括统一用户管理、组织机构管理、身份认证、极限管理等功能。

5.4.2 蜂窝小区间的切换

除用户位置信息管理之外，移动性管理还需要考虑用户在网络中移动时，能够保证业务不中断。例如在行驶速度为300km/h的列车上，需要进行长时间通话，肯定无法忍受每更换一个位置区就需要重新发起一次呼叫请求，而此时的通话之所以能够满足从一个服务区转到另一个服务区继续提供服务，就要用到切换（Handover）功能了。

移动通信中涉及的切换是指移动台在与基站之间进行信息传输时，由于各种原因，需要从原来所用信道上转移到一个更适合的信道上进行信息传输的过程，需要切换的原因主要包括两种：

1）移动台在与基站之间进行信息传输时，移动台从一个无线覆盖小区移动到另一个无线覆盖小区，由于原来所用的信道传输质量太差而需要切换。在这种情况下，判断信道质量好坏的依据可以是接收信号功率、接收信噪比或误帧率。

2）移动台在与基站之间进行信息传输时，处于两个无线覆盖区之中，系统为了平衡业务而需要对当前所用的信道进行切换。

正是因为在移动系统中，用户能够随意改变其位置信息的特性，才带来了网络的移动性管理，它通过不同网元和终端的密切配合，完成了用户位置信息的实时上报和更新，完成了通话过程中的切换处理，从而保证了业务连续性并提升了客户体验。

在第一代模拟蜂窝系统中，由于采用的是FDMA技术，切换是在各频率信道间进行的，为了避免同信道干扰，某一无线小区使用的频率，其他的邻近无线小区不能再使用。

所以，进行信道切换时一定要变换所用的频率信道，也即切换时要中断一定时间的语音通信。

一旦移动台和基站之间建立语音通信链路，基站就在下行语音通信链路上发语音频带以外的监测音（如 5970Hz 或 6000Hz 或 6030Hz），移动台接收到监测音后转发回基站。监测音的发送、接收和转发在整个通话过程中是一直在进行的，基站依据接收到的移动台转发的监测音的相位延迟和强弱来判断移动台离开基站的距离和信道质量的好坏，以决定是否需要切换。

如果需要切换，则正在与移动台进行通信的基站就通知邻近合适的基站准备一个无线信道，并连接好相应的其他链路，然后就在原来所用的语音信道上中断话音的传输，发一条约 200ms 的信道切换指令，移动台收到该指令并发应答信令后，就转移到所分配的另一个基站的新的语音信道上继续通话，同时原基站释放原无线信道。

第二代蜂窝移动通信系统的 GSM 网络，在进行信道切换时，一般情况下，不但要在不同时隙之间进行切换，还要切换频率信道，切换时也要中断业务信号的传输。将切换时需要中断业务信号传输（因为一个时刻只有一个业务信道可用）的切换方式称为硬切换，而将切换时不需要中断业务信号传输的切换方式称为软切换或更软切换。

但是，软切换期间会使系统产生更多的干扰。因为，将要切换信道的移动台会与多个基站发生通信，这就相当于在各相邻基站无线覆盖范围内增加了正在进行业务信息传输的用户数。而对于 CDMA 移动通信系统，因为是受自身干扰的系统，系统中其他正在进行业务信息传输的用户，相对于某一用户来说都是干扰。

5.4.3 位置更新

位置更新通常包括两种类型：静态位置更新和动态位置更新。在静态位置更新中，蜂窝网络的拓扑决定了何时需要开始位置更新，而在动态位置更新中，用户的移动和呼叫模式用来启动位置更新。

静态位置区（Location Area，LA）识别码方法的主要问题在于，如果移动终端频繁地在两个 LA 的边界处穿越，将会产生不断在两个 LA 之间交换的乒乓效应，解决这个问题的一种方法是使用停留计时器，在一段时间内不进行位置更新，从而保证位置更新有意义。

其他静态位置更新方法还包括：

1）基于距离的位置更新：经过一定数量的小区后进行位置更新。

2）基于时间的位置更新：经过一定的时间后进行位置更新。

3）综合考虑时间和距离的位置更新：考虑控制信道上的信号负载和移动终端的位置与速度。

动态位置更新方案包括：基于状态的（State-Based）位置更新和基于用户分布图的位置更新。在基于状态的位置更新方案中，移动终端根据自己的当前状态信息决定何时进行位置更新。状态信息可以使用几种度量方式，包括消逝时间、行进距离、穿越 LA 的数量以及接收呼叫的次数，它们会根据用户的移动和呼叫模式而变化。基于用户分布图的位置更新方案维持了一份 LA 序列表，它是 MS 在历史不同时间点的位置。

练习题与思考题

1. 什么是多址方式？常用的多址方式有哪些？简述其各自的工作原理。

2. 面状服务区中，无线小区的最佳形状是什么？为什么？

3. 多信道共用技术分为哪几类？各自的特点是什么？

4. 什么是话务量？它是如何表示的？它与哪些因素有关？

5. 蜂窝小区的特点有哪些？

6. 什么是区群？无线区群的组成应满足什么条件？

7. 小区分裂的目的是什么？分裂原则是什么？

8. 移动通信中涉及的切换指的是什么？其原因包括哪两种？

下篇 移动通信应用系统篇

再好的技术，最终的归宿都是应用。在上篇中，我们已经清楚了移动通信系统要用到的关键技术和组网模式，作为基础理论的升华和具体化，在下篇中，我们将展现移动通信的具体应用系统，将理论用于实际。移动通信技术演进速度快，且应用系统的更迭与很多其他系统不一样，并非新系统完全取代旧系统，而是每一代系统都有其应用群体，因此目前的移动通信应用系统正处于第二代（2G）、第三代（3G）和第四代（4G）的重叠使用期，且 5G 系统将在 2020 年商用，也会有一段重叠期。尽管业界有预测，2G 系统（这里主要指 2G 的 GSM 系统，2G 的 CDMA 系统在国内存续时间不长）将在未来的 5 年左右全部下线，但作为历史上使用人数最多、持续时间最长、语音质量最好的第一代数字移动通信系统，其应用框架和思想对后续移动通信应用系统有着不可替代的借鉴作用，因此本篇从 2G 系统入手，重点介绍 2G、3G、4G 的移动通信应用系统的网络架构和关键技术。2G 系统以语音业务为主，采用电路交换，语音质量高；4G 以数据业务为主，采用分组交换，数据传输速率高；3G 是一个具有过渡意义的阶段，兼有语音业务和数据业务的传送特征。本篇最后还简要介绍了 5G 系统的相关内容，让整篇脉络更加清楚完整。

第6章 GSM 数字蜂窝移动通信系统

全球移动通信（Global System for Mobile communication，GSM）是 1992 年欧洲标准化委员会 ETSI 统一推出的标准，它采用数字通信技术和统一的网络标准，使通信质量得以保证，在此基础上可以开发出更多的新业务供用户使用，GSM 系统的空中接口采用时分多址技术，自 20 世纪 90 年代初期于芬兰投入商用以来，1994 年在广东开通了我国首个 GSM 网络，至今被全球超过 100 个国家采用。相对于第一代模拟移动通信技术而言，GSM 属于第二代移动通信技术，所以简称为 2G。

GSM 的主要特点在于用户可以从更高的数字语音质量和低费用的短信之间做出选择，网络运营商的优势是可以根据不同的客户定制他们的设备配置，因为 GSM 作为开放标准提供了更容易的互操作性。

本章将对 GSM 系统的接口协议、系统组成、GSM 系统的编码方式、接续过程、安全性管理等重要方面加以介绍，同时，对于从 2G 系统到 3G 系统的过渡技术——GPRS，也对其基本网络结构和网元进行了简要描述。

6.1 GSM 系统概述

1991 年欧洲开通了第一个 GSM 系统，移动运营者为该系统设计和注册了满足市场要求的商标，将 GSM 更名为"全球移动通信系统"（GSM）。

虽然 GSM 作为一种起源于欧洲的第二代移动通信技术标准，但它的研发初衷就是让全球共同使用一个移动电话网络标准，让用户拥有一部移动终端就能实现全球漫游。由于 GSM 标准的开放性，频率利用率比第一代模拟系统提高了 1.8 ~ 2 倍，因此，GSM 标准很快在世界获得了普及，并成为数字制式移动通信网络的主导技术。

GSM 的终端与模拟手机的区别是多了用户识别卡（SIM 卡），即没有插入 SIM 卡的移动台（手机）是不能够接入网络的，GSM 网络通过 SIM 卡的合法性来识别用户的身份，即可提供各种套餐服务。

GSM 是一个蜂窝网络，移动终端要连接到它能搜索到的最近的蜂窝单元区域，GSM 网络运行在多个不同的无线电频率上。GSM 网络有 3 种不同的蜂窝单元尺寸：巨蜂窝、宏蜂窝、微蜂窝，覆盖面积因不同的环境而不同，其中，巨蜂窝可以被看作是基站天线安装在天线杆或者建筑物顶上的场景。微蜂窝则是天线高度低于平均建筑高度的场景，一般用于市区内。微微蜂窝则是很小的蜂窝，只覆盖几十米的范围，主要用于室内。伞蜂窝则是用于覆盖更小的蜂窝网的盲区，填补蜂窝之间的信号空白区域。

GSM 同样支持室内覆盖，通过功率分配器可以把室外天线的功率分配到室内天线分布系统上。这是一种典型的配置方案，用于满足室内高密度通话要求，在购物中心和机场十分常见。然而这并不是必须采用的一种方案，因为室内覆盖也可以通过无线信号穿越建筑物来实现，只是这样可以提高信号质量，减少干扰和回声。

在频率分配上，对于 GSM 900MHz 频段：

1）GSM 900MHz 频段双工间隔为 45MHz，有效带宽为 25MHz，124 个载频，每个载频 8 个信道。

2）上行（MHz）890～915；下行（MHz）935～960。

3）GSM900E（扩展频段）：上行（MHz）880～915；下行（MHz）925～960。

中国 GSM900 使用频率：

（1）中国移动

- 上行频段：890～909MHz。
- 下行频段：935～954MHz。

（2）中国联通

- 上行频段：909～915MHz。
- 下行频段：954～960MHz。

对于 DCS1800MHz 频段：

1）GSM 1800MHz 频段双工间隔为 95MHz，有效带宽为 75MHz，374 个载频，每个载频 8 个信道。

2）GSM1800：上行（MHz）1710～1785；下行（MHz）1805～1880。

中国 DCS1800 使用频率范围：

（1）中国移动

- 上行频段：1710～1720MHz。
- 下行频段：1805～1815MHz。

（2）中国联通

- 上行频段：1745～1755MHz。
- 下行频段：1840～1850MHz。

GSM 系统技术规范系列如表 6-1-1 所示。

表 6-1-1　GSM 系统技术规范

系　列	内　容	系　列	内　容
01	概述	07	MS 的终端适配器
02	业务	08	BS－MSC 接口
03	网络	09	网络互通
04	MS－NS 接口与协议	10	业务互通
05	无线链路的物理层	11	设备型号认可规范
06	语音编码规范	12	操作和维护

GSM 系统能提供 6 类 10 种主要的电信业务，其业务编号、名称、种类和实验阶段如表 6-1-2 所示。

表 6-1-2　电信业务分类

分类号	电信业务类型	编 号	电信业务名称		实验阶段
1	语音传输	11	电话		E1
		12	紧急呼叫		E1
2	短消息业务	21	点对点 MS 终止的短消息业务		E3
		22	点对点 MS 起始的短消息业务		A
		23	小区广播短消息业务		FS
3	MHS 接入	31	先进信息处理系统接入		A
4	可视图文接入	41	可视图文接入子集 1		A
		42	可视图文接入子集 2		A
		43	可视图文接入子集 3		A
5	智能用户电报传送	51	智能用户电报		A
6	传真	61	交替的语言和三类传真	透明	E2
				非透明	A
		62	自动三类传真	透明	FS
				非透明	FS

E1：必需项，第一阶段以前提供
E2：必需项，第二阶段以前提供
E3：必需项，第三阶段以前提供
A：附加项
FS：待研究
MHS：信息处理系统

　　GSM 系统的主要技术特点包括：

　　1）频谱效率：由于采用了高效调制器、信道编码、交织、均衡和语音编码技术，使系统具有高频谱效率。

　　2）容量：由于每个信道传输带宽增加，使同频复用，载干比要求降低至 9dB，故 GSM 系统的同频复用模式可以缩小到 4/12 或 3/9 甚至更小（模拟系统为 7/21）；加上半速率语音编码的引入和自动话务分配以减少越区切换的次数，使 GSM 系统的容量效率（每兆赫每小区的信道数）比 TACS 系统高 3~5 倍。

　　3）语音质量：鉴于数字传输技术的特点以及 GSM 规范中有关空中接口和语音编码的定义，在阈值以上时，语音质量总是达到相同的水平而与无线传输质量无关。

　　4）开放的接口：GSM 标准所提供的开放性接口，不仅限于空中接口，而且包括网络之间以及网络中各设备实体之间的接口，例如 A 接口和 Abis 接口。

　　5）安全性：通过鉴权、加密和 TMSI 号码的使用，达到安全的目的。鉴权用来验证用户的入网权利。加密用于空中接口，由 SIM 卡和网络 AUC 的密钥决定。TMSI 是一个由业务网络给用户指定的临时识别号，以防止有人跟踪而泄露其地理位置。

6）与 ISDN、PSTN 等的互连：与其他网络的互连互通通常利用现有的接口，如 ISUP 或 TUP 等。

7）在 SIM 卡基础上实现漫游：漫游是移动通信的重要特征，它标志着用户可以从一个网络自动进入另一个网络，GSM 系统可以提供全球漫游，同时仍需要网络运营者之间的协议支撑。

6.2　GSM 系统组成

GSM 系统主要是由网络子系统（NSS）、基站子系统（BSS）和移动台（MS）三大部分组成的，其中网络子系统的组成模块包括：

1）移动业务交换中心（MSC）。
2）原籍位置寄存器（HLR）。
3）拜访位置寄存器（VLR）。
4）鉴权中心（AUC）。
5）移动设备识别寄存器（EIR）。
6）操作维护中心（OMC）。

基站子系统的组成模块包括：

1）基站收发信机（BTS）。
2）基站控制器（BSC）。

一个 MSC 可管理多达几十个 BSC，一个 BSC 最多可控制 256 个 BTS，GSM 系统通过 MSC 可与公用交换电话网（PSTN）、综合业务数字网（ISDN）和公用数据网（PDN）进行互连。各模块间的互连关系如图 6-3-1 所示。

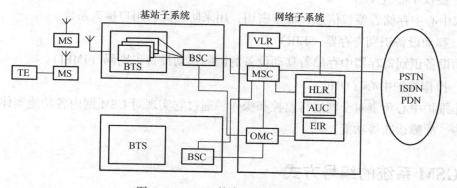

图 6-3-1　GSM 蜂窝系统组成框图

（1）移动台（MS）

移动终端完成语音编码、信道编码、信息加密、信息的调制和解调以及信息的发射和接收。SIM 卡是一张符合 ISO 标准的智能磁卡，存有与用户有关的无线接口信息、认证用户身份所需的信息和执行一些与安全保密有关的加密信息。MS 通过无线接口接入 GSM 系统，具有无线传输和处理功能。

（2）基站子系统（BSS）

BSS 负责无线发送、接收和无线资源管理等功能，分为 BTS 和 BSC：

- BTS：基带单元，载频单元，控制部分。
- BSC：语音编码。

BSC 是 BSS 的控制部分，具有对 BTS 进行控制的功能，主要负责无线网络资源的管理、小区配置数据管理、功率控制、定位和切换。

为了适应无线与有线系统使用不同的传输速率进行传输，在 BSC 和 MSC 之间需增加码变换器和相应的复用设备。

（3）移动交换中心（MSC）

MSC 可从归属位置寄存器、拜访位置寄存器和鉴权中心三种数据库获取处理用户位置登记和呼叫请求所需的全部数据，反之，MSC 也根据其最新获取的信息请求更新数据库的部分数据。作为网络的核心，MSC 还支持位置更新、越区切换和漫游服务功能。

入口 MSC 负责获取移动用户位置信息，且把呼叫转接到可向该移动用户提供即时服务的 MSC，即被访 MSC（VMSC）。

（4）归属位置寄存器（HLR）

HLR 是 GSM 系统的中央数据库，存储着该管辖区域的所有移动用户的相关数据，其存储的数据分为静态数据和动态数据。

（5）拜访位置寄存器（VLR）

存储进入其控制区域内的来访移动用户的相关数据，这些数据是从该移动用户的归属位置寄存器中获取并进行暂存的，拜访位置寄存器的功能一般是在每个 MSC 中实现的，类似于内存与 CPU 的通信关系。

（6）鉴权中心（AU）

鉴权中心中存储着鉴权信息和加密密钥，用来防止无权用户接入系统。

（7）移动设备识别寄存器（EIR）

移动设备识别寄存器中存储着移动设备的国际移动设备识别码（IMEI）。

（8）操作维护中心（OMC）

操作维护中心负责对全网进行监控和操作，通过它实现对 GSM 网内各功能实体的监视、状态报告、故障诊断等功能。

6.3 GSM 系统的编号方式

在 GSM 系统中，由于用户的移动性的存在，出于对用户识别的目的，定义了一系列的编号，其中包括永久性编码、临时性编码、识别 NSS 网络组件的编码、识别位置区的编码、识别 BSS 网络组件的编码、识别移动设备的编码以及识别移动用户漫游区的编码。

6.3.1 GSM 系统中的号码计划

GSM 系统号码计划如表 6-3-1 所示。

表 6-3-1　GSM 移动通信系统编号规则

编号类型	编号规则
永久性编码	IMSI（国际移动用户识别码）、MSISDN（国际移动用户 ISDN 号码）
临时性编码	TMSI（临时移动用户识别码）、MSRN（移动用户漫游号码）、HON（切换号码）
识别 NSS 网络组件的编码	MSC Number、VLR Number、HLR Number
识别位置区的编码	LAI（位置区识别码）
识别 BSS 网络组件的编码	CGI（全球小区识别码）、BSIC（基站识别码）
识别移动设备的编码	IMEI（国际设备识别码）
识别移动用户漫游区的编码	RSZI（漫游区域识别码）

1. 国际移动用户 ISDN 标识——MSISDN 编号规则

国际移动用户 ISDN 号码 MSISDN（Mobile Subscriber International ISDN/PSTN number），主叫用户为呼叫 GSM 用户所需的拨叫号码，是在公共电话网交换网络编号计划中，唯一能识别移动用户的号码，号码结构为：国家码 CC（因为陆地移动网络遍布全球各地，需要对不同国家的移动用户进行区分，中国的国家码为 86），国内有效 ISDN 号（国内目的地码，National Destination Code），即移动业务接入号 NDC（N1 N2 N3），为保障消费者的利益并允许合理的市场竞争，每个主权国家都可以授权一个或多个网络运营商组建并经营移动网络，例如中国三大移动运营商之中国移动网络的接入号为 134~139、150~152、188 等，中国联通为 130~132、185~186 等，中国电信为 133、153、180、189 等，即 13X（X = 9~4 属于中国移动；X = 0~3 属于中国联通），HLR 识别号编码：H0 H1 H2 H3，移动用户号编码：A B C D，MSISDN 编号规则如表 6-3-2 所示。

表 6-3-2　MSISDN 编号规则

国家码 CC（Country Code）	国内目的地码 NDC	用户号码 SN
	国内有效 ISDN 编号	
国际移动用户 ISDN 编号		

例如，MSISDN（移动用户号码）的结构如下：

CC + NDC + SN 为 86 + 133 + XXXX	
CC	86（中国为 86）
NDC	133
SN	XXXX

若在以上号码中将国家码 CC 去除，就成了移动台的国内身份号码，也就是我们日常所说的"手机号码"。目前，我国 GSM 的国内身份号码为 11 位，每个 GSM 的网络均分配一个国内目的码（NDC），也可以要求分配两个以上的 NDC 号，MSISDN 的号长是可变的（取决于网络结构与编号计划），不包括字冠，最长可以达到 15 位，国内目的码（NDC）包括接

入号 N1 N2 N3 和 HLR 的识别号 H1 H2 H3 H4，接入编号用于识别网络，所采用的编码为 139、138、…，HLR 识别号表示用户归属的 HLR，也表示移动业务本地网号。

2. 国际移动用户识别码——IMSI 编号规则

IMSI（International Mobile Subscriber Identification）Number，是区别移动用户的标志，储存在 SIM 卡中，用于区别移动用户的有效信息，其总长度不超过 15 位，使用 0～9 的数字表示，其中 MCC（Mobile Country Code）是移动用户所属国家代号，占 3 位数字，中国的 MCC 规定为 460；MNC（Mobile Network Code）是移动网号码，由两位或者三位数字组成，中国移动的移动网络编码（MNC）为 00，用于识别移动用户所归属的移动通信网；MSIN（Mobile Subscriber Identification Number）是移动用户识别码，用以识别某一移动通信网中的移动用户；NMSI（National Mobile Subscriber Identification 国内移动用户识别码），是在某一国家内 MS 唯一的识别码。

在同一个国家内，如果有多个 PLMN（Public Land Mobile Network，公共陆地移动网，一般某个国家的一个运营商对应一个 PLMN），可以通过 MNC 来进行区别，即每一个 PLMN 都要分配唯一的 MNC。中国移动系统使用 00、02、04、07，中国联通 GSM 系统使用 01、06、09，中国电信 CDMA 系统使用 03、05，电信 4G 使用 11。

例如，MSIN 共有 10 位，其结构如下：

EF + M0 M1 M2 M3 + A B C D	
EF	由运营商分配
A B C D	自由分配

其中，M0 M1 M2 M3 和 MDN（Mobile Directory Number，移动用户号码簿号码）中的 H0 H1 H2 H3 可存在对应关系。

IMSI 和 MSISDN 都是用户标识，在不同的接口、不同的流程中需要使用不同的标识。在通信系统中 MSISDN 又称为手机号码。

IMSI 编号特点包括：

1）IMSI 是 GSM 系统分配给移动用户（MS）的唯一的识别号。

2）采取 E. 212 编码方式。

3）存储在 SIM 卡、HLR 和 VLR 中，在无线接口及 MAP 接口上传送。

4）最多由 15 位数字组成。

5）MCC 在世界范围内统一分配，而 NMSI 的分配则在各国运营商内部完成。

6）如果在一个国家中，存在不止一个 GSM PLMN，则每一个 PLMN 都要分配唯一的 MNC。

7）IMSI 分配时，要遵循在国外 PLMN 最多分析 MCC + MNC 就可寻址的原则。

OpenBTS 是基于软件的 GSM 接入口，使用的是国际移动用户识别码（IMSI），它提供标准的 GSM 兼容的移动手机，不需使用现成的电话提供商的接口来拨打现有电话系统的接口。OpenBTS 以第一个基于开源软件的工业标准的 GSM 协议栈而闻名，OpenBTS 和 OpenB-SC 提供了在一个较低的层次上了解更多关于 GSM 网络的技术的开源平台。

3. 移动设备国际识别码——IMEI 编号规则

IMEI（International Mobile Equipment Identity，移动设备国际识别码）又称为国际移动设

备标识，是手机的唯一识别号码，手机在生产时，就被赋予一个 IMEI，从这个缩写的全称中来分析它的含义，包括：

1）"International" 表明了它可辨识的范围是全球，即全球范围内 IMEI 不会重复。

2）"Mobile Equipment" 表示的是手机，不包括便携式计算机。

3）"Identity" 表明了它的作用，是辨识不同的手机，一机一号，同时说明它是一串编号，常称为手机的 "串号" "电子串号"。

IMEI 是区别移动设备的标识，储存在移动设备中，可用于监控被窃或无效的移动设备，并且读写存储在手机内存中。手机的 IMEI 应做到三个一致：手机机身上的 IMEI、包装盒上的 IMEI 以及用手机键盘输入 ∗#06# 后，屏幕上显示的 IMEI 完全一致。所输入的编号可能会因为不同厂商的手机类型，所需输入的内容不同，并且同一厂商不同的手机所需输入的内容也可能不同。

IMEI 码由 GSM（Global System for Mobile Communications，全球移动通信协会）统一分配，授权 BABT（British Approvals Board of Telecommunications，英国通信认证管理委员会）审核。

IMEI 由 15 位数字组成，每位数字仅使用 0 ~ 9 的数字，其组成为：

1）前 6 位数（Type Approval Code，TAC）是 "型号核准号码"，代表机型。

2）接着的 2 位数（Final Assembly Code，FAC）是 "最后装配号"，代表产地。

3）FAC 之后的 6 位数（Serial Number，SNR，出厂序号）是 "串号"，用于表示生产顺序号。

4）最后 1 位数（SP）通常是 "0"，为检验码，备用。

TAC 由欧洲型号认证中心分配，TAC 码前三位在不同的时期会发生变化，而且，即使同一部手机，在不同的时期也会有不同的 TAC 码。

FAC 由厂家编码，通常表示生产厂家及其装配地，FAC 码也不是始终不变的，即使是同一产地的产品。尤其重要的是欧洲型号认证中心重新分配了 IMEI，FAC 被和 TAC 合并在一起，FAC 码的数字统一从 00 开始，因此无论什么型号什么品牌，其 IMEI 的第七、八位均是 00、01、02 或 03 这样向后编排。

SNR（Serial Number）码，即序号码，由厂家分配，用于识别 TAC 和 FAC 中的设备，该号码可以说明手机出厂日期的先后，通常数值越大说明该机型出厂时间越晚。

IMSI 不同于手机设备的标识 IMEI，IMEI 是与手机绑定的，IMSI 是与 SIM（Subscriber Identity Module，用户识别模块）或者 USIM（Universal Subscriber Identity Module，全球用户身份模块）相关的。

4. 临时移动用户标识——TMSI 编号规则

无线网络覆盖的范围很大，为防止 IMSI 在网络中传递时被非法获取，需要采用另外一种号码来临时代替 IMSI 在网络中进行传递，这就是 TMSI（Temporary Mobile Subscriber Identity，临时移动用户标识）。采用 TMSI 来临时代替 IMSI 的目的是为了加强系统的保密性，防止非法个人或团体通过监听无线路径上的信令，来窃取 IMSI 或跟踪用户的位置。

TMSI 是为了加强系统的保密性而在 VLR 内分配的临时用户标识，且在某一 VLR 区域内与 IMSI 唯一对应。

TMSI 分配原则包括：

1）TMSI 码包含四个字节，可以由八个十六进制数组成，其结构可由各运营部门根据当地情况而定。

2）TMSI 的 32bit 不能全部为 1，因为在 SIM 卡中，位全为 1 的 TMSI 表示无效的 TMSI。

3）避免在 VLR 重新启动后 TMSI 重复分配，可以采取 TMSI 的某一部分表示时间或在 VLR 重启后某一特定位改变的方法。

TMSI 由 MSC/VLR 进行分配，并不断地进行更换，更换的频次越高，起到的保密性越好，当手机用户使用 IMSI 向系统请求位置更新、呼叫尝试或业务激活时，MSC/VLR 判断该用户是合法用户，允许该用户接入网络后，就会分配一个新的 TMSI 给手机，并且将 TMSI 码写入手机的 SIM 卡中，此后，MSC/VLR 和手机之间的通信就可以使用 TMSI 来进行信息交互了。

TMSI 只在一个位置区的某一段时间内有效，在某一 VLR 区域内 TMSI 与 IMSI 是唯一对应的，当用户离开这个 VLR 后，TMSI 号码被释放，用户信息也被删除。

SIM 卡中存有 TMSI 信息，一般情况下，手机都以 TMSI 标识自己，当用户漫游至其他 VLR 时，首先会以 TMSI 标识自己，由于当前 VLR 不认识该用户的 TMSI，因此，会根据用户提供的 PLAI 找到 PVLR，并向 PVLR 查询用户的 IMSI，如果查询成功，则当前 VLR 根据用户的 IMSI 向 HLR 进行位置更新；如果查询失败，当前 VLR 会向该用户获取 IMSI，获取到 IMSI 之后再继续位置更新流程，在用户通过鉴权后，当前 VLR 会给用户分配一个新的 TMSI。

5. 移动用户漫游号码——MSRN 编号规则

移动通信区别于固定通信的主要特征在于手机用户是可以不断进行移动的，当我们拨打一个手机用户，并且该用户正在漫游时，网络设备就需要用到 MSRN（Mobile Station Roaming Number），即移动台漫游号码进行通信。

MSRN 是针对手机的移动特性所使用的网络号码，它是由 VLR（Visitor Location Register，拜访位置寄存器）分配的。在移动通信网络中，MSC Number 用于唯一标识一个 MSC（Mobile Switching Center，移动交换中心），MSRN 号码通常通过在 MSC Number 的后面增加几个字节来表示，例如：8613900ABCDEF。MSRN 虽然看起来类似于一个手机号码，但实际上这个号码只在网络中使用，对用户而言是不可见的，用户也不会感觉到这个号码的存在，如果直接用手机拨打 MSRN 号码，会听到"空号"的提示音。

MSC 是通过 MSRN 来寻找到被叫用户并建立通话的，其过程是，当每次呼叫发生时，主叫侧 MSC 会向被叫归属的 HLR（Home Location Register，归属位置寄存器）请求路由信息，HLR 知道被叫用户处在哪一个 MSC/VLR 服务区内，为了向主叫侧的 MSC 提供一个本次路由的信息，HLR 请求被叫用户当前所处的 MSC/VLR 分配一个 MSRN 给被叫用户，并将此号码传递给 HLR，HLR 再将此号码转发给主叫侧 MSC，此时主叫侧 MSC 就能根据 MSRN 将主叫用户的呼叫接续至被叫用户所在的 MSC/VLR 了，由此，MSC 通过 MSRN 寻找到被叫用户并建立了呼叫。

6. 位置区识别——LAI 编号规则

在移动通信系统中，LAC（Location Area Code，位置区码）是为寻呼而设置的一个区域，覆盖一片地理区域，可以按行政区域划分（一个县或一个区），也可以按寻呼量划分。

当一个 LAC 下的寻呼量达到一个预警阈值时，就必须拆分。为了确定移动台的位置，每个 GSM PLMN 的覆盖区都被划分成许多位置区，位置区码（LAC）则用于标识不同的位置区，一个位置区可以包含一个或多个小区。

LAI 的号码结构表示如下：

MCC + MNC + LAC	
LAC：Location Area Code	2 个字节长的十六进制 BCD 码，其中 0000 与 FFFF 不能使用

其中，MCC 和 MNC 与 IMSI 的 MCC 和 MNC 相同，例如，MCC 全称为 Mobile Country Code（移动国家码），用三个数字表示，中国为 460；MNC 全称为 Mobile Network Code（移动网号），用两个数字表示。

作为位置区码，LAC 用于唯一地识别我国数字 PLMN 中的每个位置区，它为一个 2 字节十六进制的 BCD 码，表示为 L1 L2 L3 L4（可定义 65536 个不同的位置区）。

LAC 在每个小区广播信道上的系统消息中发送，移动台在开机、插入 SIM 卡或发现当前小区的 LAC 与其原来储存的内容不同时，通过 IMSI 结合（IMSI Attach）或位置更新过程，向网络通告其当前所在的位置区，网络储存每个移动台的位置区，并作为将来寻呼该移动台的位置信息。

每个国家对 LAC 的编码方式都有相应的规定，中国电信对其拥有的 GSM 网上 LAC 的编码方式也有明确的规定，一般在建网初期，都已确定了 LAC 的分配和编码，在运行过程中较少改动，位置区（LAC）的大小（即一个位置区码所覆盖的范围大小）在系统中是一个相当关键的因素，例如，如果 LAC 覆盖范围过小，则移动台发生的位置更新过程将增多，从而增加了系统中的信令流量，反之，若位置区覆盖范围过大，则网络寻呼移动台时，同一寻呼消息会在许多小区中发送，这样会导致 PCH 信道的负荷过重，同时也增加了 Abis 接口上的信令流量。

由于移动通信中流动性和突发性都相当普遍，位置区大小的调整没有统一的标准，运营部门可以根据现在运行的网络，长期统计各个地区的 PCH 负荷情况以及信令链路负荷情况，用于确定是否调整位置区的大小，若前者现象严重可适当将位置区调小，反之可适当调大位置区。

7. 全球小区识别码——GCI 编号规则

全球小区识别码（Global Cell Identifier）用来识别一个小区（基站/一个扇形小区）所覆盖的区域，GCI 编码是在 LAI 的基础上再加小区识别码（CID）构成的。

作为一个全球性的蜂窝移动通信系统，GSM 对每个国家的每个 GSM 网络，乃至每个网络中的每一个位置区、每个基站和每个小区都进行了严格的编号区分，以保证全球范围内的每个小区都有唯一的号码与之对应，采用这种编号方式可以实现：

1）使移动台可以正确地识别出当前网络的身份，以便移动台在任何环境下都能正确地选择用户（和运营者）希望进入的网络。

2）使网络能够实时地知道移动台的确切地理位置，以便网络正常地接续以该移动台为终点的各种业务请求。

3）使移动台在通话过程中向网络报告正确的相邻小区情况，以便网络在必要的时候采用切换的方式保持移动用户的通话过程。

小区全球识别是主要的网络识别参数之一，GCI 由位置区识别和小区识别组成，其中 LAI 又包含移动国家号（MCC）、移动网号（MNC）和位置区码（LAC），GCI 的信息在每个小区广播的系统信息中发送，移动台接收到系统信息后，将解出其中的 GCI 信息，根据 GCI 指示的移动国家号（MCC）和移动网号（MNC）确定是否可以驻留于（Campon）该小区，同时判断当前的位置区是否发生了变化，以确定是否需要进行位置更新，在位置更新过程时，移动台将 LAI 信息通报给网络，使网络可以确切地知道移动台当前所处的小区。其结构如下：

MCC + MNC + LAC + CID

8. 基站识别码——BSIC 编号规则

基站识别码（Base Station Identity Code，BSIC）包括 PLMN 色码和基站色码，用于区分不同运营者或同一运营者广播控制信道频率相同的不同小区，BSIC 用于移动台识别相同载频的不同基站，特别用于区别在不同国家的边界地区采用相同载频且相邻的基站，BSIC 表示为一个 6bit 编码，即

BSIC = NCC(3bit) + BCC(3bit)

其中，NCC 为 PLMN 色码，用来识别相邻的 PLMN 网络，BCC 是 BTS 色码，用来识别相同载频的不同基站。同时，由于 BSIC 码是由 NCC 和 BCC 两部分组成的，NCC 由 3bit 组成，BCC 也由 3bit 组成，所以，BSIC 码的取值范围为八进制的 00～77，转换成十进制取值范围则为 0～63。

移动台收到 SCH 后，即认为已同步于该小区，但为了正确地译出下行公共信令信道上的信息，移动台还必须知道公共信令信道所采用的训练序列码（TSC）。按照 GSM 规范的规定，训练序列码有八种固定的格式，分别用序号 0～7 表示，每个小区的公共信令信道所采用的 TSC 序列号由该小区的 BCC 决定，因此 BSIC 的作用之一是通知移动台本小区公共信令信道所采用的训练序列号。

同时，由于 BSIC 参与了随机接入信道（RACH）的译码过程，因此它可以用来避免基站将移动台发往相邻小区的 RACH 误译为本小区的接入信道。

当移动台在连接模式下（通话过程中），它必须根据 BCCH 上有关邻区表的规定，对邻区 BCCH 载频的电平进行测量并报告给基站，同时在上行的测量报告中对每一个频率点，移动台必须给出它所测量到的该载频的 BSIC。

当在某种特定的环境下，例如在某小区的邻近小区中，包含两个或两个以上的小区采用相同的 BCCH 载频时，基站可以依靠 BSIC 来区分这些小区，从而避免错误的切换，甚至切换失败。

移动台在连接模式下（通话过程中），需要测量邻区的信号，并将测量结果报告给网络。由于在移动台每次发送的测量报告中只能包含六个邻区的内容，因此，必须控制移动台仅报告与当前小区确实有切换关系的小区情况。BSIC 中的高三位（即 NCC）用于实现上述目的，网络运营者可以通过广播参数"允许的 NCC"控制移动台只报告 NCC 在允许范围内的邻区情况。

9. 短消息中心的号码——SMSC 编号规则

短信服务中心（Short Message Service Center，SMSC），负责在基站和移动台（ME）间

中继、储存或转发短消息；ME 到 SMSC 的协议能传输来自移动台或朝向移动台的短消息，协议名遵从 GMS 03.40 协议。在 No.7 信令消息中使用的、代表短消息中心的号码，结构表示为 13 SH 00 X1 X2 X3 500。其中，X1 X2 X3 与当地的长途区号相同，两位长途区号的地区 X3 设为 0。

10. MSC/VLR 号码编号规则

在 No.7 信令消息中使用的、代表 MSC 的号码。

11. HLR 号码编号规则

在 No.7 信令消息中使用的、代表 HLR 的号码。

12. 切换号码——HON 编号规则

目标 MSC（即切换到的 MSC）临时分配给移动用户的一个号码，用于路由选择。

6.3.2　GSM 系统中号码的典型应用

基于呼叫漫游用户的号码处理方式用于分析在 GSM 系统中各类号码的使用流程，如图 6-3-2 所示。

1）主叫用户通过 PSTN 网向 GMSC 发出呼叫初始化信号，包含被叫用户 MSISDN 号。

2）GMSC 通过地址翻译过程确定被呼 MS 的 HLR 地址，并向该 HLR 发送位置请求消息。

3）HLR 通过位置查询确定为被叫 MS 服务的 VLR，并向该 VLR 发送路由请求消息（利用用户的 IMSI 码）。

4）被叫 VMSC 给被叫的 MS 分配漫游号码（MSRN），并向 HLR 发送含有 MSRN 号码的应答消息。

5）HLR 将消息送给为主呼用户服务的 GMSC。

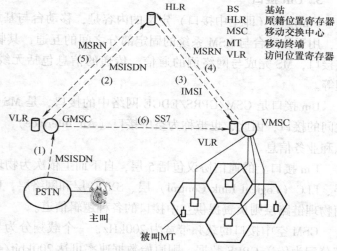

BS	基站
HLR	原籍位置寄存器
MSC	移动交换中心
MT	移动终端
VLR	访问位置寄存器

图 6-3-2　基于呼叫漫游用户的号码处理方式

6）GMSC 根据 MSRN 号，通过 7 号信令网络向被叫 VMSC 请求呼叫建立。

6.4　GSM 系统的协议与接口

GSM 系统的主要接口包括 A 接口、Abis 接口、Um 接口，其中 A 接口、Um 接口为开放式接口。

6.4.1　GSM 接口参数

1. A 接口

A 接口用来定义网络子系统（NSS）与基站子系统（BSS）之间的通信接口，其物理链接通过采用标准的 2.048Mbit/s PCM 数字传输链路来实现，此接口传递的信息包括移动台管理、基站管理、移动性管理、接续管理等。

A 接口的信令规程由《800MHz CDMA 数字蜂窝移动通信网移动业务交换中心与基站子系统间接口信令技术规范》规定，电信运营商均已颁布了此规范，中国联通颁布的 A 接口信令规程与 EIA/TIA/IS-634 的信令规程基本兼容，是它的一个子集。

2. Abis 接口

Abis 接口定义的是，基站子系统的两个功能实体——基站控制器（BSC）和基站收发信台（BTS）之间的通信接口，物理链接通过采用标准的 2.048Mbit/s 或 64kbit/s PCM 数字传输链路来实现，BS 接口作为 Abis 接口的一种特例，用于 BTS（与 BSC 并置）与 BSC 之间的直接互连方式。

3. Um 接口

Um 接口（即空中接口）定义的内容是，移动台与基站收发信台（BTS）之间的通信接口，用于移动台与 GSM 系统的固定部分之间的互通，其物理链接通过无线链路实现，通过该接口，MS 完成与网络侧的通信，传递的信息包括无线资源管理、移动性管理和接续管理等。

Um 接口是 GSM/GPRS/EDGE 网络中的接口，是 MS（Mobile Station，移动台）与网络之间的接口，因此，也被称为空中接口（Air Interface），用于传输 MS 与网络之间的信令信息和业务信息。

Um 接口上的通信协议包括 5 层，自下而上依次为物理层、MAC（Media Access Control）层、LLC（Logical Link Control）层、SNDC 层和网络层，Um 接口的物理层为射频接口部分，而物理链路层则负责提供空中接口的各种逻辑信道。

GSM 空中接口的载频带宽为 200kHz，一个载频分为 8 个物理信道，如果 8 个物理信道都分配为传送 GPRS 数据，则原始数据速率可达 200kbit/s，考虑前向纠错码的开销，则最终的数据速率可达 164kbit/s 左右。

MAC 为媒质访问控制层，MAC 的主要作用是定义和分配空中接口的 GPRS 逻辑信道，使得这些信道能被不同的移动终端共享，LLC 层为逻辑链路控制层，它是一种基于高速数据链路规程 HDLG 的无线链路协议。

SNDC 被称为子网结合层，它的主要作用是完成传送数据的分组、打包，确定 TCP/IP 地址和加密方式，网络层的协议主要是 Phase 1 阶段提供的 TCP/IP 和 L25 协议，TCP/IP 和 X.25 协议对于传统的 GSM 网络设备（如 BSS、NSS 等设备）是透明的。

Um 接口的无线信令规程由《800MHz CDMA 数字蜂窝移动通信网空中接口技术规范》规定，中国电信和中国联通均已颁布了此规范，此规范基于 TIA/EIA/IS-95A——宽带双模扩频蜂窝系统移动台-基站兼容性标准。

4. NSS 内部接口

B 接口定义了访问用户位置寄存器（VLR）与移动业务交换中心（MSC）之间的内部接口。B 接口用于移动业务交换中心（MSC）向访问用户位置寄存器（VLR）询问有关移动台（MS）当前位置信息，或者通知访问用户位置寄存器（VLR）有关移动台（MS）的位置更新信息。

C 接口定义为归属用户位置寄存器（HLR）与移动业务交换中心（MSC）之间的接口，用于传递路由选择和管理信息，在建立一个至移动用户的呼叫时，入口移动业务交换中心（GMSC）应向被叫用户所属的归属用户位置寄存器（HLR）询问被叫移动台的漫游号码，C 接口的物理链接方式是标准的 2.048Mbit/s 的 PCM 数字传输链路。

D 接口定义为归属用户位置寄存器（HLR）与访问用户位置寄存器（VLR）之间的接口，用于交换有关移动台位置和用户管理的信息。它为移动用户提供的主要服务是保证移动台在整个服务区内能建立和接收呼叫。实用化的 GSM 系统结构中，一般把 VLR 综合于移动业务交换中心（MSC）中，而把归属用户位置寄存器（HLR）与鉴权中心（AUC）综合在同一个物理实体内，D 接口的物理链接是通过移动业务交换中心（MSC）与归属用户位置寄存器（HLR）之间的标准 2.048Mbit/s 的 PCM 数字传输链路实现的。

E 接口定义为控制相邻区域的不同移动业务交换中心（MSC）之间的接口，此接口用于切换过程中交换有关切换信息以启动和完成切换，E 接口的物理链接方式是通过移动业务交换中心（MSC）之间的标准 2.048Mbit/s PCM 数字传输链路实现的。

F 接口定义的是移动业务交换中心（MSC）与移动设备识别寄存器（EIR）之间的接口，用于交换相关的国际移动设备识别码管理信息，F 接口的物理链接方式是通过移动业务交换中心（MSC）与移动设备识别寄存器（EIR）之间的标准 2.048Mbit/s 的 PCM 数字传输链路实现的。

G 接口定义的是访问用户位置寄存器（VLR）之间的接口。此接口用于分配临时移动用户识别码（TMSI）的访问用户位置寄存器（VLR），并且询问此移动用户的国际移动用户识别码（IMSI）的内容信息，G 接口的物理链接方式是标准 2.048Mbit/s 的 PCM 数字传输链路。

B、C、D、E、N 和 P 接口的信令规程由《800MHz CDMA 数字蜂窝移动通信网移动应用部分技术规范》规定，电信运营商已颁布了此规范，此规范基于 TIA/EIA/IS—41C—蜂窝无线通信系统间操作标准，中国联通颁布的 MAP 为 IS—41C 的子集，第一阶段使用 IS—41C 中 51 个操作（OPERATION）中的 19 个，主要内容包括鉴权、切换、登记、路由请求、短消息传送等。

5. GSM 系统与公众电信网的接口

公众电信网主要是指公众电话网（PSTN）、综合业务数字网（ISDN）、分组交换公众数据网（PSPDN）以及电路交换公众数据网（CSPDN）。GSM 系统通过 MSC 与这些公众电信网互连，其中，GSM 系统与 PSTN 和 ISDN 网的互连方式采用 7 号信令系统接口，其物理链接方式是通过 MSC 与 PSTN 或 ISDN 交换机之间标准 2.048Mbit/s 的 PCM 数字传输实现的。GSM 各接口协议如表 6-4-1 所示。

表 6-4-1 GSM 系统各接口协议层次表

	MS：移动台	BTS：基站收发信台		BSC：基站控制器		MSC：移动业务交换中心
信号层 3	CM：通信管理					CM：通信管理
	MM：移动性管理			RR：无线资源管理		MM：移动性管理
	RR：无线资源管理	RR：无线资源管理	BTSM：BTS 的管理部分	BTSM：BTS 的管理部分	BSSMAP：基站子系统	BSSMAP：基站子系统
信号层 2	LAPDm：ISDN 的 Dm 数据链路协议移动应用部分	LAPDm：ISDN 的 Dm 数据链路协议移动应用部分	LAPDm：ISDN 的 Dm 数据链路协议移动应用部分	LAPDm：ISDN 的 Dm 数据链路协议移动应用部分	SCCP MTP：信息传递部分	SCCP MTP：信息传递部分
信号层 1	信令层	信令层	信令层	信令层		
	Um 接口		Abis 接口		A 接口	

信号层 1（物理层）是无线接口的最底层，提供传送比特流所需的物理链路（例如无线链路），以及为高层提供各种不同功能的逻辑信道。

信号层 2（L2）的主要目的是在移动台和基站之间建立可靠的专用数据链路，L2 协议基于 ISDN 的 D 信道链路接入协议（LAP - D），但做了改动，因而在 Um 接口的 L2 协议称为 LAP - Dm。

信号层 3（L3）是实际负责控制和管理的协议层，L3 包括三个基本子层，分别为无线资源管理（RR）、移动性管理（MM）和接续管理（CM）。其中一个 CM 子层中含有多个呼叫控制（CC）单元，提供并行呼叫处理，为支持补充业务和短消息业务，CM 子层中还包括补充业务管理（SS）单元和短消息业务管理（SMS）单元。

6. 信号层 3 的接口协议

RR 在基站子系统中终止，同时，RR 消息在 BSS 中进行处理和转译，映射成 BSS 移动应用部分（BSSMAP）的消息在 A 接口中传递，移动性管理（MM）和接续管理（CM）都至 MSC 终止，MM 和 CM 消息在 A 接口中采用直接转移应用部分（DTAP）传递，基站子系统（BSS）则透明传递 MM 和 CM 消息。

7. NSS 内部及 GSM 与 PSTN 之间的协议

与非呼叫相关的信令采用移动应用部分（MAP），用于 NSS 内部接口（B、C、D、E、F、G）之间的通信，除此之外，与呼叫相关的信令，则采用的是电话用户部分（TUP）和 ISDN 用户部分（ISUP），分别用于 MSC 之间和 MSC 与 PSTN、ISDN 之间的通信。协议层次之间的关系如表 6-4-2 所示。

表 6-4-2　NSS 内部及 GSM 与 PSTN 之间的协议

TUP 电话用户部分	ISDN 用户部分 ISUP	MAP 移动应用部分	BSSAP
		TCAP 事务处理应用部分	
	Dm 数据链路部	SCCP 信令连接控制部分	
MTP 消息传递部分			

6.4.2　GSM 系统的信道

GSM 系统中的信道分为物理信道和逻辑信道，一个物理信道就是一个特定载频上的一个时隙，逻辑信道是根据 BTS 与 MS 之间传递的信息类型的不同而定义的不同的逻辑信道。这些逻辑信道需要映射到物理信道上传送。

逻辑信道可分为业务信道（Traffic Channel，TCH）和控制信道（Control Channel，CCH）两大类，GSM 系统的逻辑信道分类如图 6-4-1 所示。

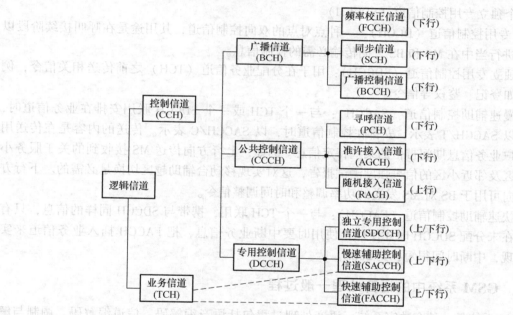

图 6-4-1　GSM 系统的逻辑信道

（1）业务信道（TCH）

业务信道主要用于传送编码后的语音或用户数据，还有少量的随路控制信令。业务信道有全速率业务信道（TCH/F）和半速率业务信道（TCH/H）之分，两者分别载有总速率为22.8kbit/s 和 11.4kbit/s 的语音信息。

在业务信道上，通过不同的速率适配、信道编码和交织等，可实现 9.6kbit/s、4.8kbit/s、2.4kbit/s 的数据业务。

（2）控制信道（CCH）

控制信道用于传送信令或同步数据，主要有广播信道（BCH）、公共控制信道（CCCH）和专用控制信道（DCCH）三种。

① 广播信道（BCH）：一种一点对多点的单方向控制信道，用于基站向移动台广播公用的信息，传输的内容主要是移动台入网和呼叫建立所需要的有关信息。

- 频率校正信道（FCCH）：传输供 MS 校正其工作频率的信息。
- 同步信道（SCH）：传输供 MS 进行帧同步和对 BTS 进行识别的信息，即该信道包含 TDMA 帧号和基站识别色码（BSIC）。
- 广播控制信道（BCCH）：向移动台广播每个 BTS 的通用信息，例如公共控制信道（CCCH）号码等。

② 公共控制信道（CCCH）：一种一点对多点的双向控制信道，为系统内的移动台所共用，用于呼叫接续阶段传输链路连接所需要的控制信令。

- 寻呼信道（PCH）：下行信道，用于传输 BS 寻呼 MS 的信息。
- 随机接入信道（RACH）：上行信道，用于 MS 随机提出入网申请，MS 通过此信道请求分配一个独立专用控制信道（SDCCH）。
- 准许接入信道（AGCH）：下行信道，用于 BS 对 MS 的入网请求做出应答，即分配一个独立专用控制信道（SDCCH）。

③ 专用控制信道（DCCH）：一种点对点的双向控制信道，其用途是在呼叫接续阶段以及通信进行当中在 MS 和 BS 之间传输必需的控制信息。

- 独立专用控制信道（SDCCH）：用于在分配业务信道（TCH）之前传送相关信令，例如登记、鉴权等信令。
- 慢速辅助控制信道（SACCH）：与一个 TCH 或一个 SDCCH 联用安排在业务信道时，以 SACCH/T 表示，安排在控制信道时，以 SACCH/C 表示。传送的内容是在传送用户业务信息期间带传的某些特定信息。例如，上行方向传送 MS 接收到的关于服务小区及邻近小区的信号强度测试报告，这对实现移动台辅助越区切换是必需的。下行方向可用于 BS 对 MS 发送的功率调整和时间调整信令。
- 快速辅助控制信道（FACCH）：与一个 TCH 联用，携带与 SDCCH 同样的信息，只有在未分配 SDCCH 时才使用，使用时要中断业务信息，把 FACCH 插入业务信道来实现，中断时间很短，约 20ms。

6.4.3　GSM 系统中的语音处理一般过程

GSM 系统是一种全数字系统，语音处理过程包括语音编解码、信道编解码、调制与解调等，如图 6-4-2 所示。

图 6-4-2　GSM 系统语音处理流程图

GSM 系统采用规则脉冲激励长期预测编码（RPE－LTP）作为语音编码方案，GSM 系统把 20ms 的语音编码帧中产生的 260 个比特流按照重要性分成两类分别进行不同的处理，第一类对差错敏感，占 182bit，这类比特发生误码将明显影响语音质量，需要对其进行差错控制，第二类对差错不敏感，占 78bit，这类比特发生误码将不会对语音质量有明显影响。

加密通过一个由加密密钥 Kc 与帧号，通过 A5 算法产生的泊松随机序列和常规突发序列之中的 114 个信息比特（$57 \times 2 = 114$）进行异或操作得到。

6.5　GSM 系统的接续与移动性管理

GSM 移动通信系统用于实现无线用户之间，以及无线用户与固话用户之间建立通话时的接续和交换，同时，能够实现移动交换功能与移动性的相关管理功能，并且还包含一些特殊交互功能。

6.5.1　GSM 系统中的典型接续过程

1. 移动用户主叫接续过程

在移动用户主叫过程中，移动台作为起始呼叫者，在与网络端接触以前拨被叫号码，然后发送，网络端会向主叫用户做出应答表明呼叫的结果。

当移动用户拨被呼用户的号码，再按"发送"键，系统鉴权后若允许该主呼用户接入网络，则 MSC/VLR 发证实接入请求消息，主呼用户发起呼叫，被呼用户的链路准备好后，网络便向主呼用户发出呼叫建立证实，并分配专用业务信道 TCH，主呼用户等候被呼用户响应的证实信号，即完成移动用户的主呼过程。

移动用户主叫的接续流程如表 6-5-1 所示。

表 6-5-1　移动用户主叫的接续流程

MS		BS	MSC	VLR
MS 与 MSC 之间建立连接	① 信道请求			
	② 立即分配指令←			
	③ 业务请求	④ 业务请求	⑤ 开始接入请求应答	
	⑧ 鉴权请求←	⑦ 鉴权请求←	⑥ 鉴权	
	⑨ 鉴权响应	⑩ 鉴权响应	⑪ 鉴权确认	
	⑭ 置密模式指令←	⑬ 置密模式指令←	⑫ 置密模式	
	⑮ 置密模式完成	⑯ 置密模式完成	⑰ 开始接入请求应答←	
	⑳ TMSI 指令←	⑲ TMSI 指令←	⑱ 分配新的 TMSI	
呼叫建立阶段	① 建立呼叫请求	② 建立呼叫请求	③ 传输呼叫请求信息	
	⑥ 呼叫开始指令	⑤ 呼叫开始指令	④ 传输呼叫请求信息←	
	⑧ 信道指配指令←	⑦ 信道指配指令←		
	⑨ 信道指配完成	⑩ 信道指配完成	⑪ 与被叫用户接续	
	⑬ 回铃音←	⑫ 回铃音←		
	⑭ 连接指令←	⑮ 连接指令←		
	⑰ 连接确认	⑯ 连接确认		

在接入阶段中，移动终端与 BTS（BSC）之间建立了暂时固定的关系，鉴权加密阶段主要包括鉴权请求、鉴权响应、加密模式命令、加密模式完成、呼叫建立等，经过这个阶段，主叫用户的身份已经确认，网络认为主叫用户是一个合法用户。

在 TCH 指配阶段中，主要包括指配命令、指配完成。经过这个阶段，主叫用户的语音信道已经确定，如果在后面被叫接续的过程中不能接通，主叫用户可以通过语音信道听到 MSC 的语音提示。

2. 移动用户被叫接续过程

在移动用户被叫接续过程中，被呼的移动用户的路由到达该移动用户所登记的 MSC/VLR 后，由该 MSC/VLR 向移动用户发寻呼消息，位置区内所有的基站都向移动用户发寻呼消息，进行同时呼叫，在位置区内收听的被叫用户收到寻呼消息并立即响应，即完成移动用户的被呼过程。

移动用户被叫的接续流程如表 6-5-2 所示。

表 6-5-2　移动用户被叫的接续流程

VLR		VMSC	BS	MS
通过7号信令，GMSC 接收自主叫的呼叫	① 主叫用户拨号信息			
	② 询问呼叫参数←			
	③ 呼叫参数	④ 呼叫请求	⑤ 寻呼请求	
			⑥ 信道请求←	
			⑦ 立即指配指令	
	⑩ 开始接入请求	⑨ 寻呼响应	⑧ 寻呼响应	
呼叫建立	① 鉴权	② 鉴权请求	③ 鉴权请求	
	⑥ 鉴权确认←	⑤ 鉴权响应←	④ 鉴权响应←	
	⑦ 置密模式	⑧ 置密指令	⑨ 置密指令	
	⑫ 开始接入应答←	⑪ 置密完成←	⑩ 置密完成←	
	⑬ 请求完成呼叫	⑭ 呼叫建立	⑮ 呼叫建立	
		⑰ 呼叫证实	⑯ 呼叫证实	
		⑱ 信道指配	⑲ 信道指配	
		㉑ 指配完成←	⑳ 指配完成←	
		㉒ 连接完成		
		㉓ 拨号应答		
		㉔ 连接确认		

移动台作被叫时，其 MSC 通过与外界的接口收到初始化地址消息（IAI），从这条消息的内容及 MSC 已经存在 VLR 中的记录，MSC 可以提取到如 IMSI、请求业务类别等完成接续所需要的全部数据。然后，MSC 对移动台发起寻呼，移动台接受呼叫并返回呼叫核准消息，此时移动台振铃。

　　MSC 在收到被叫移动台的呼叫校准消息后，会向主叫网方向发出地址完成（Address Complete）消息（ACM）。

6.5.2　GSM 系统中的切换控制

1. 漫游

　　漫游（Roaming）指移动台离开自己注册登记的服务区域，移动到另一服务区后，移动通信系统仍可向其提供服务的功能。

　　漫游的方式包括自动和人工两种。

　　（1）自动漫游

　　移动通信网自动跟踪移动台，向处在任何位置的移动台提供服务，它的主要功能包括位置登记以及呼叫转移。

　　位置登记的功能是跟踪移动台，记录来访移动台的位置信息，以作为呼叫接续的依据。为了跟踪移动台，通常将一个移动通信网的服务区分成若干个位置区，一个位置区可包括若干个基站区，每个位置区具有唯一的识别码，也称区域识别码，在位置区各基站的控制信道上不断发送。

　　移动台在一个位置区中可自由移动而不需进行位置登记，当移动台发现所接收的区域识别码发生变化时，表明它已进入一个新的位置区，则自动打开发射机，发出位置更新信息，移动电话局将收到的信息送到控制此位置区的访问者位置寄存器，通过位置寄存器间的信令系统，告诉原籍位置寄存器目前这个移动台所处的位置，原籍位置寄存器更新此移动台的位置信息，并回发移动台类别、服务项目等信息，访问者位置寄存器根据收到的用户信息，向移动台发位置登记确认消息，移动台不需更改原有的电话号码，就可以在新的位置区得到它所登记的通信服务。

　　原籍位置寄存器还要向移动台原来所处位置区的访问者位置寄存器发消息，删除此移动台的有关信息。

　　呼叫转移功能可实现对处在任何一个移动电话局控制区域中的移动台的呼叫，当呼叫移动台时，有两种转移方式，分别如下：

　　转移方式一：将呼叫先接至一个就近的移动电话局，也称接入移动电话局，此移动电话局通过信令系统向原籍位置寄存器询问移动台目前的位置信息，原籍位置寄存器向移动台目前所在位置的访问者寄存器请求一个临时的漫游号码，回发给接入移动电话局。依据漫游号码，呼叫接至移动台实际所处的移动电话局，在相应的位置区所有基站的下行控制信道上，发送包含用户识别码的寻呼消息，找到移动台。

　　转移方式二：将呼叫先接到移动台原籍的移动电话局，原籍局通过信令系统请求访问者位置寄存器分配一个临时的漫游号码，原籍局依据漫游号码建立至被访局的路由，从而找到移动台。

　　（2）人工漫游

　　人工漫游，即用人工登记方式，给漫游移动台分配被访移动电话局的漫游号码，使移动台能在多个地区得到通信服务。

　　移动用户向原籍局申请办理登记手续，原籍局在被访局预先确定的人工漫游号码区中，选一个号码分配给该用户的移动台，并通知被访局，被访局将其作为短期用户，建立相应的用户数据单元，当移动台漫游到被访局后，可得到服务。若主叫用户知道移动台行踪，拨打被访局分配的漫游号码，经自动电话网，接至被访局，也可呼叫漫游移动台。

2. 切换

切换，是指 MS 从一个小区或信道变更到另外一个小区或信道时，能够继续进行通信，切换过程由 MS、BTS、BSC、MSC 共同完成。

移动通信中的切换是移动台在与基站之间进行信息传输时，由于各种原因，需要从原来所用信道上转移到一个更适合的信道上进行信息传输的过程。需要切换的原因主要有两种：一种是移动台在与基站之间进行信息传输时，移动台从一个无线覆盖小区移动到另一个无线覆盖小区，由于原来所用的信道传输质量太差而需要切换，在这种情况下，判断信道质量好坏的依据可以是接收信号功率、接收信噪比或误帧率。除此之外，另一种是移动台在与基站之间进行信息传输时，处于两个无线覆盖区之中，系统为了平衡业务而需要对当前所用的信道进行切换。

切换的依据是 MS 对周邻的 BTS 信号强度的测量报告，以及 BTS 对 MS 发射信号及通话质量，BSS 统一评价后决定是否进行切换。切换的决定主要由 BSS 做出，当 BSS 对当前 BSS 与移动用户的无线连接质量不满意时，BSS 根据现场情况发起不同的切换要求，也可由 NSS 根据话务信息要求 MS 开始切换流程。

在一个典型的切换过程中，移动通信系统各部分完成的工作包括：

1）MS 负责测量下行链路性能和从周围小区中接收的信号强度。

2）BTS 负责监测每个 MS 的上行接收电平的质量。

3）BSC 完成切换的最初判决。

4）从其他 BSS 和 MSC 发来的信息，测量的结果由 MSC 来完成。

切换的触发事件包括：

1）基于功率预算的切换。

2）基于接收电平的切换（电平切换）。

3）基于接收质量的切换（质量切换）。

4）基于距离的切换。

5）基于话务量的切换。

只有切换满足切换参数才能进行切换操作，该参数为 BSC 在切换中的控制参数，当相邻小区的电平高于服务区电平（切换阈值）后即可触发切换。

按照通信系统制式划分，切换可以分为第一代蜂窝系统中的切换技术、第二代蜂窝系统中的切换技术（GSM 系统中的切换技术）、第二代蜂窝系统中的切换技术（CDMA IS - 95 系统中的切换技术）、第三代通信系统中的切换技术。

其中，作为第二代蜂窝移动通信系统，GSM 采用 TDMA 技术来区分不同的物理信道，并且，GSM 系统是采用 TDMA 技术的系统中较典型的一种，因此，第二代蜂窝系统中的切换技术主要介绍 GSM 系统。

GSM 系统是频率与时间分隔的蜂窝系统。在该系统中，频率信道的划分采用的是 FDMA 方式，每个频率信道又以时间划分为 8 个时隙，构成 8 个物理信道，物理信道采用的是 TDMA 方式，显然，某一无线小区使用的频率，其他邻近无线小区不能再使用，所以在 GSM 系统中进行信道切换时，一般情况下，不但要在不同时隙之间进行切换，还要切换频率信道，切换时也要中断业务信号的传输。我们将切换时需要中断业务信号传输（因为一个时刻只有一个业务信道可用）的切换方式称为硬切换，与此相对应，将切换时不需要中断业务信号传输的切换方式称为软切换或更软切换。

在 GSM 系统中，有的地理区域由于存在微区、宏区和双频网的三重覆盖，基站在判断是否需要切换和如何切换问题上就需要考虑更多的因素。

微区适用于人口密集、业务量大的区域，且移动台往往处于慢速移动状态；宏区适用于快速移动的移动台；而双频网则可以缓和高话务密集区无线信道日趋紧张的状况。例如，我国就是采用以 GSM900（用 900MHz 频率段的无线信道）网络为依托，GSM1800（用 1800MHz 频率段的无线信道）网络为补充的组网方式。

移动台与基站之间进行业务信息传输时，BTS 对上行链路的质量进行测量，并定期报告给 BSC，MS 对下行链路的质量进行测量，同时对其周围其他 BTS 的广播控制信道上的接收信号电平进行测量，移动台将测量结果通过慢速辅助控制信道（SACCH）经 BTS 送到 BSC，BSC 根据对测量结果的计算，决定是否切换。当 BSC 认为某移动台当前正在使用的信道需要切换后，就要提出切换请求。

如果需要进行的切换是发生在原 BSC 控制的两个 BTS 的信道之间，则 BSC 向目标 BTS 提出切换请求，让目标 BTS 准备一个业务信道（TCH），并连通与目标 BTS 之间的链路，BSC 在快速辅助控制信道（FACCH）上发送切换指令，FACCH 是向原业务信道（TCH）借用的，MS 收到切换指令后，就转移到目标 BTS 的新的信道上继续进行业务信息传输，并且，原 BTS 释放原 TCH 信道。

如果需要进行的切换不是发生在原 BSC 控制的两个 BTS 的信道之间，即目标 BTS 从属于另一个 BSC（同属于一个移动交换中心 MSC），则 BSC 要向 MSC 提出切换请求，MSC 通过新的 BSC，要求目标 BTS 准备一个 TCH，并连通与目标 BTS 之间的链路，MSC 通过原BSC、BTS 在 FACCH 上发一个切换信令，MS 收到信令后转移到新的信道上继续进行业务信息的传输。

如果需要进行的切换发生在分属于两个不同 MSC 的 BTS 的信道之间，则切换时原 MSC 要连通与新的 MSC、BSC、BTS 之间的链路。

当 MSC 检测到某 MS 在进行业务传输的较短的时间内，在多个 BTS 的信道之间进行了切换，就认为该 MS 处于高速移动状态，为了避免对 MSC 造成过重的交换负担，如果在同一地理区域还有宏区覆盖，MSC 就可将该 MS 的业务切换到宏区（或称伞形区）所属的TCH 信道上去传输。

相同 BSC 控制的小区间切换流程如图 6-5-1 所示。

在基于相同 BSC 控制的小区间切换过程中，BSC 预订新的 BTS 激活一个 TCH，BSC 通过原BTS 发送一个参数信息至 MS，其中，发送的参数包括频率参数信息、时隙参数信息以及发射功率参数信息，此信息在 FACCH 上传送。MS在规定的新频率上，发送一个切换接入突发脉

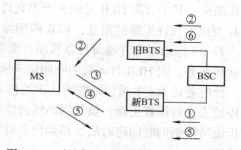

图 6-5-1　相同 BSC 控制的小区间切换流程

冲（通过 FACCH 发送）。新 BTS 收到此突发脉冲后，将时间提前量信息通过 FACCH 回送 MS。MS 通过新 BTS 向 BSC 发送切换成功信息，之后 BSC 要求原 BTS 释放 TCH 信道。

当同一地理位置有双频网覆盖时，为了平衡业务量大小或选择更好质量的信道，即使移动用户没有越区，只要使用的是双频手机，也可以在 GSM900 网和 GSM1800 网的信道之间进行切换。

6.5.3 GSM 系统中的位置更新

为了确认移动台的位置，每个 GSM 覆盖区都被分为许多个位置区，一个位置区可以包含一个或多个小区，网络将存储每个移动台的位置区，并作为将来寻呼该移动台的位置信息，对移动台的寻呼，是通过对移动台所在位置区的所有小区中寻呼来实现的，如果 MSC 容量负荷较大，它就不可能对所控制区域内的所有小区一起进行寻呼，因为这样的寻呼负荷将会很大，这就需引入位置区的概念，位置区的标识（LAC 码）将在每个小区广播信道上的系统消息中发送。

当移动台由一个位置区移动到另一个位置区时，必须在新的位置区进行登记操作，也就是说，一旦移动台出于某种需要，或发现其存储器中的 LAI 与接收到当前小区的 LAI 号发生了变化，就必须通知网络来更改它所存储的移动台的位置信息，即在这个过程中就发生了位置更新。

根据网络对位置更新的标识不同，位置更新可分为三种：正常位置更新（即越位置区的位置更新）、周期性位置更新以及 IMSI 的附着和分离（对应用户开机）。

1. 正常位置更新

MS 通过新的 BTS 小区向 MSC 发送一个具有本地位置意义的信息，即位置更新请求，MSC 把位置更新请求消息送给 HLR，同时给出 MSC 和 MS 的识别码，HLR 修改该客户数据，并回送给 MSC 一个确认响应，VLR 对该客户进行数据注册，最后由新的 MSC 发送给 MS 一个位置更新确认，同时由 HLR 通知原来的 MSC 删除 VLR 中有关该 MS 的客户数据，并且，在这一过程发生前，要进行 MS 的鉴权。

根据判断该位置更新程序是否属于同一个 VLR，是否需要 IMSI 号参与，可分为以下几种位置更新：

1) 同一个 VLR，不同位置区的位置更新。

2) 越 VLR 间的位置更新，且发送的是 TMSI 号码。

3) 越 VLR 间的位置更新，且发送的是 IMSI 号码。

当 HLR 收到 VLR 向其发起更新位置消息时，如果允许 MS 漫游，HLR 将回传更新位置确认消息，其中含有 HLR 号码。若不允许 MS 漫游，HLR 则给出此 MS 标明不许漫游，若给 VLR 发出不允许漫游的消息，VLR 则删除所有的 MS 数据且向移动台发出位置更新拒绝的消息。若 MS 标志不允许漫游且该移动台未激活呼叫前转，则 HLR 将闭锁 MS 的来话呼叫；若激活此业务，则 HLR 将入局的呼叫接至所要求的地方。

此时若是 MS 主叫，则按不认识的移动用户处理，被漫游限制的移动台将在其漫游区域不停地去进行位置更新，虽然网络将持续地向该移动台发出位置更新拒绝的消息，但位置更新拒绝所限制的时间逾时后，移动台会继续去进行位置更新尝试，直到发现一个允许漫游的位置区。

2. 周期性位置更新

当出现以下情况时，网络和移动台往往会失去联系：第一种情况是，如果当移动台开着机而移动到网络覆盖区以外的地方（即盲区），此时由于移动台无法向网络做出指示，因而网络因无法知道移动台目前的状态，而仍会认为该移动台还处于附着的状态；第二种情况是，当移动台在向网络发送"IMSI 分离"消息时，如果此时无线路径的上行链路存在着一定的干扰导致链路的质量很差，那么网络就有可能不能正确地译码该消息，这就意味着系统仍认为 MS 处于附着的状态；第三种情况是，当移动台掉电时，也无法将其状态通知给网络，而导致移动台与移动网络之间失去联系。

当发生以上这几种情况后，若在此时该移动台被寻呼，则系统将在此前用户所登记的位置区内发出寻呼消息，其结果必然是网络以无法收到寻呼响应而告终，导致无效地占用系统的资源。

为了解决该问题，GSM 系统采取了相应的措施来迫使移动台必须在经过一定时间后，自动地向网络汇报它目前的位置，网络就可以通过这种机制来及时了解移动台当前的状态有无发生变化，这就是周期性位置更新机制。

在 BSS 部分，它是通过小区的 BCCH 的系统广播消息，向该小区内的所有用户发送一个应该做周期性位置更新的时间 T3212，来强制移动台在该定时器超时后，自动地向网络发起位置更新的请求，请求原因注明是周期性位置更新；移动台在进行小区选择或重选后，将从当前服务小区的系统消息中读取 T3212，并将该定时器置位且存储在它的 SIM 卡中，此后当移动台发现 T3212 超时后就会自动向网络发起位置更新请求。

与此相对应，在 NSS 部分，网络将定时地对在其 VLR 中标识为 IMSI 附着的用户做查询，它会把在这一段时间内没有和网络做任何联系的用户的标识改为 IMSI 分离（IMSI Detach），以防止对已与网络失去联系的移动台进行寻呼，从而导致白白浪费移动通信系统的资源。

周期性位置更新是网络与移动用户保持紧密联系的一种重要手段，因此周期性的位置更新越短，网络的总体性能也就越好。但频繁的位置更新存在两个副作用：一是会使网络的信令流量大大增加，对无线资源的利用率降低，在严重时，将影响 MSC、BSC、BTS 的处理能力；另一方面将使移动台的耗电量急剧增加，使该系统中移动台的待机时间大大缩短，因而 T3212 的设置应综合考虑系统的实际情况。

当移动台进行小区选择时，将该服务小区的 T3212 存储在 SIM 卡中，当发现该值超时后，即触发位置更新程序，当移动台在不同位置区内进行小区重选时，因为这对应一次位置更新，因而，移动台就会采用新小区的 T3212 值且从 0 开始计时，当移动台进行一次呼叫处理时，也会将 T3212 置位。

当移动台在不同位置区内进行小区重选时，如该两小区的 T3212 一样（例如都为 30），则会根据上一次的计时值继续计时，如上次 T3212 的状态是 4/30（4 为目前的计时时间，30 为 T3212 的值），当小区重选后还是 4/30。

如两小区的 T3212 不一样（设 A 小区是 20，B 小区是 8），若移动台在 A 中的状态是 2/20，重选为 B 时就会变成 6/8，此时，当它再重选为 A 时就会变成 8/20，之后若因为位置原因，再次切换为 B，则状态应为 4/8。从这种情况我们可以看出，设目前的计时时

间为 T_1，T3212 为 T0，即定时状态为 T_1/T_0，若 A 小区 $T_0 - T_1$（目前的计时时间距离位置更新的时间）大于 B 小区的 T_0，则重选到 B 小区的状态应为 $(T_{0b} - T')/T_{0b}$，其中 T' 为 $(T_{0a} - T_{1a})/T_{0b}$ 取余数；若 A 小区的 $T_0 - T_1$ 小于 B 小区的 T_0，则重选到 B 小区的状态应为 $[T_{0b} - (T_{0a} - T_{1a})]/T_{0b}$。

3. IMSI 的附着和分离

IMSI 的附着和分离过程就是在 MSC/VLR 中用户记录上附加一个二进制标志，IMSI 的附着过程就是置标志位为允许接入，而 IMSI 的分离过程就是置标志位为不可接入。

若移动终端开机后发现它所存储的 LAI 号与当前的 LAI 号一致，则进行 IMSI 附着过程，它的程序过程与 INTRA VLR LOCATION UPDATE 过程基本一样，唯一不同的是，在 LOCATION UPDATING REQUEST 的报文中注明位置更新的种类是 IMSI 附着，它的初始化报文含有移动台的 IMSI 号码。

若移动台开机后发现它所存储的 LAI 号与当前的 LAI 号不一致，则将执行正常位置更新过程。

当移动台进行关机操作时，它会定义通过一个按键触发 IMSI 分离过程，在此过程中，仅有一条指令从 MS 发送到 MSC/VLR，这是一条非证实的消息，当 MSC 收到 IMSI 的分离请求时，即通知 VLR 对该 IMSI 完成"分离"的标志，而 HLR 并没有得到该用户已脱离网络的通知。

若该用户被基站寻呼，HLR 将向该用户所在的 VLR 查询漫游号码（MSRN），此时系统就会通知该用户已脱离网络，因此不再执行寻呼程序，而会直接对该寻呼消息进行处理（treatment），例如系统播放"用户已关机"的录音等，在 MS 发出此消息后就自动将 RR 连接放弃。

参数 ATT 是 IMSI 附着和分离允许（ATTATCH - DETACH ALLOWDE，ATT）标识，用来指示移动台在本小区内是否允许进行 IMSI 附着和分离的过程，其中，0 表示不允许，1 表示移动台必须启用附着和分离的过程。

在同一位置区的不同小区，ATT 参数的设置必须相同，因为移动台在该参数设为 1 的小区中关机时启动 IMSI 分离过程，网络将记录该用户处于非工作状态，并拒绝所有寻呼该用户的请求。若移动台再次开机时处于与它关机时同一位置区（此时不触发位置更新）但不同的小区，而该小区的参数 ATT 设为 0，此时移动台也不启动 IMSI 附着的过程，在这种情况下，该用户无法正常成为被叫直至它启动主叫或位置更新过程。

4. 位置更新的参数命令

对于本小区内的被服务手机在开关机时是否向系统报告，该功能一般应打开。功能格式表示为：ATT 以字符串表示。

取值范围为：NO 表示不允许移动台启动 IMSI 的附着和分离过程；YES 表示移动台必须启用附着和分离过程，默认值为 NO。

T3212 参数为当前服务小区内手机周期性位置更新登记的周期。功能格式表示为：T3212 以十进制数表示，取值范围 0 ~ 255，单位为 6min（1/10h），如 T3212 = 1，表示 0.1h；T3212 = 255，表示 25.5h，T3212 设置为 0 时，表示本小区中不启用周期位置更新。

6.6　GSM 系统的安全性管理

GSM 系统设计使用共享密钥用户认证，用户与基站之间的通信可以被加密，UMTS 的发展提供了一个选择，就是 USIM，它使用更长鉴别密钥保证更好的安全以及网络和用户的双向验证。GSM 只有网络到用户的验证，虽然安全模块提供了保密和鉴别功能，但是鉴别能力有所限制。

GSM 也加入了多种加密算法用于安全性的考虑，A5/1 和 A5/2 两种串流密码用于保证在空中语音的保密性。A5/1 是在欧洲范围使用的强力算法，而 A5/2 则是在其他国家使用的弱强度算法。

6.6.1　用户识别模块

SIM（Subscriber Identification Module）卡，也称为用户身份识别卡、智能卡，GSM 数字移动电话机必须装上此卡才能使用。在芯片上存储了数字移动电话客户的信息、加密的密钥以及用户的电话簿等内容，可供 GSM 网络客户身份进行鉴别，并对客户通话时的语音信息进行加密。

SIM 卡由 CPU、ROM、RAM、EEPROM 和 I/O 电路组成，用户使用 SIM 卡时，实际上是手机向 SIM 卡发出命令，SIM 卡应该根据标准规范来执行或者拒绝，因此可以看出 SIM 卡并不是单纯的信息存储器。

SIM 卡的尺寸分为三种：

1）标准 SIM 卡：25mm × 15mm × 0.8mm。
2）Micro SIM 卡（小卡）：12mm × 15mm × 0.8mm。
3）Nano SIM 卡：12.3mm × 8.8mm × 0.7mm。

苹果公司生产的产品（iPhone 4S、iPhone4、iPad、iPad2.3G 版本）使用的都是 Micro SIM 卡，也叫作 3FF SIM 卡，即第三类规格 SIM 卡，比标准卡小了 52%。

SIM 卡实物图如图 6-6-1 所示。

SLM 卡执行的标准：

1）Full - size（FF）：ISO/IEC 7810：2003，ID -1。
2）Mini - SIM（2FF）：ISO/IEC 7810：2003，ID - 000。
3）Micro - SIM（3FF）：ETSI TS 102 221 V9.0.0，Mini - UICC。
4）Nano - SIM（4FF）：ETSI TS 102 221 V11.0.0。
5）Embedded - SIM：JEDEC Design Guide 4.8，SON - 8。

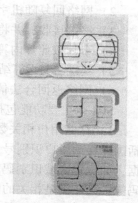

SIM 卡容量有 8KB、16KB、32KB、64KB，其中 512KB 以上的大容量 SIM 卡统称为 STK 卡。一般 SIM 卡的 IC 芯片中，有 128KB 的存储容量，可供储存以下信息：

1）1000 组电话号码及其对应的姓名文字。
2）40 组短信息（Short Message）。
3）5 组以上新拨出的号码。
4）4 位 SIM 卡密码（PIN）。

图 6-6-1　SIM 卡实物图

SIM 卡芯片有 8 个触点，用于与移动台设备相互接通，如图 6-6-2 所示。

图 6-6-2　6PIN SIM 卡与 8PIN SIM 卡点位示意图

各点位功能包括：

1）电源 VCC（触点 C1）：4.5~5.5 V，$I_{CC} < 10\text{mA}$。

2）复位 RST（触点 C2）。

3）时钟 CLK（触点 C3）：卡时钟频率为 3.25MHz。

4）NC（触点 C4）。

5）接地端 GND（触点 C5）。

6）编程电压 VPP（触点 C6）。

7）数据 I/O 口（触点 C7）。

8）NC（触点 C8）。

SIM 卡上有 20 位数字（即 ICCID 号），其代表的含义如下：

1）前面 6 位为网络代号：

- （898600）是中国移动的代号。
- （898601）是中国联通的代号。
- （898603）是中国电信的代号。

2）第 7 位是业务接入号：在 133、135、136、137、138、139 中分别为 1、5、6、7、8、9。

3）第 8 位是 SIM 卡的功能位，一般为 0，预付费 SIM 卡为 3。

4）第 9、10 位是各省的编码，具体如下：

01：北京；02：天津；03：河北；04：山西；05：内蒙古；06：辽宁；07：吉林；08：黑龙江；09：上海；10：江苏；11：浙江；12：安徽；13：福建；14：江西；15：山东；16：河南；17：湖北；18：湖南；19：广东；20：广西；21：海南；22：四川；23：贵州；24：云南；25：西藏；26：陕西；27：甘肃；28：青海；29：宁夏；30：新疆；31：重庆。

5）第 11、12 位是年号。

6）第 13 位是供应商代码。

7）第 14~19 位是用户识别码。

8）第 20 位是校验位。

GSM 网络中 SIM 卡的身份识别过程如下：

1）终端向 GSM 网络发出入网请求。

2）网络回复随机字符串。

3）终端接收，并将其送于 SIM 卡。

4）卡片按照片内算法进行计算，得到结果返回终端。

5）终端将其运算结果、IMEI、ICCID 发回网络，网络读取 ICCID，分析是否是本地号码。

6）网络返回合法信息，并下发 Kc 码，完成入网过程。

SIM 卡主要功能包括：

1）存储用户相关数据。SIM 卡存储的数据可分为四类：第一类是固定存放的数据，包括国际移动用户识别号（IMSI）、鉴权密钥（Ki）等；第二类是暂时存放的有关网络的数据，如位置区域识别码（LAI）、移动用户暂时识别码（TMSI）、禁止接入的公共电话网代码等；第三类是相关的业务代码，如个人识别码（PIN）、解锁码（PUK）、计费费率等；第四类是电话号码簿，是手机用户随时输入的电话号码。

2）用户 PIN 的操作和管理。SIM 卡本身是通过 PIN 码来保护的，PIN 是一个四位到八位的个人密码，只有当用户输入正确的 PIN 码时，SIM 卡才能被启用，移动终端才能对 SIM 卡进行存取，也只有 PIN 认证通过后，用户才能入网通信。

3）用户身份鉴权。确认用户身份是否合法，鉴权过程是在网络和 SIM 卡之间进行的，而鉴权时间一般是在移动终端登记入网和呼叫时。鉴权开始时，网络产生一个 128bit 的随机数 RAND，经无线电控制信道传送到移动台，SIM 卡依据卡中的密钥 Ki 和算法 A3，对接收到的 RAND 计算出应答信号 SRES，并将结果发回网络端。而网络端在鉴权中心查明该用户的密钥 Ki，用同样的 RAND 和算法 A3 算出 SRES，并与收到的 SRES 进行比较，如一致，鉴权通过。

4）SIM 卡中的保密算法及密钥。SIM 卡中最敏感的数据是保密算法 A3、A8、密钥 Ki、PIN、PUK 和 Kc。A3、A8 算法是在生产 SIM 卡时写入的，无法读出。PIN 码可由用户在手机上自己设定，PUK 码由运营者持有，Kc 是在加密过程中由 Ki 导出的。

6.6.2　安全措施

随着移动设备和应用的增长以及日益普及的移动接入，GSM 系统在安全性管理方面设计了许多措施来保证系统的安全，主要有以下几种：

1）通过鉴权来防止未授权的用户接入。

2）加密传输防止在无线信道上被窃听。

3）以临时代号替代用户标识，使之在无线信道上无法被跟踪。

4）通过 EIR（设备识别中心）对移动终端加以识别。

用户在入网签约时，就被分配一个用户电话号码（MSISDN）和用户身份识别码（IMSI）。IMSI 通过 SIM 写卡机写入用户 SIM 卡，并产生一个对应此 IMSI 的唯一的用户鉴权密钥 Ki，被分别存储在用户 SIM 卡和 AUC 中。

AUC 产生三参数组的过程如图 6-6-3 所示。

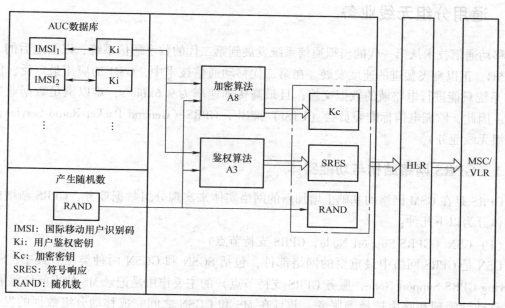

图 6-6-3　用户三参数组产生示意图

当移动用户开机请求接入网络时，MSC/VLR 通过控制信道向 MS 发送伪随机数 RAND，SIM 卡收到 RAND 后，用此 RAND 与 SIM 卡存储的用户鉴权密钥 Ki 经同样的 A3 算法得出一个响应数（SRES）。

鉴权程序如图 6-6-4 所示。

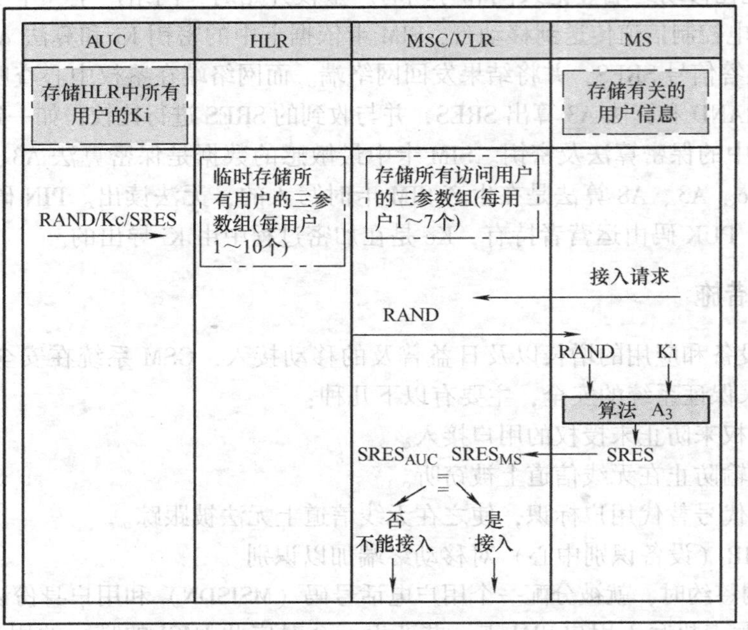

图 6-6-4　鉴权程序示意图

6.7　通用分组无线业务

移动通信技术从第一代的模拟通信系统发展到第二代的数字通信系统，以及之后的 3G、4G、5G，正以突飞猛进的速度发展。在第二代移动通信技术中，GSM 的应用最广泛，但是 GSM 系统只能进行电路域的数据交换，且最高传输速率为 9.6kbit/s，难以满足数据业务的需求。因此，欧洲电信标准委员会（ETSI）推出了 GPRS（General Packet Radio Service，通用分组无线业务）。

6.7.1　GPRS 网络结构与功能实体

GPRS 是在 GSM 网络的基础上增加新的网络实体来实现分组数据业务，GPRS 新增的网络实体分为以下几种：

（1）GSN（GPRS Support Node，GPRS 支持节点）

GSN 是 GPRS 网络中最重要的网络部件，包括 SGSN 和 GGSN 两种类型。其中，SGSN（Serving GPRS Support Node，服务 GPRS 支持节点）的主要作用是记录 MS 的当前位置信息，提供移动性管理和路由选择等服务，并且在 MS 和 GGSN 之间完成移动分组数据的发送和接收。

GGSN（Gateway GPRS Support Node，GPRS 网关支持节点）起网关作用，把 GSM 网络中的分组数据包进行协议转换，之后发送到 TCP/IP 或 X. 25 网络中。

（2）PCU（Packet Control Unit，分组控制单元）

PCU 位于 BSS，用于处理数据业务，并将数据业务从 GSM 语音业务中分离出来，PCU 增加了分组功能，可控制无线链路，并允许多用户占用同一无线资源。

（3）BG（Border Gateways，边界网关）

BG 用于 PLMN 之间的 GPRS 骨干网的互连，主要完成分属于不同 GPRS 网络的 SGSN、GGSN 之间的路由功能，以及安全性管理功能，此外，还可以根据运营商之间的漫游协定增加相关功能。

（4）CG（Charging Gateway，计费网关）

CG 主要完成从各 GSN 的话单收集、合并、预处理工作，并用作 GPRS 与计费中心之间的通信接口。

（5）DNS（Domain Name Server，域名服务器）

GPRS 网络中存在两种 DNS：一种是 GGSN 同外部网络之间的 DNS，主要功能是对外部网络的域名进行解析，作用等同于因特网上的普通 DNS；另一种是 GPRS 骨干网上的 DNS，主要功能是在 PDP 上下文激活过程中，根据确定的 APN（Access Point Name，接入点名称）解析出 GGSN 的 IP 地址，并且在 SGSN 间的路由区更新过程中，根据原路由区号码，解析出原 SGSN 的 IP 地址。

6.7.2 GPRS 网络接口与协议栈

GPRS 系统中存在各种不同的接口种类，GPRS 接口涉及帧中继规程、七号信令协议、IP 等不同规程种类。

（1）Gb 接口

Gb 接口是 SGSN 与 SGSN 之间的接口，该接口既传送信令又传输话务信息。

（2）Gc 接口

Gc 接口是 GGSN 与 HLR 之间的接口，Gc 接口为可选接口。

（3）Gd 接口

Gd 接口是 SMS - GMSC 与 SGSN 之间的接口及 SMS - IWMSC 与 SGSN 之间的接口，GPRS 通过该接口传送短消息业务，提高 SMS 服务的使用效率。

（4）Gf 接口

Gf 接口是 SGSN 与 GIR 之间的接口，Gf 给 SGSN 提供接入设备获得设备信息的接口。

（5）Gn/Gp 接口

Gn 是同一个 PLMN 内部 GSN 之间的接口，Gp 是不同 PLMN 中 GSN 之间的接口，Gn 与 Gp 接口都采用基于 IP 的 GTP 协议规程，提供协议规程数据包在 GSN 节点间通过 GTP 隧道协议传送的机制，Gn 接口一般支持域内静态或动态路由协议，而 Gp 接口由于经由 PLMN 之间的路由传送，所以它必须支持域间路由协议，如边界网关协议 BGP。

GTP 规程仅在 SGSN 与 GGSN 之间实现，其他系统单元不涉及 GTP 规程的处理。

（6）Gr 接口

Gr 接口是 SGSN 与 HLR 之间的接口，Gr 接口在 SGSN 与 HLR 之间用于传送移动性管理的相关信令，给 SGSN 提供接入 HLR 并获得用户信息的接口，该 HLR 可以属于不同的移动网络。

（7）Gs 接口

Gs 接口为 SGSN 与 MSC/VLR 之间的接口，在 Gs 接口存在的情况下，MS 可通过 SGSN 进行 IMSI/GPRS 联合附着、LA/RA 联合更新，并采用寻呼协调通过 SGSN 进行 GPRS 附着用户的电路寻呼，从而降低通信系统无线资源的浪费，同时减少系统信令链路负荷，有效提高网络性能。

（8）Um 接口

Um 接口是 MS 与 GPRS 网络侧的接口，通过该接口完成 MS 与网络侧的通信，完成分组数据传送、移动性管理、会话管理、无线资源管理等方面的功能。

（9）Gi 接口

Gi 接口是 GPRS 网络与外部数据网络的接口点，它可以用 X.25 协议、X.75 协议或 IP 等接口方式。其中与 IP 接口方式，在 IP 网络中，子网的链接一般通过路由器进行，因此，外部 IP 网络认为 GGSN 就是一台路由器，它们之间可根据客户需要考虑采用何种 IP 路由协议。

GPRS 网络接口示意图如图 6-7-1 所示。

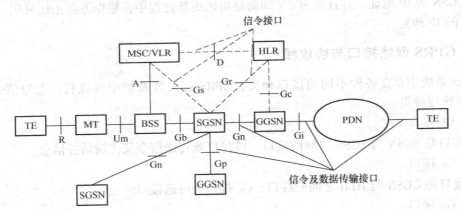

图 6-7-1　GPRS 网络接口示意图

根据协议和 IP 网络的基本要求，可由运营商在 Gi 接口上配置防火墙，进行数据和网络安全性管理、配置域名服务器进行域名解析、配置动态地址服务器进行 MS 地址的分配以及配置 Radius 服务器进行用户接入鉴权等。

GPRS 协议规程体现了无线和网络相结合的特征，其中既包含类似局域网技术中的逻辑链路控制 LLC 子层和媒体接入控制 MAC 子层，又包含 RLC 和 BSSGP 等新引入的特定规程，并且，各种网络单元所包含的协议层次也有所不同，如 PCU 中规程体系与无线接入相关，GGSN 中规程体系完全与数据应用相关，而 SGSN 规程体系则涉及两个方面，它既要连接 PCU 进行无线系统和用户管理，又要连接 GGSN 进行数据单元的传送。

SGSN 的 PCU 侧的 Gb 接口上采用帧中继规程，与 GGSN 侧的 Gn 接口上则采用 TCP/IP 规程，SGSN 中协议低层部分，如 NS 和 BSSGP 层与无线管理相关，高层部分，如 LLC 和 SNDCP 则与数据管理相关。

　　由 GPRS 系统的端到端之间的应用协议结构可知，GPRS 网络是存在于应用层之下的承载网络，它用于承载 IP 或 X. 25 等数据业务，由于 GPRS 本身采用 IP 数据网络结构，所以基于 GPRS 网络的 IP 应用规程结构可理解为两层 IP 结构，即应用级的 IP 协议以及采用 IP 协议的 GPRS 系统本身。

　　GPRS 分为传输面和控制面两个方面，传输面为提供用户信息传送及其相关信息传送控制过程（如流量控制、错误检测和恢复等）的分层规程，控制面则包括控制和支持用户面功能的规程，如分组域网络接入连接控制（附着与去激活过程），网络接入连接特性（PDP 上下文激活和去激活），网络接入连接的路由选择（用户移动性支持），以及网络资源的设定控制等。

6.7.3　GPRS 的业务信道

　　GPRS 系统定义的无线分组逻辑信道，分为业务信道与控制信道两大类，其信道分类与功能描述如表 6-7-1 所示。

表 6-7-1　GPRS 信道分类

信　　道		子　信　道	功　　能
控制信道	分组广播控制信道（PBCCH）	无	下行信道，用于广播分组数据的特定系统信息
	分组公共控制信道（PCCCH）	分组随机接入信道（PRACH）	上行信道，MS 发送随机接入信息或循序响应以请求分配一个或多个 PDTCH
		分组寻呼信道（PPCH）	下行信道，用于寻呼 MS，可支持不连续接收 DRX。PPCH 可用于交换或分组交换数据业务寻呼。当 MS 工作在分组传输方式时，也可以在分组随路控制信道（PACCH）上为电路交换业务寻呼 MS
		分组接入准许信道（PAGCH）	下行信道，用于向 MS 分配一个或多个 PDTCH
		分组通知信道（PNCH）	下行信道，用于通知 MS 的 PTM - M 呼叫
	分组专用控制信道	分组随路控制信道（PACCH）	上下行双向信道，用于传送包括功率控制、资源分配与再分配、测量等信息。一个 PACCH 可以对应一个 MS 所属的一个或几个 PDTCH
		上行分组定时控制信道（PTCCH/U）	上行信道，用于传送随机突发脉冲以及估计分组传送模式下的时间提前量
		下行分组定时控制信道（PTCCH/D）	下行信道，用于向多个 MS 传送时间提前量
业务信道	分组数据业务信道（PDTCH）	无	在分组模式下承载用户数据的信道。与电路型双向业务信道不同，PDTCH 为单向业务信道。它作为上行信道时，用于 MS 发起的分组数据传送。它作为下行信道时，用于 MS 接收分组数据

系统分配给 GPRS 使用的物理信道可以是永久的，也可以是暂时的，以便 GPRS 与 GSM 之间能进行动态重组，GPRS 的逻辑信道可以按下列 4 种方式组合到物理信道上，分别表示如下：

1）PBCCH + PCCCH + PDTCH + PACCH + PTCCH

2）PCCCH + PDTCH + PACCH + PTCCH

3）PDTCH + PACCH + PTCCH

4）PBCCH + PCCCH

GPRS 分组信道采用 52 帧复帧结构，每个分组信道共 52 个复帧，每 4 个组成一个无线块（Radio Block），因此一个无线信道一共分为 12 个无线块（表示为 B0 ~ B11）和 4 个空闲帧（x），GPRS 的各个逻辑信道以一定的规则，映射到物理信道上的 52 帧复帧的各个无线块上。

6.7.4 GPRS 的业务平台

GPRS 作为 GSM 分组数据的一种业务，拓展了 GSM 无线数据业务空间，主要包括 Internet 接入、WAP、专网接入、基于终端安装业务、专线接入、GPRS 短消息等。

（1）Internet 接入

Internet 接入是 GPRS 最普遍的一种应用，利用手机和笔记本式计算机接入 Internet，接入 Internet 业务的用户地址可以分配公有地址或私有地址，从节约公有地址角度出发，一般采用私有地址，实现方式为：手机接入经过服务器 RADIUS 授权后，由 GGSN 分配私有地址，该私有地址通过 NAT 转换后接入 CMNet。在 Internet 接入方式选择上，GGSN 接入 Internet 有透明和非透明两种方式，如果移动运营商作为 GPRS 运营商的同时，直接作为 ISP 提供 Internet 接入服务，采用透明方式，用户接入因特网无需进行认证，可由移动用户鉴权替代，这样可加快用户接入速度，减少 RADIUS 服务器的投资，也可以采用非透明方式接入 Internet，通过 RADIUS 进行用户认证。

（2）GPRS 承载 WAP

GSM 系统中，承载 WAP 有三种方式：短消息、电路型数据、GPRS 分组数据。与 GPRS 相比，前两种方式有一定的局限性：短消息承载 WAP，长度只有 160 个字节，不能适应 WAP 业务数据量逐步增长的需求，同时，短消息对于 QoS 方面缺乏保证，接续时间过长，因此短消息难以对 WAP 进行较好的承载。

GPRS 承载 WAP 有很多优势，例如，GPRS 本身基于分组方式，系统资源占用少，接续速度快，时时在线，而且单用户带宽有保证。

WAP 业务的用户地址经服务器 RADIUS 授权后由 GGSN 分配使用私有地址，由于 WAP 网关建设采用私有 IP 地址段，而 GGSN 设备地址采用合法 IP 地址，所以 GGSN 和 WAP 网关之间必须建立隧道，才能进行连接，因此，可采用 GRE 隧道方式，由 GGSN 配置 GRE 隧道，并进行相应处理，WAP 网关需具有 GRE 功能，并且能够根据用户的私有 IP 地址，判断 GGSN 地址，并进行相应隧道封装处理。

（3）专网接入业务

采用 VPDN 技术实现专网接入业务方案，MS 采用 PPP 方式接入 VPN 虚拟网，使用第二层隧道协议 L2TP，GGSN 通过输入的用户名或者主被叫号码从 RADIUS 服务器获取建立隧道的相关信息，然后启动企业网关的 L2TP 隧道协议，建立起 GGSN 和企业网关之间的隧道连接。此时用户的 PPP 包可以直达企业网关，由企业网关通过公司的 RADIUS 服务器完成对用户级的认证，通过后，就建立起 GRPS 手机到达企业网关的 PPP 链路，从而真正实现移动办公业务。

GGSN 作为 L2TP 接入集中器，为企业网关提供代理认证，与企业网关之间建立 L2TP 隧道，与企业网关之间建立 L2TP 会话。企业网关与 GGSN 之间建立 L2TP 隧道和与 GGSN 之间建立 L2TP 会话，运营商 RADIUS 服务器对移动用户提供公司名认证，为 GGSN 提供企业网关的 IP 地址，为 GGSN 提供隧道类型（L2TP、PPTP、L2F），并且提供其他与隧道有关的信息，例如，对应于该隧道 GGSN 名和企业网关名等，企业 RADIUS 服务器对移动用户身份进行认证、授权。

用户认证实现方式包括企业网关认证和 GGSN 代理认证，其中，企业网关认证是用户认证信息以 PPP 数据包的形式透明穿过 GGSN，到达企业网关，企业网关从企业 RADIUS 服务器查找用户的合法信息，对用户进行认证和授权。GGSN 代理认证是当 GGSN 与企业网关之间存在某种信任关系时，GGSN 可对企业用户进行代理认证。此时，GGSN 读取用户认证 PPP 数据包，通过运营商的 RADIUS 服务器对用户认证请求进行确认，给用户分配权限，此时企业网关无需设立 RADIUS 服务器。

采用专网接入业务时，需采用 PPP 方式接入 PDN 网，GGSN 的 Gi 接口上需具有 L2TP 功能，由于需进行隧道和会话处理，会对 GGSN 设备的处理能力产生一定的影响，运营商的 RADIUS 服务器能够提供对企业名认证和提供代企业认证功能。

练习题与思考题

1. 请阐述语音处理流程。
2. 请说明位置管理的目的和任务。
3. GPRS 系统在 GSM 系统的基础上增加了哪些功能单元？
4. 试画出 GSM 系统中用于鉴权的流程图。
5. 说明 GSM 系统中用于鉴权和加密的"三参数组"及各参数的含义。

第7章 CDMA 移动通信系统

码分多址（CDMA）是在扩频通信技术上发展起来的一种无线通信技术。CDMA 技术的原理是基于扩频技术，即将需传送的具有一定信号带宽的信息数据，用一个带宽远大于信号带宽的高速伪随机码进行调制，使原数据信号的带宽被扩展，再经载波调制并发送出去。而在接收端使用完全相同的伪随机码，与接收的带宽信号做相关处理，把宽带信号换成原信息数据的窄带信号即解扩，以实现信息通信。CDMA 通过独特的代码序列建立信道，它是一种多路方式，多路信号只占用一条信道，极大地提高了带宽使用率，应用于 800MHz 和 1.9GHz 的超高频（UHF）移动电话系统。

本章将对 CDMA 系统的关键技术加以介绍，主要包括技术演进、系统结构、功率控制、软切换、分集技术、前向信道与反向信道。

7.1 概述

CDMA 体制具有抗窄带干扰、抗多径干扰、抗多径延迟扩展的能力，同时具有提高蜂窝系统的通信容量和便于模拟与数字体制的共存与过渡等优点，IS-95 CDMA 和 CDMA2000 1X 蜂窝系统为两种典型的 CDMA 系统。

CDMA 系统的工作频带如下：

- 上行链路 869~894MHz。
- 下行链路 824~849MHz。

双工间隔为 45MHz，蜂窝结构的 IS-95 CDMA 和 CDMA2000-1X 系统采用码分多址接入技术，载频间隔为 1.23MHz，码片速率为 1.2288Mc/s。

7.1.1 CDMA 技术的优势

CDMA 移动通信网由扩频、多址接入、蜂窝组网和频率复用等几种技术结合而成，含有频域、时域和码域三维信号联合处理过程，因此它具有抗干扰性好，抗多径衰落，保密安全性高，同频率可在多个小区内重复使用，容量和质量之间可做权衡等优点，这些属性使 CDMA 比模拟系统和 TDMA 系统有了很大的优势，具体如下：

1）系统容量大。

在使用相同频率资源的情况下，CDMA 移动网比 GSM 网容量大 4~5 倍。

2）系统容量配置灵活。

在 CDMA 系统中，用户数的增加相当于背景噪声的增加，会造成语音质量的下降，但对用户数并无限制，操作者可在容量和语音质量之间折中考虑。另外，小区之间可根据话务量和干扰情况自动均衡。

3）抗噪声性能。

这一特点与 CDMA 的机理有关。CDMA 是一个自扰系统，所有移动用户都占用相同带宽和频率，可以不断地增加用户直到整个背景噪声阈值，在控制用户的信号强度条件下，可以容纳更多的用户。

4）通话质量。

TDMA 的信道结构能支持 4.75kbit/s 的语音编码器，也能支持 8kbit/s，以及 12.2bit/s 的语音编码器，而 CDMA 的结构可以支持 13kbit/s 的语音编码器，因此可以提供更好的通话质量，CDMA 系统的声码器可以动态地调整数据传输速率，并根据适当的阈值选择不同的电平级发射，同时阈值根据背景噪声的改变而变，这样即使在背景噪声较大的情况下，也可以得到较好的通话质量。

5）采用移动台辅助的软切换。

相比较于 TDMA 采用的硬切换方式，用户会明显地感觉到通话的间断，在用户密集、基站密集的城市中，这种间断就尤为明显，而 CDMA 系统"掉话"的现象明显减少，CDMA 系统采用软切换技术，这样克服了硬切换容易掉话的缺点。并且，通过它可以实现无缝切换，保证了通话的连续性，处于切换区域的移动台，通过分集接收多个基站的数据信号，可以减小终端本身的发射功率，从而减少了对周围基站的干扰，这样有利于提高反向链路的容量和覆盖范围。

6）频率规划简单。

用户按不同的序列码区分，所以不相同 CDMA 载波可在相邻的小区内使用，网络规划更加灵活。

7）建网成本低。

CDMA 技术通过在每个蜂窝的每个部分使用相同的频率，简化了整个系统的规划，在不降低话务量的情况下减少所需站点的数量从而降低部署和操作成本。

8）采用多种分集方式。

除了传统的空间分集外，由于宽带传输起到了频率分集的作用，同时在基站和移动台采用了 RAKE 接收机技术，相当于时间分集的作用。

9）采用语音激活技术和扇区化技术。

因为 CDMA 系统的容量直接与所受的干扰有关，采用语音激活和扇区化技术可以减少干扰，可以使整个系统的容量增大。

10）采用功率控制技术，降低发射功率。

11）软容量特性。

在话务量高峰期通过提高误帧率来增加可用信道数，当相邻小区的负荷一轻一重时，负荷重的小区可以通过减少导频的发射功率，使本小区的边缘用户由于导频强度的不足而切换到相邻小区，实现负载分担。

12）兼容性。

由于 CDMA 的带宽很大，功率分布在广阔的频谱上，功率密度低，对窄带模拟系统的干扰小，因此可以共存。

13）CDMA 高效率的语音编码技术。

CDMA 语音编码技术是美国 Qualcomm 通信公司的专利语音编码算法——QCELP，也是北美 2G 语音编码标准（IS-95）。QCELP（Qualcomm 码激励线性预测）是利用码表矢量量化差值的信号，并根据语音激活的程度产生一个输出速率可变的信号，QCELP 这种编码方式在保证有较好语音质量的前提下，大大提高了系统的容量。这种声码器具有 8kbit/s 和 13kbit/s 两种速率的序列，其中，8kbit/s 序列为 1.2kbit/s ～ 9.6kbit/s 可变，13kbit/s 序列则为 1.8kbit/s ～ 14.4kbit/s 可变。QCELP 通过阈值来调整速率，阈值随着背景噪声的变化而变化，这样，自适应的算法就抑制了背景噪声，使得在噪声比较大的环境中，也能得到良好的语音质量。

7.1.2　CDMA 技术演进

CDMA 是移动通信技术的发展方向，在 2G 阶段，CDMA 增强型 IS－95A 与 GSM 在技术体制上处于同一代产品，提供大致相同的业务。但 CDMA 技术又有其优势，通话质量好、掉话少、低辐射、健康环保等方面具有显著特色，在 2.5G 阶段，CDMA2000 1X RTT 与 GPRS 在技术上已有明显不同，在传输速率上 1X RTT 高于 GPRS，在新业务承载上 1X RTT 可提供更多的中高速率的新业务，从 2.5G 向 3G 技术体制过渡上，CDMA2000 1X 向 CDMA2000 3X 过渡比 GPRS 向 WCDMA 过渡更为平滑。

将基于 IS－95 的一系列标准和产品统称为 CDMA One，而将 IS－95 的后续标准称为 CDMA2000，CDMA 系统的演进线路示意图如图 7-1-1 所示。

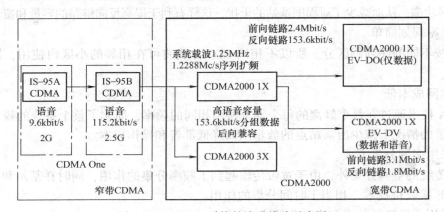

图 7-1-1　CDMA 系统的演进线路示意图

1995 年，第一个 CDMA 商用系统开始运行，IS－95 是 CDMA One 系列标准中最先发布的标准，真正在全球得到广泛应用的第一个 CDMA 标准是 IS－95A，随着移动通信对数据业务需求的增长，1998 年，高通公司将 IS－95B 标准用于 CDMA 基础平台，IS－95B 提供 CDMA 系统性能，并增加用户移动通信设备的数据流量，提供对 64kbit/s 数据业务的支持。其后，CDMA2000 成为窄带 CDMA 系统向第三代系统过渡的标准。

CDMA2000 在标准研究的前期，提出了 1X 和 3X 的发展策略，但在随后的研究进程中，1X 和 1X 增强型技术代表了其未来发展方向。

7.2　CDMA 技术基本原理

CDMA 通信系统中，不同用户传输信息所用的信号，不是按照频率不同或时隙不同来区分，而是基于各自不同的编码序列来区分的，或者说，根据信号的不同波形来区分，如果从频域或时域来观察信号波形，可以发现，多个 CDMA 信号是互相重叠的。

接收端用相关器可以在多个 CDMA 信号中，选出其中需要的一路信号，其他数据流由于使用不同码型，接收到的信号和接收机本地产生的码型不同而不能被解调，它们的存在相当于在信道中引入了噪声和干扰，即存在多址干扰。

对于 CDMA 蜂窝通信系统，各用户之间的信息传输是由基站进行转发和控制的，为了实现双工通信，正向传输和反向传输各使用一个频率，实现频分双工，包括正向传输和反向传输信道，除去传输业务信息外，还必须传送相应的控制信息，为了传送不同的信息，需要设置相应的信道，CDMA 通信系统用于传送信息的信道都采用不同的码型来区分，即基于逻辑信道来实现，均占用相同的频段和时间。

对于 N 个用户的 CDMA 蜂窝通信系统，信息数据表示为

$$D = \begin{bmatrix} d_1 & d_2 & d_3 & \cdots & d_N \end{bmatrix} \tag{7-2-1}$$

对应的地址码分别表示为

$$W = \begin{bmatrix} w_1 & w_2 & w_3 & \cdots & w_N \end{bmatrix} \tag{7-2-2}$$

CDMA 系统的发送和接收过程示意图如图 7-2-1 所示。

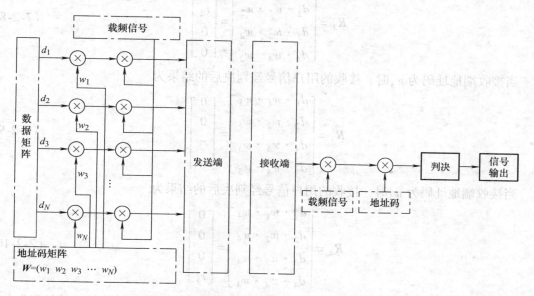

图 7-2-1　CDMA 系统的发送和接收过程示意图

发送端的编码数据由 N 个用户数据分别与对应的地址码相乘后得到，假设该系统的地址码为

$$W = \begin{bmatrix} w_1 & w_2 & w_3 & w_4 \end{bmatrix} = \begin{bmatrix} 1 & 1 & 1 & 1 \\ 1 & -1 & 1 & -1 \\ 1 & 1 & -1 & -1 \\ 1 & -1 & -1 & 1 \end{bmatrix} \tag{7-2-3}$$

用户信息数据矩阵为

$$D = \begin{bmatrix} d_1 & d_2 & d_3 & d_4 \end{bmatrix} = \begin{bmatrix} 1 & -1 & -1 & 1 \end{bmatrix} \tag{7-2-4}$$

用户数据与对应的地址码矩阵相乘后可以表示为

$$S = \begin{bmatrix} s_1 & s_2 & s_3 & s_4 \end{bmatrix} = \begin{bmatrix} 1 & -1 & -1 & 1 \\ 1 & 1 & -1 & -1 \\ 1 & -1 & 1 & -1 \\ 1 & 1 & 1 & 1 \end{bmatrix} \tag{7-2-5}$$

接收端收到的信号数据表示为

$$R = DS = \sum_{i=1}^{4} r_i s_i \qquad (7\text{-}2\text{-}6)$$

当接收端地址码为 w_1 时，接收的用户信号经积分判决后的结果为

$$R_1 = \begin{bmatrix} d_1 \cdot w_1 \cdot w_1 \\ d_2 \cdot w_2 \cdot w_1 \\ d_3 \cdot w_3 \cdot w_1 \\ d_4 \cdot w_4 \cdot w_1 \end{bmatrix} = \begin{bmatrix} r_1 \\ 0 \\ 0 \\ 0 \end{bmatrix} \qquad (7\text{-}2\text{-}7)$$

当接收端地址码为 w_2 时，接收的用户信号经判决后的结果为

$$R_2 = \begin{bmatrix} d_1 \cdot w_1 \cdot w_2 \\ d_2 \cdot w_2 \cdot w_2 \\ d_3 \cdot w_3 \cdot w_2 \\ d_4 \cdot w_4 \cdot w_2 \end{bmatrix} = \begin{bmatrix} 0 \\ r_2 \\ 0 \\ 0 \end{bmatrix} \qquad (7\text{-}2\text{-}8)$$

当接收端地址码为 w_3 时，接收的用户信号经判决后的结果为

$$R_3 = \begin{bmatrix} d_1 \cdot w_1 \cdot w_3 \\ d_2 \cdot w_2 \cdot w_3 \\ d_3 \cdot w_3 \cdot w_3 \\ d_4 \cdot w_4 \cdot w_3 \end{bmatrix} = \begin{bmatrix} 0 \\ 0 \\ r_3 \\ 0 \end{bmatrix} \qquad (7\text{-}2\text{-}9)$$

当接收端地址码为 w_4 时，接收的用户信号经判决后的结果为

$$R_4 = \begin{bmatrix} d_1 \cdot w_1 \cdot w_4 \\ d_2 \cdot w_2 \cdot w_4 \\ d_3 \cdot w_3 \cdot w_4 \\ d_4 \cdot w_4 \cdot w_4 \end{bmatrix} = \begin{bmatrix} 0 \\ 0 \\ 0 \\ r_4 \end{bmatrix} \qquad (7\text{-}2\text{-}10)$$

CDMA 系统要求地址码要有尖锐的自相关特性和处处为零的互相关特性，并且产生与发送端完全同步的本地地址码。

7.2.1 扩频通信原理

提高信息的传输速率，可以由两种途径实现，即加大带宽或提高信噪比。换句话说，当信号的传输速率一定时，信号带宽和信噪比是可以互换的，即增加信号带宽可以降低对信噪比的要求，当带宽增加到一定程度时，允许信噪比进一步降低，有用信号功率接近噪声功率甚至淹没在噪声之下也是可能的，扩频通信就是用宽带传输技术来换取信噪比上的好处，扩频通信就此诞生。

扩频通信，即扩展频谱通信（Spread Spectrum Communication），是基于传输信息所用的带宽远大于所传信息必需的最小带宽而实现的，扩频通信技术在发送端以扩频编码进行扩频调制，在接收端以相关解调技术实现信号的恢复，频带的扩展是通过一个独立的码序列来完成的，与所传信息数据无关。

常用的扩频技术主要包括直序扩频、跳频扩频、跳时扩频、宽带线性调制以及它们的混合方式。

1. 直序扩频（Direct Sequence Spread Spectrum，DSSS）

DSSS 通过将伪噪声序列直接与基带脉冲数据相乘来扩展基带数据，伪噪声序列由伪噪声生成器产生，而在接收端，用相同的扩频码序列去进行解扩，把展宽的扩频信号还原成原始的信息。DSSS 信号发生器示意图如图 7-2-2 所示。

用户的扩频信号可以表示为

$$S_{SS} = \cos(\omega t) m(t) p(t) \sqrt{\frac{2E_S}{T_S}} \tag{7-2-11}$$

式中，$m(t)$ 是数据序列；$p(t)$ 是扩频序列；$m(t)$ 序列中每一个符号代表一个数据符号，周期是 T_S。

在接收端，当接收机已经同步时，接收到的信号通过宽带滤波器，然后与本地产生的扩频序列相乘，接收端原理框图如图 7-2-3 所示。

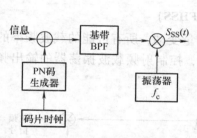

图 7-2-2　DSSS 信号发生器示意图

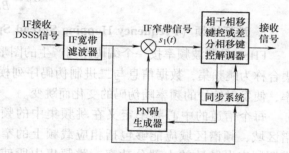

图 7-2-3　接收端原理框图

直序扩频的频域分析示意图如图 7-2-4 所示。

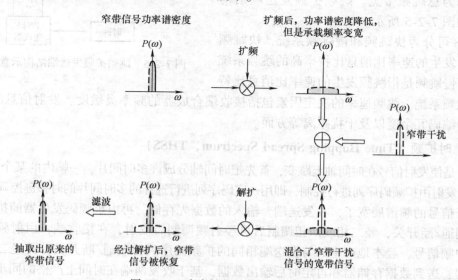

图 7-2-4　直序扩频的频域分析示意图

扩频的作用仅仅是扩展了信号的带宽，虽然也被称作扩频调制，但它本身并不具有实现信号频谱搬移的功能。

扩频处理增益（Spread Process Gain）定义为接收机解扩器输出信噪功率比与接收机的输入信噪功率比之比，即

$$G_P = \frac{输出信噪比}{输入信噪比} \tag{7-2-12}$$

它表示经扩频接收系统处理后，使信号增强的同时抑制输入接收机的干扰信号能力的大小，表明了采用扩展频谱技术后，该系统接收信号的信噪比在相关处理后与相关处理前的数值差异。

根据香农定理，在保持信息容量不变时，可以把系统输入信号噪声功率比与输出信号噪声功率比之比，转换为系统扩频带宽与信息带宽之比，或转换为伪码速率与信息速率之比，即可以表示为扩频信号的带宽（即扩展后的信号带宽）与信息带宽（即扩展前的信息带宽）之比，写成

$$G_P = \frac{B_W}{B_S} \tag{7-2-13}$$

2. 跳频扩频（Frequency Hopping Spread Spectrum，FHSS）

FHSS 是载波频率按一个编码序列产生的图形以离散增量变动，所有可能的载波频率的集合称为跳频集，数据信息与二进制伪码序列模 2 相加后，控制射频载波振荡器的输出频率，使发射信号的频率随伪码的变化而跳变。

每个信道的中心频率定义在跳频集中的频谱区域，频谱区域应能够包括相应载频上的窄带调制突发脉冲的大部分功率，跳频集中所使用的信道频宽被称为瞬时带宽，跳频发生的频谱带宽称为总跳频带宽。跳频扩频发送端结构示意图如图 7-2-5 所示。

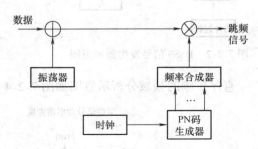

图 7-2-5　跳频扩频发送端结构示意图

FHSS 可分为快跳频和慢跳频系统，快跳频是指跳频发生的速率比消息比特率高的跳频系统方式，而慢跳频是指跳频发生的速率比消息比特率低的跳频系统。跳频速率的决定因素包括接收端合成器的频率灵敏度、发射信息的类型、抗碰撞的编码冗余度以及干扰距离等方面。

3. 跳时扩频（Time Hopping Spread Spectrum，THSS）

跳时是使发射信号在时间轴上跳变，首先把时间轴分成许多时间片，一帧内的某个时间片，其信号的发射由扩频码序列进行控制，即用一定码序列进行选择的多时间片的时移键控调制。

由于信号的频谱展宽了，在发送端，输入的数据先存储，再由扩频码发生器的扩频码序列去控制通/断开关，经二相或四相调制后再经射频调制后发射，在接收端，由射频接收机输出的中频信号，经本地产生的与发送端相同的扩频码序列控制通/断开关，再经二相或四相解调器，送到数据存储器和再定时后输出数据，基于收发两端在时间上严格的同步，就能正确地恢复原始数据。

4. 宽带线性调制（Chirp）

宽带线性调制是在发射的射频脉冲信号的一个周期内，载频的频率做线性变化，因为其频率在较宽的频带内变化，信号的频带也被展宽了。

发送端用锯齿波去调制压控振荡器，从而产生线性调频脉冲，它和扫频信号发生器产生的信号一样。在接收端，线性调频脉冲由匹配滤波器对其进行压缩，可以把能量集中在一个很短的时间内发射，从而提高了系统信噪比，获得了处理增益。

宽带线性调制的匹配滤波器采用色散延迟线，它是一个存储和累加器件，其原理是基于对不同频率的延迟时间不同，如果使脉冲前后两端的频率经不同的延迟后一同输出，则匹配滤波器起到了脉冲压缩和能量集中的作用，匹配滤波器输出信噪比的改善，是脉冲宽度与调频频偏乘积的函数。

7.2.2 CDMA 系统中常用的码序列

在扩频通信中，常需要用高码速率的窄脉冲序列，实际中用得最多的是伪随机码，这类码序列最重要的特性是具有近似于随机信号的性能，因为噪声具有完全的随机性，也就是说具有近似于噪声的性能，但是，真正的随机信号和噪声信号是不能重复再现和产生的，只能产生一种周期性的脉冲信号来近似随机噪声的性能。

扩频码序列应具有的特性包括：

1）有尖锐的自相关特性。

2）尽可能小的互相关值。

3）足够多的序列数。

4）尽可能大的序列复杂度。

5）序列平衡。

6）易于实现。

为了区分不同的用户、不同的业务类型，以及每个小区中的不同信道、基站和扇区，承载数据的码序列需要具备特有的区分度，本节介绍的码序列包括 PN 码、Walsh 码、Gold 码以及 OVSF 码。

1. PN 码序列

PN 码序列，即伪随机（或伪噪声 Pseudorandom Noise，PN）码序列，是一种地址码，伪随机码序列具有类似于随机序列的基本特性，是一种看似随机但实际上是有规律的周期性二进制序列，如果发送数据序列经过完全随机性的加扰，接收机就无法恢复原始序列，而在实际系统中使用的是二元 PN 码，它是最大长度位移寄存器序列，简称 m 序列，其特性是具有长为 2^N-1 个位，由多级移位寄存器线性反馈来产生。一方面这个随机序列对非目标接收机是不可识别的，另一方面，对于目标接收机能够识别并且很容易同步地产生这个随机序列。

用多项式来表示线性反馈的输入项，则 m 序列的生成多项式可以表示为

$$f(x) = C_0 + C_1 x + C_2 x^2 + C_3 x^3 + \cdots + C_{n-1} x^{n-1} + C_n x^n \tag{7-2-14}$$

式中，$f(x)$ 表示线性反馈的输入项；x 表示 n 级输出；系数 C_0、C_1、C_2、$\cdots$、C_n 为反馈系数，它们的取值只有 0 和 1 两种状态。

n 级循环移位寄存器序列发生器如图 7-2-6 所示。

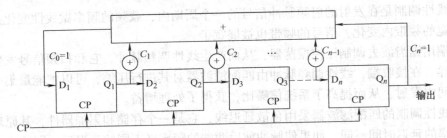

图 7-2-6　循环移位寄存器序列发生器

为了能够产生 m 序列，反馈线 C 的取值并不是任意的，如表 7-2-1 所示。

表 7-2-1　反馈系数取值表

级　数	周期 P	反馈系数 C_i（$i=0$、1、2、…n）
3	7	13
4	15	23
5	31	45，67，75
6	63	103，147，155
7	127	203，211，217，235，277，313，325，345，367
8	255	435，453，537，543，545，551，703，747
9	511	1021，1055，1131，1157，1167，1175
10	1023	2011，2033，2157，2443，2745，3471
11	2047	4005，4445，5023，5263，6211，7363
12	4095	10123，11417，12515，13505，14127，15053
13	8191	20033，23261，24633，30741，32535，37505
14	16383	42103，51761，55753，60153，71147，67401
15	32765	100003，110013，120265，133663，142305
16	65531	210013，233303，307572，311405，347433
17	131061	400011，411335，444257，527427，646775

m 序列具有的特性包括：

1）将每位八进制数写成二进制形式，对应于系数 C 的取值，这样就可构成 n 级序列发生器。

2）如果反馈逻辑关系不变，初始状态不同，产生的序列仍为原序列，只是起始相位不同。

3）如果移位寄存器的级数相同，反馈逻辑不同，则产生的序列不同，但周期相同。

4）在码序列发生器中，为避免进入全 0 状态，必须装有全 0 检测电路和启动电路，以防止其输出全部为 0。

5）m 序列的随机性：在 m 序列中，若周期为 2^n-1，则码元"1"出现 2^n-1 次，码元"0"出现 2^n-1-1 次，即在一个周期中"1"的个数比"0"的个数多一个。

6）游程分布：在 m 序列的每一个周期内，共有 $2^n - 1$ 个元素游程，0 游程和 1 游程数目各占一半。$n = 4$ 时的 m 序列游程分布如表 7-2-2 所示。

表 7-2-2　$n = 4$ 时的 m 序列游程分布

游程长度/bit	游 程 数		所包含的比特数
	"1"	"0"	
1	2	2	4
2	1	1	4
3	0	1	3
4	1	0	4
—	游程总数为 8		—

7）长度为 P 的二进制码序列的自相关函数、互相关函数以及自相关系数、互相关系数可以表示为

$$R_1(\tau) = \sum_{i=1}^{2^n-1} x_i x_{i+\tau} \tag{7-2-15}$$

$$R_2(\tau) = \sum_{i=1}^{2^n-1} x_i y_{i+\tau} \tag{7-2-16}$$

$$\rho_1 = \frac{1}{2^n - 1} \sum_{i=1}^{2^n-1} x_i x_{i+\tau} \tag{7-2-17}$$

$$\rho_2 = \frac{1}{2^n - 1} \sum_{i=1}^{2^n-1} x_i y_{i+\tau} \tag{7-2-18}$$

在 CDMA 系统中，希望采用互相关性小的码序列作为地址码，因此理想情况下希望两个码序列完全正交，即互相关系数为 0。m 序列的自相关系数曲线如图 7-2-7 所示。

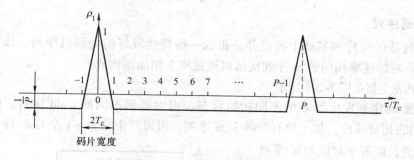

图 7-2-7　自相关系数曲线

多址干扰是指在 CDMA 系统中，所有用户在通信过程中都使用同一载波，占用相间的带宽，即共享同一无线频道，所有其他任一用户的通信均会对某一用户造成干扰，且同时通话的用户数越多，相互间的干扰越大。两个周期相同、由不同反馈系数产生的 m 序列，其互相关函数没有尖锐的二值特性，是多值的。

2. Walsh 码序列

Walsh 码是一种典型的同步正交序列，具有很好的互相关特性，在同步传输情况下，利

用 Walsh 码作为地址码，具有良好的自相关特性和处处为零的互相关特性。

Walsh 码来源于 Hadamard 矩阵，根据 H 矩阵中"$+1$"和"-1"的交变次数重新排列可以得到 Walsh 矩阵，该矩阵中各行列之间是相互正交的，可以保证使用它扩频的信道也是互相正交的。

对于 CDMA 前向链路，采用 64 阶 Walsh 序列扩频，每个 Walsh 序列用于一种前向物理信道，实现码分多址功能，信道数记为 $W_0 \sim W_{63}$，码片速率为 1.2288Mc/s，Walsh 序列可以消除或抑制多址干扰（MAI）。

对于反向链路，Walsh 序列作为调制码使用，即 64 阶正交调制，6 个编码比特对应一个64 位的 Walsh 序列（64 阶 Walsh 编码后的数据速率为 307.2kc/s，经用户 PN 长码加扰/扩频，生成 1.2288Mc/s 码流。

2 阶 Hadamard 矩阵为

$$H_2 = \begin{bmatrix} 1 & 1 \\ 1 & -1 \end{bmatrix} = \begin{bmatrix} 0 & 0 \\ 0 & 1 \end{bmatrix} \qquad (7\text{-}2\text{-}19)$$

4 阶 Hadamard 矩阵为

$$H_4 = \begin{bmatrix} H_{2 \times 2} \end{bmatrix} = \begin{bmatrix} H_2 & H_2 \\ H_2 & \overline{H_2} \end{bmatrix}$$

$$H_4 = \begin{bmatrix} 1 & 1 & 1 & 1 \\ 1 & -1 & 1 & -1 \\ 1 & 1 & -1 & -1 \\ 1 & -1 & -1 & 1 \end{bmatrix} = \begin{bmatrix} 0 & 0 & 0 & 0 \\ 0 & 1 & 0 & 1 \\ 0 & 0 & 1 & 1 \\ 0 & 1 & 1 & 0 \end{bmatrix} \qquad (7\text{-}2\text{-}20)$$

因此，可以由递推关系式得到 N 阶 Hadamard 矩阵为

$$H_{2N} = \begin{bmatrix} H_N & H_N \\ H_N & \overline{H_N} \end{bmatrix} \qquad (7\text{-}2\text{-}21)$$

3. Gold 码序列

Gold 序列是在 m 序列基础上提出并分析的一种特性较好的伪随机序列，该序列由两个码长相等、码时钟速率相同的 m 序列优选对通过模 2 相加而构成。

Gold 序列发生器如图 7-2-8 所示。

通过设置 m 序列发生器 B 的不同初始状态，可以得到不同的 Gold 序列，由于总共有 $m-1$ 个不同的相对移位，加上原有的两个 m 序列，可以产生共 $m+1$ 个 Gold 序列。

Gold 码的长度等于对应的 m 序列的长度，是奇数，因此其互相关不为 0，它属于准正交码。若在同一优选对产生的 Gold 码末尾加一个 0，则构成的偶位 Gold 码互相正交，即其相关函数为 0，这种码即为正交 Gold 码。

4. OVSF 码序列

OVSF（Orthogonal Variable Sprea-

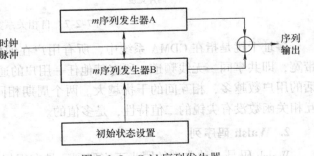

图 7-2-8　Gold 序列发生器

ding Factor，正交可变扩频因子）码根据扩频因子的大小，给用户分配资源，数值越大，提供的带宽越小。OVSF 码是一个实现码分多址信号传输的代码，它由 Walsh 函数生成，OVSF 码互相关系数为 0，相互完全正交。

信道码取自 OVSF 码，扩频码是指业务速率扩展至空口速率，OVSF 码具有正交性，并且长度可变，同时适用在区分信道以及扩展速率上，因此，扩频码、信道码都用了同样的 OVSF 码。

业务信道的速率不同，使用的 OVSF 码的长度也不同，上行链路的扩频因子有 1、2、4、6、8 和 16 共 6 种，下行链路的扩频因子有 1、16 共 2 种。OVSF 码的管理算法与系统的容量和呼叫成功率等密切相关，如果系统只提供单一的业务，则 OVSF 码的管理相对比较简单，因为总共可用的码字数是固定的，只需根据用户的请求从尚未分配的码字中随机选取一个分配给用户即可。

实际网络中，一个小区往往同时承载语音和数据业务，使用的扩频码字长度也各异，为了使小区的峰值数据速率最大化，在分配 OVSF 码时，应尽量选择已有码字被分配的分支中尚未使用的码字，留下较短的码字用于高速数据业务。反向链路的扩频因子只有 2 种，其 OVSF 码管理算法也相对简单，前向链路的 OVSF 码分配算法相对复杂。

使用 OVSF 码可以改变扩频因子，并保证不同长度的不同扩频码之间的正交性，其码字可以从码树中选取，如图 7-2-9 所示。

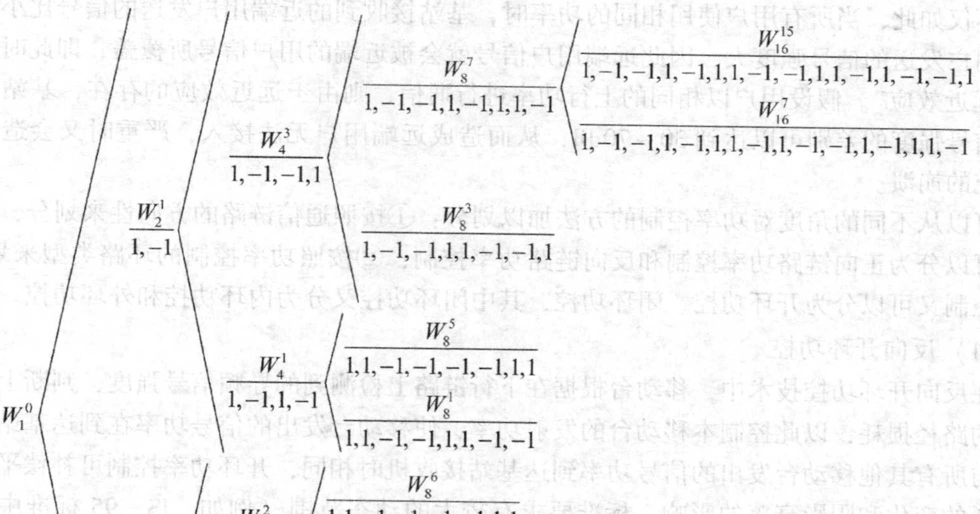

图 7-2-9　OVSF 码码树生成示意图

当 4 位 OVSF 码被采用作为速率为 307.2kbit/s 的扩频码时，得到 1.2288Mbit/s，其后续所有分支不允许作为扩频码使用。

如果在多址信道中信号是相互正交的，那么多址干扰可以减少至零，然而实际上由于多径信号和来自其他小区的信号与所需信号是不同步的，共信道干扰不会为零。异步到达的延迟和衰减的多径信号与同步到达的原始信号不是完全正交的，这些信号就带来干扰，来自其他小区的信号也不是同步或正交的，这也会导致干扰发生。

7.3　CDMA 蜂窝网的关键技术

干扰问题是 CDMA 系统在实际工作过程中不可避免的，因此需要从各个方面来考虑如何将其减少或消除，这些技术都将改善系统的性能，CDMA 蜂窝网的关键技术包括功率控制技术、分集技术、RAKE 接收技术以及切换技术等。

7.3.1　功率控制

功率控制能保证系统内每个用户所发射功率到达基站处保持最小，既能符合最低的通信要求，同时又避免对其他用户信号产生不必要的干扰，功率控制的作用是减少相互干扰，使系统容量最大化。

不仅如此，当所有用户使用相同的功率时，基站接收到的近端用户发送的信号比小区边缘的用户发送的信号强度大，因此远端用户信号就会被近端的用户信号所覆盖，即此时产生了"远近效应"。假设用户以相同的上行功率进行通信，则由于远近效应的存在，基站处收到的信号强度的差别可以达到 30～70dB，从而造成远端用户无法接入，严重时又会造成整个系统的崩溃。

可以从不同的角度对功率控制的方法加以划分：①按照通信链路的方向性来划分，功率控制可以分为正向链路功率控制和反向链路功率控制；②按照功率控制的环路类型来划分，功率控制又可以分为开环功控、闭环功控，其中闭环功控又分为内环功控和外环功控。

（1）反向开环功控

在反向开环功控技术中，移动台根据在下行链路上检测到的导频信号强度，判断上行链路上的路径损耗，以此控制本移动台的发射功率，使移动台发出的信号功率在到达基站接收机时与所有其他移动台发出的信号功率到达基站接收机时相同，开环功率控制可补偿平均路径衰耗的变化和阴影衰落的影响，标准要求有较大的动态范围（例如，IS - 95 标准中要求为 ±32dB）。反向开环功控原理示意图如图 7-3-1 所示。

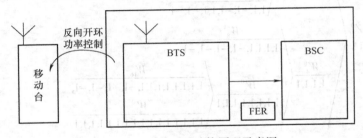

图 7-3-1　反向开环功控原理示意图

假设上行与下行传输损耗相同，移动台接收并测量基站发来的信号强度，并由此估计正向传输损耗，然后，根据这种估计得到的结果调节移动台的反向发射功率，如果接收信号功率增强，就降低移动台的发射功率，反之，接收信号功率减弱，就增加移动台的移动台发射功率。

（2）反向闭环功控

反向闭环功率控制是使基站对移动台的开环功率控制估计迅速做出修正，以使移动台保持最佳的发射功率强度，基站解调器检测来自各移动台的信号强度或信噪比，把它与要求的阈值相比较，在下行信道上形成功率调整指令，通知移动台调整其发射功率，调整阶距为0.5dB（或1dB）。其方法是基站每隔1.25ms 对收到的各移动台的信干比测量一次，与标准进行比较，并发出一个1bit 的功率调整指令，插入到对应移动台的下行业务信道内，移动台接收并检测到功率调整指令后，叠加到开环控制参数上进行发射增益调整，基站发出的插在下行业务信道内的功率控制指令，总控制量不超过 ±24dB。反向闭环功控原理示意图如图 7-3-2 所示。

图 7-3-2　反向闭环功控原理示意图

反向闭环功率控制和反向开环功率控制的结合，既保证了移动台开始呼叫时采用适当的发射功率，又实现了对移动台功率控制精度高、速度快的要求。

（3）反向外环功控

IS-95 系统通过检查业务信道中的 FER 来参与调整移动台的发射功率，即外环功率控制。将闭环功率控制与外环功率控制结合起来，使对移动台的功率控制，不仅体现在基站接收合适的信噪比上，还直接与语音和数据业务质量相关。反向外环功控原理示意图如图 7-3-3 所示。

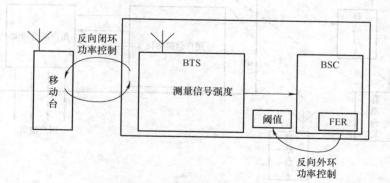

图 7-3-3　反向外环功控原理示意图

（4）正向链路功控

正向功率控制是基站根据移动台提供的在下行链路上接收和解调信号的 FER 结果，调整其对各移动台的发射功率，使路径衰落小的移动台分配到较小的前向链路功率，而对于远离基站的路径衰落较大的移动台，分配较大的前向链路功率。正向链路功控原理示意图如图 7-3-4 所示。

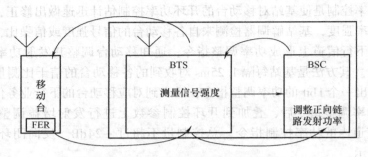

图 7-3-4　正向链路功控原理示意图

7.3.2　信号检测和 RAKE 接收技术

在 CDMA 通信系统中，利用多址干扰的扩频码字、组成结构及与目标信号的关系，对网络中各用户做联合检测，或者从接收信号中消除相互间的干扰，从而可以有效地改善多址干扰的负面影响，作为典型的自干扰系统，CDMA 通信系统对研究干扰抑制技术有重要的意义，对多址干扰进行抑制将意味着系统容量的大幅提高。

对于 CDMA 系统，信道的扩散特别是时间扩散，会使同一用户相邻符号间相互重叠产生相互干扰，即出现符号间干扰（Inter - Symbol Interference，ISI），与此同时，由于地址码正交性的破坏，不同用户之间还会出现多址干扰（Multi - Access Interference，MAI）、多用户检测（Multi - User Detection，MUD）技术，对多个用户做联合检测或从接收信号中检测相互间干扰的方法，能有效地消除 MAI 的影响，从而具有优良的抗干扰性能。多用户信号检测原理示意图如图 7-3-5 所示。

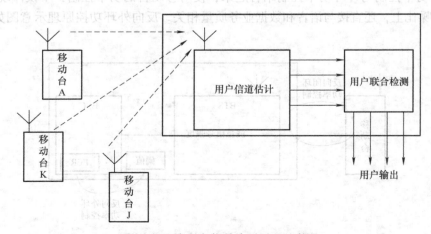

图 7-3-5　多用户信号检测原理示意图

CDMA 通信系统采用的分集方式和特点如表 7-3-1 所示。

表 7-3-1 CDMA 系统分集方式与特点

CDMA 系统所采用的技术	特点	分集类型
扩频技术	宽带传输	频率分集技术
交织编码技术	克服突发性干扰	隐时间分集技术
路径分集技术	同一地址码调制信号	空间分集技术

CDMA 系统采用 RAKE 接收技术进行路径分集，能够有效地克服快衰落的影响，当多径信号的时延差超过一个伪码的宽度时，则在接收端可对这些多径信号进行分离和合并，RAKE 接收技术利用多径现象来增强信号，在窄带 CDMA 系统中，基站接收机中路径 $N=4$，移动台接收机中 $N=3$，RAKE 接收机组成原理示意图如图 7-3-6 所示。

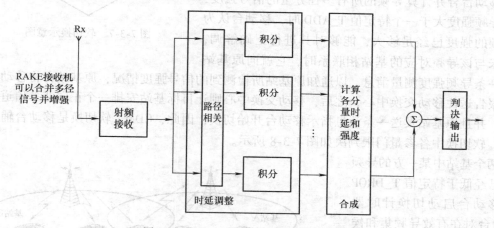

图 7-3-6 RAKE 接收机组成原理示意图

实际的 CDMA 系统，其信道估计是根据发射信号中携带的导频符号完成的，根据发射信号中是否携带有连续导频，可以分别采用基于连续导频的相位预测和基于判决反馈技术的相位预测方法。

1）基于连续导频信号：使用判决反馈技术的间断导频条件的信道估计方法，滤除信道估计结果中的噪声，其带宽要高于信道的衰落率。使用间断导频时，在导频的间隙要采用内插技术来进行信道估计。

2）采用判决反馈技术时，先判决出信道中的数据符号，将已判决结果作为先验信息，进行信道估计，通过低通滤波得到信道估计结果，这种方法的缺点是由于非线性和非因果预测技术，使噪声比较大的时候，信道估计的准确度大大降低，而且还引入了较大的解码延迟。

7.3.3 软切换技术

软切换是指既维持旧的连接，又同时建立新的连接，并利用新旧链路的分集合并来改善通信质量，当与新基站建立可靠连接之后再中断旧链路通信。在 CDMA 系统中，当移动台处于切换区时，移动台可以根据事先设定的阈值和不同小区的导频强度，选择同时与两个或多个服务小区发生连接。

在这个切换过程中，移动台首先与原有的小区和即将要切换到的目标小区同时连接，在继续移动的过程中，当已连接小区的电平低于预定的阈值时，将会释放与原服务小区的通信连接，软切换保证了切换过程中信息传输的连续性，降低了掉话的概率，软切换示意图如图7-3-7所示。

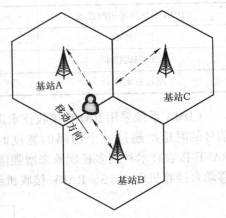

图7-3-7 软切换示意图

IS－95系统的软切换过程从移动台开始，必须不断测量系统内导频（Pilot）信道的信号强度，在进行软切换时，移动台首先搜索所有导频并测量它们的强度，移动台合并计算导频的所有多径分量的信号强度，当该导频强度大于一个特定值T_ADD时，移动台认为此导频的强度已经足够大，能够对其进行正确解调，但尚未与该导频对应的基站相联系时，它就向原基站发送一条导频强度测量消息，以通知原基站所检测到的信号强度情况，原基站再将移动台的测量报告送往移动交换中心，之后，移动交换中心则让目标基站安排一个正向业务信道给移动台，并且原基站发送一条消息指示移动台开始切换，因此，CDMA软切换是移动台辅助的切换。软切换中各参量门限判决如图7-3-8所示。

两个基站中某一方的导频强度已经低于特定值T_DROP时，移动台启动切换计时器（移动台对在有效导频集和候选导频集里的每一个导频都有一个切换计时器），当该切换计时器计时满时（在此期间，其导频强度应始终低于阈值），移动台发送导频强度测量消息。两个基站接收到导频强度测量消息后，将此信息送至移动交换中心，移动交换中心再返回相应切换指示消息，然后基站发切换指示消息给移动台，移动台将切换计时器到期的导频将

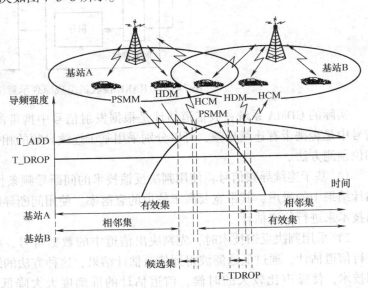

图7-3-8 软切换中阈值门限示意图

其从有效导频集中去掉，此时移动台只与目前有效导频集内的导频所代表的基站保持通信，同时会发一条切换完成消息告诉基站，表示切换已经完成。

软切换过程中主要会用到的控制参数包括导频检测阈值、导频丢失阈值、阈值比较、衰减定时器阈值等，它们各自的作用如表7-3-2所示。

表 7-3-2　CDMA 系统切换参数列表

切换参数	名　称	作　用
T_ADD	导频检测阈值	向候选集和激活集中加入导频的阈值
T_DROP	导频丢失阈值	从候选集和激活集中删除导频的阈值
T_COMP	阈值比较	候选集导频与激活集导频的比较阈值
T_TDROP	衰减定时器阈值	当该导频的强度降至 T_DROP 以下时，对应的定时器启动，用于防止由于信号抖动所产生的频繁切换
SRCH_WIN_A	搜索窗口	跟踪激活集和候选集中的导频
SRCH_WIN_N	搜索窗口	监测相邻集导频
SRCH_WIN_R	搜索窗口	跟踪剩余集导频

CDMA 系统软切换参数设置特点如表 7-3-3 所示。

表 7-3-3　CDMA 系统软切换参数设置特点

	特　点	导致的结果
若设置过小	产生大量导频测量消息	占用了移动台和基站的资源
	增加了不必要的切换	占用了更多的业务信道，使更多移动台进入软切换，尤其是随着 T_ADD 降低，三小区切换的比例会上升
若设置过大	移动台到达远端小区的功率过低	失去了分集接收的意义，浪费业务信道
	减少了基站的覆盖范围	语音质量差，切换延迟
	基站边界附近的移动台发射功率过高	耗电增加
策略	适当选择 T_ADD 参数，使系统的大部分软切换发生在两小区间，并且使移动台与两小区的距离大致相等，这样可使移动台平均发射功率降幅加大，降低了对系统的干扰	

7.4　IS - 95 CDMA 系统

　　北美开发的以 CDMA 技术为基础的 IS - 95 系统，是将一个无线小区中的用户连接到同一频率信道，各自用不同特征的码加以区别，给每个用户分配的伪随机码（或称伪噪声码）具有优良的自相关和互相关性能（自相关系数大，互相关系数小），这些比用户信号速率高得多的码序列，将用户信号变成宽带信号，在发送端，把各用户的信号放在一个公共的频带上传输，在接收端，各用户收到的信号中，除了本用户的有用信号外，还包含其他用户的信号，这些信号经接收机用与发送端相同的该用户的码序列，利用自相关特性，将有用的宽带信号变换成原来的窄带信号，而其他用户的宽带信号由于不相关仍然是宽带信号，经基带滤波后，就能得到具有较高的解扩输出信噪比的有用信号，即目标信号。

7.4.1　系统结构与接口

　　CDMA 蜂窝通信系统的网络结构主要由网络子系统、基站子系统和移动台三大部分组成，其中，基站与移动台之间的信号互通接口为空中接口（空口），此接口遵守 IS - 95A 标准，参考 J - STD - 008、TSB74 标准，基站子系统与交换网络子系统之间的接口为 A 接口，主要负责移动台管理、基站管理、移动性管理及接续管理等功能，基站子系统中基站控制器与基站收发信机之间的接口为 Abis 接口，支持对 BTS 无线设备的控制以及交换网络子系统内部功能实体之间的接口。IS-95 空中接口的主要参数如表 7-4-1 所示。

表 7-4-1　IS-95 空中接口的主要参数

频段	正向：869～894MHz	双工间隔 45MHz	
	反向：824～849MHz		
信道数目	64 个码分信道		
	每一个小区可分为 3 个扇区，共用一个载频		
	每一网络分为 9 个载频，其中收发各占 12.5MHz，共 25MHz 带宽，1.25×10		
射频带宽	第一频道：2×1.77MHz(1.23MHz+0.54MHz)		
	其他频道：2×1.23MHz		
调制方式	正向（基站）：QPSK		
	反向（移动台）：O-QPSK		
扩频方式	直接序列扩频 DS		
语音编码	可变速率 CELP，最大速率 8kbit/s，最大数据速率 9.6kbit/s，每帧 20ms		
信道编码	卷积编码	正向：码率=1/2，约束长度=9	
		反向：码率=1/3，约束长度=9	
交织编码	交织间距 20ms		
PN 码	码片速率：1.2288Mc/s		
	信道地址码（正向）：64 阶 Walsh 函数；反向：长码 PN 序列		
	基站识别码（正向）：$P=2^{15}$ 的 m 序列，相位差 64 个码片，$P/64=512$ 可用相位，用于偏移量		
	用户识别码（反向）：$P=2^{42}-1$ 的 m 序列（长码截短）		
功率控制	800Hz，周期 1.25ms		
多径利用	RAKE 接收，移动台为 3 个，基站为 4 个		

MS 和 BS 的信道编号和中心频率的关系为

$$f_{\text{ms}}=\begin{cases}825.000\text{MHz}+0.03n,&(1\leqslant n\leqslant799)\\825.000\text{MHz}+0.03(n-1023),&(991\leqslant n\leqslant1023)\end{cases}\quad(7\text{-}4\text{-}1)$$

$$f_{\text{bs}}=\begin{cases}870.000\text{MHz}+0.03n,&(1\leqslant n\leqslant799)\\870.000\text{MHz}+0.03(n-1023),&(991\leqslant n\leqslant1023)\end{cases}\quad(7\text{-}4\text{-}2)$$

7.4.2　CDMA 系统编号

IS-95 CDMA 移动通信网中用来识别用户、设备、网络的各种号码的编号计划包括移动用户电话号码簿号码、国际移动用户识别码、临时本地用户号码、电子序号、系统识别码、网络识别码、登记区识别码、基站识别码。

（1）移动用户电话号码簿号码（DN）

此号码为 CDMA 用户作为被叫时，主叫用户所需拨的号码，号长为 11 位。其号码构成为

CC + MAC + H1H2H3H4 + ABCD

其中，CC 是国家码，中国为 86；MAC 是移动接入码，窄带 CDMA 网采用 133；H1H2H3H4 是归属位置寄存器（HLR）的识别码，由电信总部统一分配到本地网；ABCD 是移动用户号，区别归属于同一个 HLR 下的唯一用户。

（2）国际移动用户识别码（IMSI）

IMSI 是数字公用陆地蜂窝通信网中唯一识别一个移动用户的 15 位十进制数号码，其号码结构为 MCC + MNC + MSIN（XX + H1H2H3H4 + ABCD）。

MCC 为国家号码，中国为 460；MNC 为移动网络号，窄带 CDMA 网采用 133；MSIN 为移动用户识别码，号长为 10 位，其中，XX 是分配给我国的移动识别号码（CMIN）段，窄带 CDMA 网为 09；H1H2H3H4 与 DN 号码中的 H1H2H3H4 相同；ABCD 为用户号。

（3）临时本地用户号码（TLDN）

临时本地用户号码是当呼叫移动用户时，为使网络进行路由选择，访问位置寄存器（VLR）临时分配给漫游移动用户的一个号码，是移动用户 DN 号码的一部分。窄带 CDMA 网定义为 13X 后第一位为 5 的号码，其号码结构为

$$CC + MAC + 5 + H1H2H3H4 + ABC$$

（4）电子序号（ESN）

电子序号用于唯一识别一个移动台设备，每个双模移动台分配有一个唯一的电子序号。它包含 32bit，其构成如下：

31…24	23…18	17…0
厂家编号（8bit）	保留（6bit）	设备序号（18bit）

（5）系统识别码（SID）

在窄带 CDMA 系统中，由一对识别码（SID、NID）共同标识一个移动业务本地网。

SID：包含 15bit，由国家标识比特组和本地系统比特组两部分组成。窄带 CDMA 网使用的 SIDS 为

比特	14…9	8…4	3…0
	110010	国内业务区组识别	组内业务区识别码

其中，比特为 0 的 SID 码暂时保留。

（6）网络识别码（NID）

包含 16bit，其中 0 与 65535 保留。0 作为表示在某个 SID 区中不属于特定的 NID 区的那些基站；65535 表示移动用户可在整个 SID 区中漫游。

（7）登记区识别码（REG - ZONE）

在一个 SID 区或 NID 区中唯一识别一个位置区的号码。它包含 12bit，由各省统一分配。

（8）基站识别码（BSTD）

基站识别码有 16bit，用于唯一识别一个 NID 下属的基站。

7.4.3　IS - 95 系统正向信道

码分多址通信系统中，不同用户传输信息所用的信号不是靠频率不同或时隙不同来区分的，而是用各自不同的编码序列来区分的，如果从频域或时域来观察，多个 CDMA 信号是互相重叠的，接收机用相关器可以在多个 CDMA 信号中选出其中使用预定码型的信号，其

他使用不同码型的信号因为和接收机本地产生的码型不同而不能被解调。

系统信道包括正向信道和反向信道，基站至移动台的下行方向链路就是正向信道，正向信道又分为导频信道、同步信道、寻呼信道以及业务信道。正向数据传输采用 64 阶的 Walsh 码来区分 64 个逻辑信道，分别表示 W_0，W_1，W_2，…，W_{32}，…，W_{62}，W_{63}，对应于 1 路导频信道（W_0）、1 路同步信道（W_{32}）、7 路寻呼信道（$W_1 \sim W_7$）和 55 路正向业务信道。正向信道结构划分如表 7-4-2 所示。

表 7-4-2 正向信道结构划分

信道		IS-95 正向信道			
信道	导频信道	寻呼信道 1~寻呼信道 7	业务信道 1~业务信道 24	同步信道	业务信道 25~业务信道 55
功率配置	信道总功率 15% 左右	信道总功率 5% 左右	55 路业务信道占信道总功率 80% 左右	信道总功率 2% 左右	55 路业务信道占信道总功率 80% 左右
速率配置		4800bit/s 或 9600bit/s	9600bit/s 或 4800bit/s 或 2400bit/s 或 1200bit/s	1200bit/s	9600bit/s 或 4800bit/s 或 2400bit/s 或 1200bit/s
特点	不包含信息数据	发送移动用户识别码		包括系统时间，PN 码短码序列	

导频用于捕获基站，小区内配置了 PCCPCH 信道的载频，标识本小区的主频点，由于一个主载频的码的负荷是有限的，组网时需要其他频点的辅助载频来提供更多的码道，用于支持更多的用户，因此导频信号指的是载频上 PCCPCH 信号的强度。

7.4.4 IS-95 系统反向信道

由移动台至基站方向的链路称为反向信道，IS-95 系统的反向信道采用长码 PN 序列来区分不同的信道，周期为 $(2^{42} - 1)$ 的 m 序列，每个用户被分配不同的相位。反向信道包括接入信道和业务信道，其结构如表 7-4-3 所示。

表 7-4-3 反向信道结构划分

信道	IS-95 反向信道	
信道	接入信道 1~接入信道 k（$1 < k < 32$）	业务信道 1~业务信道 t（$1 < t < 64$）
	长码 PN 序列用于区分接入信道与业务信道	
特点	随机接入协议	不同的长码序列识别用户

练习题与思考题

1. 请描述 IS-95 系统反向信道的特点。
2. IS-95 系统正向信道包括哪几类逻辑信道？
3. 请简述 IS-95 系统各模块的功能及其接口。
4. 请简述 CDMA 系统功率控制的特点。
5. 请简述 RAKE 的接收原理。

第8章 第三代移动通信系统

第三代移动通信系统的概念于 1985 年由国际电信联盟（International Telecommunication Union, ITU）提出，是首个以"全球标准"为目标的移动通信系统，在 1992 年的世界无线电大会上，为 3G 系统分配了 2GHz 频段附近约 230MHz 的频带，考虑到该系统的工作频段在 2000MHz，最高业务速率为 2000kbit/s，而且将在 2000 年左右商用，因此，ITU 在 1996 年正式将第三代移动通信系统命名为 IMT - 2000（International Mobile Telecommunication - 2000）。本章中将介绍 3G 系统的标准化进程，并主要对 WCDMA 和 TD-SCDMA 两大系统的关键技术分别加以阐述。

8.1 3G 系统概述

与第一代模拟移动通信和第二代数字移动通信相比，第三代移动通信是覆盖全球的多媒体移动通信，它可实现全球漫游，使任意时间、任意地点、任意用户之间的交流成为可能，并且每个用户都有一个个人通信号码。就业务而言，3G 系统能够实现高速数据传输和宽带多媒体服务，用 3G 系统终端除了可以进行普通的寻呼和通话外，还可以上网浏览、查信息、下载文件和图片，由于带宽的提高，3G 系统还可以传输图像，提供可视电话业务。3G 系统能够提供比 2G 系统更大的系统容量、更优良的通信质量，最初的目标是在静止环境、中低速移动环境、高速移动环境分别支持 2Mbit/s、384kbit/s、144kbit/s 的数据传输。

3G 系统的基本特性包括：

1）与固定网络业务及用户互连，无线接口的类型尽可能少，兼容性好。

2）具有与固定通信网络相比拟的高语音质量和高安全性。

3）具有在本地采用 2Mbit/s 高速率接入和在广域网采用 384kbit/s 接入速率的数据率分段使用功能。

4）具有在 2GHz 左右的高效频谱利用率，且能最大程度地利用有限带宽。

5）移动终端可连接地面网和卫星网，可移动使用和固定使用，可与卫星业务共存和互连。

6）能够处理包括国际互联网和视频会议、高数据率通信和非对称数据传输的分组和电路交换业务。

7）支持分层小区结构，也支持包括用户向不同地点通信时浏览国际互联网的多种同步连接。

8）语音只占移动通信业务的一部分，大部分业务是非话数据和视频信息。

9）一个共用的基础设施，可支持同一地方的多个公共的和专用的运营公司。

10）手机体积小、重量轻，具有真正的全球漫游能力。

11）具有根据数据量、服务质量和使用时间为收费参数，而不是以距离为收费参数的新收费机制。

基于 3G 系统的基本特性，其网络能够提供运营商之间的差异化业务，包括快速的业务部署和业务生成能力，以及高效的价值链合作体系，由传统业务到 3G 网络的新业务变化如表 8-1-1 所示。

表 8-1-1　传统业务与 3G 网络的新业务比较

业 务 模 型	
传统业务模型	新业务模型
（1）语音业务	（1）多媒体业务
（2）业务体系封闭	（2）业务体系开放
（3）统一业务形态	（3）个性化业务
（4）电信设备商提供业务	（4）IP 融合
（5）有限标准业务	（5）多样化非标准业务

根据不同业务服务质量的需求，3G 业务具体包括会话类业务、流媒体业务、交互类业务以及背景类业务，从数据传输时延和误码率两个维度可以得到这四类业务的描述如图 8-1-1 所示。

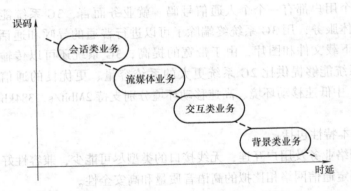

图 8-1-1　3G 网络四类基本业务服务质量需求

会话类业务可以认为是对称的或近似对称的，对端到端的延时要求比较严格，通常由电路域 CS 承载。流媒体业务与会话类业务相比，区别在于对端到端的延时要求降低，流媒体业务对呼叫等待通常有较高的容忍度，可以提供呼叫排队机制。交互类业务是指用户从服务器请求数据的一类业务，需要终端用户的请求响应，交互类业务对时延有较大的容忍度，系统可以在忙时保存用户请求，等到信道空闲时响应。背景类业务与交互类业务主要用于传统的 IP 应用，两者都定义了一定的误码率要求，两者区别在于前者更多地用于后台业务，不需要接收端在一定时间内收到响应消息，而后者主要用于交互式场合，需要响应消息。

会话类业务、流媒体业务、交互类业务、背景类业务有各自的特点，根据服务质量要求其典型应用场景如表 8-1-2 所示。

表 8-1-2 基本业务的典型应用场景

服务等级	会话类业务	流媒体业务	交互类业务	背景类业务
典型应用场景	语音业务 视频业务 视频会议	音频流 视频流	Web 浏览	邮件下载
对应特点	较低延时要求 流量基本恒定	较低延时要求	请求/响应类事务	延时约束较低

8.2 3G 系统标准

第三代移动通信标准规范由第三代移动通信合作伙伴项目（3G Partnership Project，3GPP）以及第三代移动通信合作伙伴项目（3G Partnership Project 2，3GPP2）分别负责。

3GPP 由欧洲电信标准化协会（ETSI）、日本无线工业及商贸联合会（ARIB）、日本电信技术委员会（TTC）、韩国电信技术协会（TTA）以及美国电信标准委员会（T1）等标准化组织在 1998 年底发起成立，1998 年 12 月正式成立，中国无线通信标准化组织（China Wireless Telecommunication Standard Group，CWTS）于 1999 年正式签字加入 3GPP 组织，成为 3GPP 的组织伙伴。

3GPP 下属的 4 个不同的技术规范组（Technical Specification Group，TSG）包括核心网络和终端规范组、业务和系统规范组、无线接入网规范组、GSM/EDGE 无线接入网规范组，3GPP 工作组组织框架如图 8-2-1 所示。

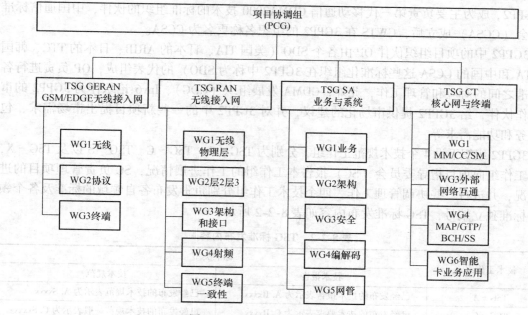

图 8-2-1 3GPP 工作组组织框架

3GPP 的主要工作是研究、制定并推广基于演进的 GSM 核心网络的 3G 标准，即制定以 GSM 移动应用部分（GSM Mobile Application Part，GSMMAP）为核心网，通用陆地无线接入

（Universal Terrestrial Radio Access，UTRA）为无线接口的标准。3GPP 的 3G 标准有多个版本，如表 8-2-1 所示。

表 8-2-1　3GPP 标准内容

版　　本	时　　间	标　准　内　容
Release 99	2000	第三代规范的最初版本，新型 WCDMA 无线接入，数据速率可支持 144kbit/s、384kbit/s 及 2Mbit/s
Release 4	2001 Q2	电路域的呼叫与承载分离，核心网内的七号信令传输第三阶段，对 Release 99 版本做了进一步的增强
Release 5	2002 Q1	完成对 IP 多媒体子系统（IMS）的定义
Release 6	2004 Q4	引入 HSUPA
Release 7	2007 Q4	加强了对固定、移动融合的标准化制订，改善了 QoS
Release 8	2008 Q4	推出了长期演进（Long Term Evolution，LTE）移动通信系统的第一版，全 IP 网（SAE）
Release 9	2009 Q4	WiMAX 与 LTE/UMTS 互操作性
Release 10	2011 Q1	LTE - A 满足 4G 要求
Release 11	2012 Q3	业务增强型 IP 互连
Release 12	2015 Q1	增强型小区
Release 13	2016 Q1	增强了机器类终端通信

3GPP2 的主要工作是制定以 ANSI - 41 核心网为基础，CDMA2000 为无线接口的移动通信技术规范，成立于 1999 年 1 月，由美国 TIA、日本的 ARIB、日本的 TTC、韩国的 TTA 四个标准化组织发起，中国无线通信标准化组织（CWTS）于 1999 年 6 月在韩国正式签字加入 3GPP2，成为主要负责第三代移动通信 CDMA2000 技术的标准组织的伙伴，中国通信标准化协会（CCSA）成立后，CWTS 在 3GPP2 的组织名称更名为 CCSA。

3GPP2 中的项目组织伙伴 OP 由各个 SDO（美国 TIA、日本的 ARIB、日本的 TTC、韩国的 TTA 和中国的 CCSA 这些标准化组织在 3GPP2 中称为 SDO）的代表组成，OP 负责进行各国标准之间的对应和管理工作，此外，CDMA 发展组织（CDG）、Ipv6 论坛作为 3GPP2 的市场合作伙伴，给 3GPP2 提供市场化的建议，并对 3GPP2 中的一些新项目提出市场需求，包括业务和功能需求等。

3GPP2 组织下设 4 个技术规范工作组，分别为 TSG - A、TSG - C、TSG - S 以及 TSG - X，这些工作组向项目指导委员会（SC）报告本工作组的工作进展情况，SC 负责管理项目的进展情况，并进行一些协调管理工作，四个技术工作组分别负责发布各自领域的标准及各个领域的标准独立编号，TSG 标准发布内容如表 8-2-2 所示。

表 8-2-2　TSG 标准发布内容

技术工作组	标准类型	
	技术报告	技术规范
TSG - A	已经发布的技术报告表示为 A. Rxxxx	已经发布的技术规范表示为 A. Sxxxx
TSG - C	已经发布的技术要求表示为 C. Rxxxx	已经发布的技术规范一般表示为 C. Sxxxx
TSG - S	已经发布的技术要求表示为 S. Rxxxx	已经发布的技术规范表示为 S. Sxxxx
TSG - X	—	已经发布的技术规范表示为 X. Sxxxx

第三代移动通信系统无线接口确定的 5 种技术标准如表 8-2-3 所示。

表 8-2-3 无线接口确定的 5 种技术标准

接 入 技 术	官方名称	称 呼
CDMA	IMT – 2000 CDMA – DS	WCDMA
	IMT – 2000 CDMA – MC	CDMA2000
	IMT – 2000 CDMA – TDD	TD – SCDMA/UTRA – TDD
TDMA	IMT – 2000 TDMA – SC	UWC136
	IMT – 2000 TDMA – MC	EP – DECT

采用 CDMA 接入技术的 WCDMA、CDMA2000 以及 TD – SCDMA/UTRA – TDD 方案成为第三代移动通信的主流标准。

8.2.1 WCDMA 标准

WCDMA 主要起源于欧洲和日本的早期第三代无线研究活动，GSM 的巨大成功对第三代系统在欧洲的标准化产生重大影响。欧洲于 1988 年开展 RACE I（欧洲先进通信技术的研究）程序，并一直延续到 1992 年 6 月，它代表了第三代无线研究活动的开始。1992～1995 年欧洲开始了 RACE II 程序。ACTS（先进通信技术和业务）建立于 1995 年底，为 UMTS 建议了 FRAMES（未来无线宽带多址接入系统）方案。

欧洲电信标准委员会在 GSM 系统之后，就开始研究其第三代移动通信网络标准，其中有几种备选方案是基于直接串行扩频码分多址的，而日本的第三代研究也是使用宽带码分多址技术的，其后以二者为主导进行融合，在 3GPP 组织中发展成了第三代移动通信系统 UMTS，并提交给国际电信联盟（ITU），ITU 最终接受 W – CDMA 作为 IMT – 2000 的 3G 标准一部分。

无线网络从 2G 的 GSM 系统演进到 GPRS/EDGE 系统，再到 WCDMA R99 版本，以及后续的 R4、R5、R6 和 R7 版本，这一过程中 R99 版本中引入了基于每载频 5MHz 带宽的 CDMA 无线接入网络，无线接入部分主要由 Node B 和 RNC 组成，同时，其传输平台是适于分组数据传输的协议和机制，采用语音电路业务和数据业务分离的核心网结构，数据速率支持 144kbit/s、384kbit/s，理论上可以达到 2Mbit/s。后续版本中，3G 核心网结构采用全 IP 的核心网络结构，IP 网络作为用户语音、数据以及信令的统一载体。

8.2.2 TD – SCDMA 标准

时分同步码分多址是由我国提出的第三代移动通信标准（TD – SCDMA），也是 ITU 批准的三个 3G 标准中的一个，以我国知识产权为主，是我国电信史上重要的里程碑。

TD – SCDMA 的发展过程始于 1998 年初，由原电信科学技术研究院在 SCDMA 技术的基础上，研究和起草符合 IMT – 2000 要求的我国的 TD – SCDMA 建议草案，该标准草案的主要特点包括智能天线、同步码分多址、接力切换、时分双工等。

1999 年 5 月，加入 3GPP 以后，CWTS 作为代表中国的区域性标准化组织，与 3GPP PCG（项目协调组）、TSG（技术规范组）进行了协调，在同年 9 月向 3GPP 建议将 TD – SCDMA

纳入 3GPP 标准规范。

1999 年 11 月和 2000 年 5 月，赫尔辛基 ITU - RTG8/1 第 18 次会议以及伊斯坦布尔的 ITU - R 全会上，TD - SCDMA 被正式接纳为 CDMATDD 制式的方案之一。

1999 年 12 月的 3GPP 会议上，中国的提案被 3GPP TSGRAN（无线接入网）全会所接受，正式确定将 TD - SCDMA 纳入到 Release 2000（后拆分为 R4 和 R5）的工作计划中，并将 TD - SCDMA 简称为 LCR TDD（Low Code Rate，低码片速率 TDD 方案）。

2005 ~ 2007 年底，先后在国内外建成多个 TD - SCDMA 试验网。

2008 年 4 月，中国移动在国内多个城市启动 TD - SCDMA 社会化业务测试和试商用。

2009 年初，我国政府正式向中国移动颁发了 TD - SCDMA 业务的经营许可，中国移动也开始在国内进行 TD - SCDMA 的二期网络建设。

自 2001 年 3 月 3GPP R4 版本发布，TD - SCDMA 标准规范的实质性工作主要在 3GPP 体系下完成，标准的修订和完善包括物理层处理、高层协议栈消息、网络和接口信令消息、射频指标和参数、一致性测试。

在 R4 之后的 3GPP 版本发布中，TD - SCDMA 标准进一步提高系统的性能，其中主要包括：通过空中接口实现基站之间的同步，作为基站同步的另一个备用方案，尤其适用于紧急情况下对于通信网可靠性的保证；终端定位功能，可以通过智能天线，利用信号对终端用户位置定位，以便更好地提供基于位置的服务；高速下行分组接入，采用混合自动重传、自适应调制编码，实现高速率下行分组业务支持；多天线输入输出技术（MIMO），采用基站和终端多天线技术和信号处理，提高无线系统性能；上行增强技术，采用自适应调制和编码、混合 ARQ 技术、对专用/共享资源的快速分配以及相应的物理层和高层信令支持的机制，增强上行信道和业务能力。

8.2.3 CDMA 2000 标准

作为 3G 移动标准，CDMA 2000（Code Division Multiple Access 2000）是 ITU 的 IMT - 2000 认可的无线电接口，信令标准是 IS - 2000。CDMA2000 也称为 CDMA Multi - Carrier，由美国高通北美公司为主导提出，其系统是从窄带 CDMA One 数字标准衍生出来的，可以从原有的 CDMA One 结构直接升级到 3G 系统，建设成本低廉，但目前使用 CDMA 的地区主要限于日、韩、北美和中国，所以相对于 WCDMA 来说，CDMA 2000 的适用范围要小，许多基于 CDMA 2000 的 3G 终端率先面世，CDMA 2000 演进路线示意图如图 8-2-2 所示。

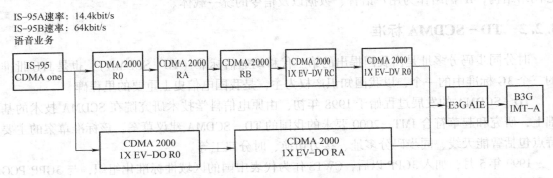

图 8-2-2　CDMA 2000 演进路线示意图

CDMA 标准实现的业务和速率如表 8-2-4 所示。

表 8-2-4　CDMA 标准业务和速率

系　　统		速　　率	业　　务	阶　　段
CDMA ONE	IS－95A	14.4kbit/s	语音	2G
	IS－95B	64kbit/s		
CDMA 2000 1X		307.2kbit/s	语音/数据	2.5G
CDMA 2000 1X EV－DO	Rel 0	153.6kbit/s/2.4Mbit/s	数据	3G
	Rel A	1.8Mbit/s/3.1Mbit/s		
CDMA 2000 1X EV－DV		4Mbit/s	语音/数据	3G

　　CDMA 2000 1X RTT 无线电传输技术是 CDMA2000 的基础层，理论上支持最高达 144kbit/s 数据传输速率，相比于 CDMA 窄带网络，CDMA2000 1X RTT 系统拥有更高的语音容量。

　　CDMA 2000 1X EV 是 CDMA 2000 1X 附加了高速数据处理能力（HDR），CDMA 2000 1X EV 的第一阶段是 CDMA 2000 1X EV－DO（基于数据），在一个无线信道传送高速数据的情况下，理论上支持的下行（前向链路）数据速率最高可达 3.1Mbit/s，上行（反向链路）速率最高到 1.8Mbit/s。CDMA2000 1X EV 第二阶段为 CDMA2000 1X EV－DV（基于数据和语音），理论上可以支持下行（前向链路）数据速率最高 3.1Mbit/s，上行速率最高 1.8Mbit/s，1X EV－DV 还能支持 1X 语音用户，1X RTT 数据用户和高速 1X EV－DV 数据用户使用同一无线信道并行操作。

8.3　WCDMA 技术

8.3.1　WCDMA 的演进与特点

　　WCDMA 网络架构是在 GSM/GPRS 网络基础上发展而来的，在 GSM 核心网体系中，GSM 系统提供语音以及少量的基本数据服务，GPRS 或 EDGE 可以提供较高速率的数据服务。从网络演进的角度来看，GSM/GPRS 网络的下一代系统就是 WCDMA 网络，其演进示意图如图 8-3-1 所示。

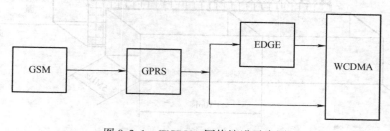

图 8-3-1　WCDMA 网络演进示意图

　　WCDMA 网络特点主要从双工方式、多址方式、编码特点、功率控制、同步方式等方面加以描述，如表 8-3-1 所示。

表 8-3-1   WCDMA 网络特点及内容

网络特点	内　　　容
双工方式	频分双工（FDD）：上行链路和下行链路分别使用 2 个独立的 5MHz 的载频，并且发射和接收间隔频率分别为 190MHz、80MHz 时分双工（TDD）：只使用 1 个 5MHz 的载频，上/下行信道不成对，上/下行链路之间分时共享同一载频，发射和接收同在一个频率上
多址方式	宽带直扩码分多址，数据流扩频基于正交可变扩频码（OVSF 信道化码）3.84Mc/s
编码方式	语音编码：声码器采用自适应多速率技术（Adaptive Multi – Rate，AMR），速率分别为 12.2kbit/s（GSM – EFR），10.2kbit/s，7.95kbit/s，7.40kbit/s（IS – 641），6.7kbit/s（PDC – EFR），5.9kbit/s，5.15kbit/s 和 4.75kbit/s 信道编码：卷积编码和 Turbo 编码
功率控制	内环功率控制，快速功率控制的速率为 1500 次/s，同时应用在上行链路和下行链路，控制步长 0.25~4dB 可变
切换方式	同频小区：软切换 扇区间：更软切换 载频间：硬切换

　　用户之间的数据容量帧与帧之间的速率是可变的，同时对多速率、多媒体的业务可通过改变扩频比（低速率的 32kbit/s、64kbit/s、128kbit/s 的业务）和多码并行传送（高于 128kbit/s 的业务）的方式来实现，如图 8-3-2 所示。

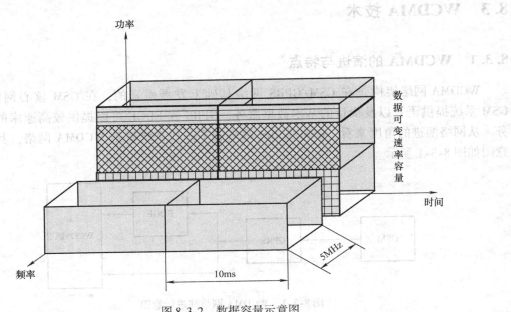

图 8-3-2   数据容量示意图

　　WCDMA 网络主要参数如表 8-3-2 所示。

表 8-3-2　WCDMA 网络主要参数

多址接入技术	DS – CDMA
双工方式	频分双工/时分双工
基站同步	异步方式
码片速率	3.84Mc/s
帧长	10ms
业务复用	不同服务要求的业务复用到一个连接中
多速率	可变扩频因子
检测技术	导频符号或公共导频进行相关检测
多用户检测/智能天线	可选

8.3.2　WCDMA 系统的网络结构

UMTS 是 IMT – 2000 家族的一员，它由 CN（核心网）、UTRAN（UMTS 陆地无线接入网）和 UE（用户设备）组成。UTRAN 和 UE 采用 WCDMA 无线接入技术。UMTS 网络的无线接入网与核心网功能尽量分离，对无线资源的管理功能集中在无线接入网中完成，而与业务和应用相关的功能在核心网中完成。

UMTS 与第二代移动通信系统在逻辑结构上基本相同，按功能划分，网络单元可以分为无线接入网络（Radio Access Network，RAN）和核心网（Core Network，CN），其中，无线接入网络用于处理所有与无线有关的功能，而 CN 处理 UMTS 系统内所有的语音呼叫和数据连接与外部网络的交换和路由，UMTS 系统结构如图 8-3-3 所示。

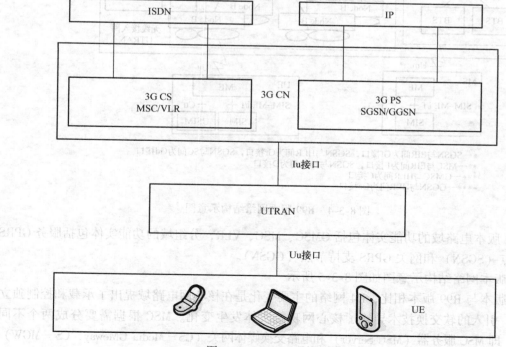

图 8-3-3　UMTS 系统结构

　　CN 与 UTRAN 之间的开放接口为 Iu 接口，UTRAN 与 UE 间的开放接口为 Uu 接口，CN 核心网是业务提供者，基本功能就是提供服务，承担各种业务类型的定义，无线接入网（UTRAN）位于两个开放接口 Uu 和 Iu 之间，包括所有与无线有关的功能，UE 完成人与网络的交互。R99 版本网络结构示意图如图 8-3-4 所示。

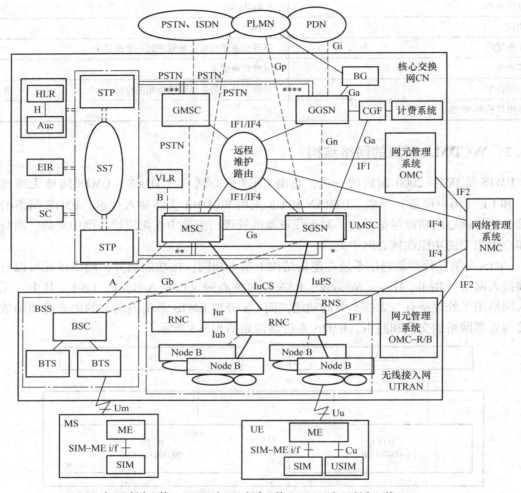

图 8-3-4　R99 版本网络结构示意图

　　R99 版本电路域的功能实体包括 GMSC、MSC、VLR，分组域的功能实体包括服务 GPRS 支持节点（SGSN）和网关 GPRS 支持节点（GGSN）。

　　R4 版本网络结构示意图如图 8-3-5 所示。

　　R4 版本与 R99 版本相比，R4 网络的主要变化是在核心网电路域提出了承载和控制独立的概念，引入的软交换技术导致了核心网功能实体发生变化。MSC 根据需要分成两个不同的实体，即 MSC 服务器（MSC Server）和电路交换媒体网关（CS－Media GMeway，CS－MGW）。

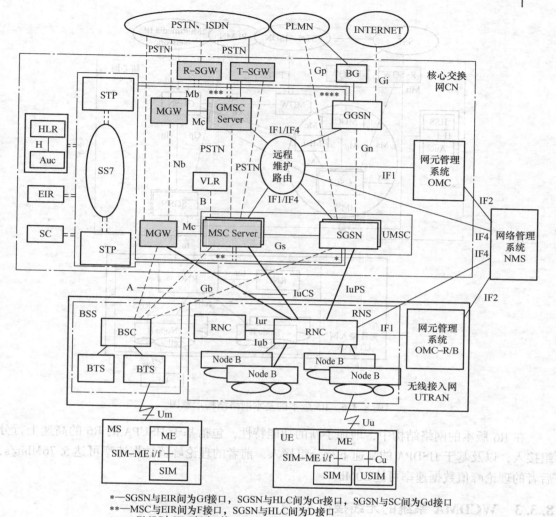

*——SGSN与EIR间为G接口，SGSN与HLC间为Gr接口，SGSN与SC间为Gd接口
**——MSC与EIR间为F接口，SGSN与HLC间为D接口
***——GMSC与HLC间为C接口
****——GGSN与HLC间为Gc接口

图 8-3-5　R4 版本网络结构示意图

MSC Server 和 CS - MGW 共同完成 MSC 功能，VLR 和 MSC 服务器组合到一起，GMSC 也分成 GMSC Server 和 CS - MGW 两个功能实体。R4 版本中 PS 域的功能实体 SGSN 和 GGSN 没有改变，与外界的接口也没有改变，其他功能实体 HLR、Auc、EIR 等相互间的关系也没有改变。

R5 版本网络是全 IP（全分组化）网络的第一个版本，R5 版本的基本网络结构示意图如图 8-3-6 所示。

接入网中引入 IP UTRAN 和 HSDPA，IP 可作为 UTRAN 的信令传输和用户数据承载，HSDPA 支持高速下行分组数据接入，峰值数据速率可高达 8 ~ 10Mbits，采用混合 ARQII/III 以增强分组数据信号传输的可靠性和高效性，支持 RAB 增强功能，对 Iub/Iur 的无线资源管理进行了优化，增强 UE 定位功能，支持相同域内的不同 RAN 节点与不同 CN 节点的交叉连接。

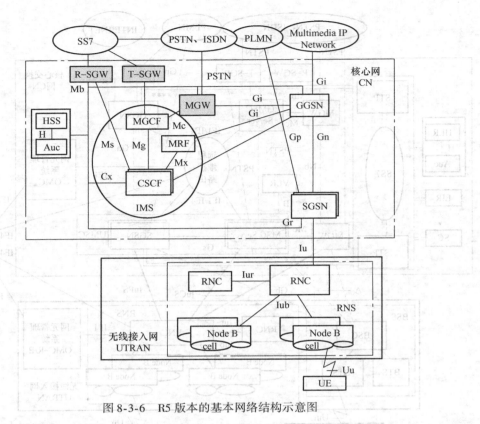

图 8-3-6　R5 版本的基本网络结构示意图

在 R6 版本的网络结构中，增加了新的功能特性，包括基于 HSUPA 的 R6 的高速上行分组接入，以及基于 HSDPA 的高速下行分组接入，前者的理论峰值数据速率可达 5.76Mbit/s，后者的理论峰值数据速率可达 30Mbit/s。

8.3.3　WCDMA 系统的无线接口

UTRAN 由 Node B 和无线网络控制器（RNC）构成，根据 UTRAN 连接到核心网的逻辑域不同，Iu 可分为 Iu-CS 和 Iu-PS，其中 Iu-CS 是 UTRAN 与 CS 域的接口，Iu-PS 是 UTRAN 与 PS 域的接口，UTRAN 的接口协议如表 8-3-3 所示。

表 8-3-3　UTRAN 的接口协议

使用接口	接口协议	作用位置
Iu	RANAP	CN-UTRAN
Iur	RNSAP	RNC-RNC
Iub	NBAP	RNC-Node B
Uu	WCDMA	Node B-UE

UTRAN 接口协议分为两层二平面，两层是指从水平的分层结构来看，即包括无线网络层和传输网络层，二平面指从垂直面来看，每个接口分为控制面和用户面，接口协议通用模型如图 8-3-7 所示。

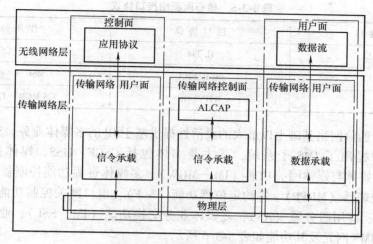

图 8-3-7 接口协议通用模型

R99 版本核心网分组域中,核心网的接口协议如表 8-3-4 所示。

表 8-3-4 R99 版本核心网接口协议

使用接口	接口协议	作用位置
A	BSSAP	MSC - BSC
Iu - CS	RANAP	MSC - RNS
Iu - PS	RANAP	SGSN - RNC
C	MAP	MSC - HLR
D	MAP	VLR - HLR
E	MAP	MSC - MSC
F	MAP	MSC - EIR
G	MAP	VLR - VLR
Gs	BSSAP	MSC - SGSN
Ga	GTP	GSN - CG
Gb	BSSGP	SGSN - BSC
Gc	MAP	GGSN - HLR
Gd	MAP	SGSN - GMSC
Ge	CAP	SGSN - SCP
Gf	MAP	SGSN - EIR
Gi	TCP/IP	GGSN - PDN
Gp	CTP	GSN - GSN
Gn	CTP	GSN - GSN
Gr	MAP	SGSN - HLR

R4 版本的新增接口在协议中也被称为参考点,包括 Mc 接口、Nc 接口以及 Nb 接口,其连接位置和协议如表 8-3-5 所示。

表 8-3-5　核心网新增接口协议

使 用 接 口	接 口 协 议	作 用 位 置
Mc 接口	H. 248	MSC S－CS MGW
Nc 接口	ISUP/BICC	MSC S－MSC S
Nb 接口	RTP/UDP	CS MGW－CS MGW

　　为了在移动通信网络基础上以最大的灵活性提供基于 IP 的多媒体业务，3GPP 标准化组织在 R5 版本中提出了 IMS 子系统，其主要实体包括 CSCF、HSS，媒体网关控制功能（MGCF）、IP 多媒体与媒体网关功能（IM－MGW）、多媒体资源功能控制器（MRFC）、多媒体资源功能处理器（MRFP）、签约定位器功能（SLF）、出口网关控制功能（BGCF）、信令网关（SGW）、应用服务器（AS），多媒体业务交换功能（IM－SSF）、业务能力服务器（OSA－SCS），IMS 网元及其功能如表 8-3-6 所示。

表 8-3-6　IMS 网元及其功能

类　　型	网　　元	功能描述
会话控制类网元	代理 CSCF（Proxy－CSCF，P－CSCF）	连接 IMS 终端和 IMS 网络的入口节点，接收 SIP 请求与响应，并向 IMS 网络或 IMS 用户转发
	查询 CSCF（Interrogating－CSCF，I－CSCF）	路由外地终端的 SIP 请求和响应至本地 S－CSCF
	服务 CSCF（Serving－CSCF，S－CSCF）	为 IMS 终端执行会话控制服务，并保持会话状态
数据管理类网元	归属用户服务器（Home Subscriber Server, HSS）	存储用户相关信息的服务器
	签约定位功能（Subscription Locator Function, SLF）	查询 SLF，获得用户签约数据所在的 HSS 的域名
互通类网元	出口网关控制功能	BGCF 是一个具有路由功能的 SIP 实体，是 IMS 域与外部网络的分界点
	媒体网关控制功能	负责控制层面信令的互通
	信令网关	SGW 负责底层协议转换
	媒体网关	MGW 完成 IMS 网络与电路交换网之间的媒体转换
	IMS 应用层网关（IMS－ALG）	对 IPv4 和 IPv6 网络之间的协议进行转换，从而实现互通
媒体资源类网元	媒体资源功能（MRF）	在归属网络中提供媒体资源

　　本地用户服务器在 IMS 中作为用户信息存储的数据库，主要存放用户认证信息、签约用户的特定信息、签约用户的动态信息、网络策略规则和设备标识寄存器信息，用于移动性管理和用户业务数据管理。它是一个逻辑实体，物理上可以由多个物理数据库组成。

　　IMS 接口功能如表 8-3-7 所示。

表 8-3-7　IMS 接口功能

接口名称	连接的实体	接口功能	协议名称
Gm 接口	UE, P－CSCF	用以在 UE 和 CSCF 间交换信息	SIP
Mw 接口	P－CSCF, I－CSCF, S－CSCF	用以在 CSCF 间交换信息	SIP
ISC 接口	I－CSCF, S－CSCF, AS	用以在 CSCF 和 AS 间交换信息	SIP
Cx 接口	I－CSCF, S－CSCF, HSS	用以在 CSCF 和 HSS 间交换信息	Diameter
Dx 接口	I－CSCF, S－CSCF, SLF	被 I－CSCF 和 S－CSCF 用来在多 HSS 的环境下找到正确的 HSS	Diameter
Sh 接口	SIP AS, OSA SCS, HSS	用以在 SIP AS/OSA SCS 和 HSS 间交换信息	Diameter
Si 接口	IM－SSF, HSS	用以在 IM－SSF 和 HSS 间交换信息	MAP
Dh 接口	SIP AS, OSA SCS, SLF	被 SIP AS/OSA SCS 用来在多 HSS 的环境下找到正确的 HSS	Diameter
Mm 接口	I－CSCF, S－CSCF, external IP network	用以在 IMS 和其他网络间交换信息	未指定
Mg 接口	MGCF→I－CSCF	MGCF 将 ISUP 消息转化成 SIP 消息，并通过该接口将其发送给 I－CSCF	SIP
Mi 接口	S－CSCF→BGCF	用以在 S－CSCF 和 BGCF 间交换信息	SIP
Mj 接口	BGCF→MGCF	用以在 BGCF 和同一个 IMS 网络中的 MGCF 间交换信息	SIP
Mk 接口	BGCF→BGCF	用以在 BGCF 和另一个 IMS 网络中的 BGCF 间交换信息	SIP
Mr 接口	S－CSCF, MRFC	用以在 S－CSCF 和 MRFC 间交换信息	SIP
Mp 接口	MRFC, MRFP	用以在 MRFC 和 MRFP 间交换信息	H.248
Mn 接口	MGCF, IM－MGW	在与 CS 域互联的时候，用以在 MGCF 和 IM－MGW 间交换信息	H.248
Ut 接口	UE, AS（SIP AS, OSA SCS, IM－SSF）	使 UE 能够管理服务相关信息	HTTP
Go 接口	PDF, GGSN	允许运营商能够在用户层控制 QoS，并能在 IMS 和 GPRS 网络间传递计费关联信息	COPS
Gp 接口	P－CSCF, PDF	用以在 P－CSCF 和 PDF 间交互策略控制相关的信息	Diameter

8.3.4　WCDMA 系统的关键技术

与窄带技术相比，WCDMA 采用了宽带扩频技术，WCDMA 的关键技术包括 RAKE 接收、功率控制、多用户检测。

1. RAKE 接收技术

在第三代 CDMA 移动通信系统中，由于信号带宽较宽，存在着复杂的多径无线电信号，通信受到多径衰落的影响较严重，因此，需要一种多径分集接收技术，可以在时间上分辨出细微的多径信号，对这些分辨出来的多径信号分别进行加权调整，使之复合成加强的信号，这种方式就像把一堆零乱的草，用耙子把它们集拢到一起，所以 RAKE 也是耙子的意思，因此被称为 RAKE 接收技术。

RAKE 接收机利用多个相关器，分别检测多径信号中最强的 *M* 个支路信号，然后对每个相关器的输出进行加权，以提供优于单路相关器的信号检测，然后再在此基础上进行解调和判决等处理。RAKE 接收机工作原理框图如图 8-3-8 所示。

CDMA 扩频码在选择时要求具有很好的自相关特性，如果多径信号相互间的延时超过了一个码片的长度，那么它们将被 CDMA 接收机看作是非相关的噪声，而不再需要均衡。因此，多径信号中含有可以利用的信息，CDMA 接收机可以通过合并多径信号来改善接收信号的信噪比。

由于信道中快速衰落和噪声的影响，实际接收的各径的相位与原来发射信号的相位有很大的变化，因此，在合并以

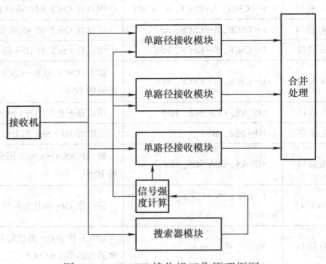

图 8-3-8　RAKE 接收机工作原理框图

前要按照信道估计的结果进行相位的旋转，实际 CDMA 系统中的信道估计是根据发射信号中携带的导频符号完成的，根据发射信号中是否携带有连续导频，可以分别采用基于连续导频的相位预测和基于判决反馈技术的相位预测方法。

RAKE 接收机的处理包括码片级和符号级。码片级的处理有相关器、本地码产生器和匹配滤波器。符号级的处理包括信道估计、相位旋转和合并相加。RAKE 接收机既可以接收来自同一天线的多径信号，也可以接收来自不同天线的多径信号，相比较而言，在实现上由于多个天线的数据要进行分路的控制处理，增加了基带处理的复杂度。

2. 功率控制

由于远近效应和自干扰问题，为使小区内所有移动台到达基站时信号电平基本维持在相等水平、通信质量维持在一个可接收水平，需要对移动台功率进行控制，功率控制是否有效直接决定了 WCDMA 系统是否可以正常工作，并且很大程度上决定了 WCDMA 系统性能的优劣，同时对于系统容量、覆盖、业务的服务质量保证都有重要影响。功率控制给系统带来的优点如下：

1）克服阴影衰落和快衰落，阴影衰落是由于建筑物的阻挡而产生的衰落，衰落的变化比较慢；而快衰落是由于无线传播环境的恶劣，UE 和 Node B 之间的发射信号可能要经过多次的反射、散射和折射才能到达接收端而造成的。对于阴影衰落，可以利用提高发射功率来克服；WCDMA 在空中传输以无线帧为单位，WCDMA 的帧长为 10ms，每帧 15 时隙，每时隙发送一次功率控制命令，快速功控的速度是 1500 次/s，功控的速度可能高于快衰落，从而克服了快衰落，给系统带来增益，并保证了 UE 在移动状态下的质量。

2）降低网络干扰，提高系统的质量和容量，功率控制的结果使 UE 和 Node B 之间的信号以最低功率发射，这样系统内的干扰就会最小，从而提高了系统的容量。

3）由于终端以最小的发射功率和 Node B 保持联系，这样移动终端电量的使用时间将会大大延长。

3. 多用户检测

在多径衰落环境下，由于各个用户之间所使用的扩频码一般情况下难以保持正交，因而造成多个用户之间的相互干扰，并限制系统容量的提高。不仅如此，采用传统的单入单出（SISO）检测方法，如匹配滤波器，不能充分利用用户间的信息，而将多址干扰看作是高斯白噪声。所以多址干扰不仅严重影响系统的抗干扰性，而且也严格限制了系统的容量提高。而使用多用户检测技术（MUD），在经过非正交信道和非正交的扩频码字时，重新定义用户判决的分界线，在这种新的分界线上，实现了更好的判决效果，可以去除多用户之间的相互干扰。

多用户检测技术的优点主要包括：

1）提高 WCDMA 系统的容量，增加了用户数，用户数的增加，意味着无线频谱效率得到了进一步改善。

2）降低 WCDMA 用户设备（UE）的发射功率，提高 UE 的待机及通话时间。

3）降低了 UE 射频部分的成本及故障率。

4）减小射频辐射对用户的影响，移动通信设备更绿色化。

5）增加通信距离，增大基站的覆盖面积，降低了基站综合成本。

8.3.5　编号计划

UMTS 网络包括电路（CS）域、分组（PS）域、广播（BC）域以及 IMS 域，网络的编号计划与网络结构、功能及移动性管理等方面紧密相关。并且，根据网络结构、网络提供服务的需要，多个小区的集合可以使用不同的网络标识来表示。UMTS 网络服务区域划分示意图如图 8-3-9 所示。

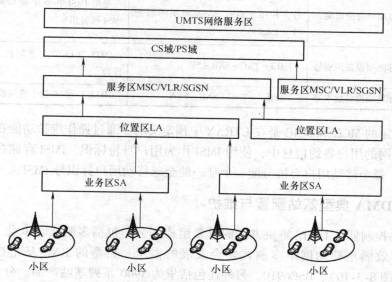

图 8-3-9　UMTS 网络服务区域划分示意图

基于 UMTS 网络服务区和终端的编号计划包括核心网域标识、服务区标识、位置区标识以及移动用户号码等，如表 8-3-8 所示。

表 8-3-8　WCDMA 编号计划

	网络标识	编号计划	标识备注
服务区域划分编号计划	PLMN 标识	PLMN - Id = MCC + MNC 移动国家号码（Mobile Country Code，MCC） 移动通信网号码（Mobile Network Code，MNC）	MCC 包含 3 个十进制数，用于表示一个移动用户所属的国家，例如中国的 MCC 号是 460；MNC 包含 2~3 个十进制数。MNC 用于表示用户签约的归属网络，例如中国移动 MNC 为 00 或 02，中国联通 MNC 为 01
	核心网域标识	CS - Id = PLMN - Id + LAC PS - Id = PLMN - Id + LAC + RAC	LAC 是位置区编号，长度为 16 位；RAC 是路由区编号，长度为 8 位
	服务区标识	SAI = PLMN - Id + LAC + SAC	设置在 RNC 中，1 个小区可以属于 1 个或几个服务区
	位置区标识	LAI - MCC + MNC + LAC	LAC 的长度为 16 位，同一 PLMN 中可定义上限为 65536 个不同位置区
	路由区标识	RAI = MCC + MNC + LAC + RAC	用户驻留小区的 RAI 发生改变时，移动台就会发起路由区更新过程
	小区全球标识	CGI = MCC + MNC + LAC + CI	小区标识（Cell Identity，CI）在位置区内唯一，小区是蜂窝移动通信系统中区域划分的最小单元
移动终端用户编号计划	移动用户号码	MSISDN = CC + NDC + SN	网络号（National Destination Code，NDC）由 3 位数字组成
	国际移动用户识别码	IMSI = MCC + MNC + MSIN	存储在用户的 USIM 片中
	临时用户身份识别	一种用于通过 MSC 提供的服务，另一种用于通过 SGSN 提供的服务（P - TMSI）	避免 IMSI 在空中接口频繁传送，防止 IMSI 被盗用
	国际终端设备识别号	IMEI = TAC + SNR + SP	IMEI 为 15 位十进制数，最后一位用于校验
	国际终端设备版本号	IMEISV = TAC + SNR + SVN	IMEISV 为 16 位十进制数

标识中设定的 MCC 和 MNC 是在 UTRAN 中预定义的，通过操作维护功能在 RNC 中进行设置。在核心网的用户签约信息中，使用 IMSI 作为用户身份标识，IMSI 存储在归属 HLR 和访问 VLR 中，每个移动用户会被分配一个唯一的全球移动用户标识号 IMSI。

8.3.6　WCDMA 典型基站配置与维护

RNC 基站控制器是 UMTS 解决方案的重要组成部分，包括多制式、IP 化、模块化设计理念，需要有效满足移动网络多制式融合发展的需求。典型的 RNC 基站控制器有华为 BSC6900（见图 8-3-10）、BSC6910。另外还包括华为 3900 系列基站产品，分为机柜式宏基站和分布式基站，通过基本模块与配套设备的灵活组合，Node B 基站形成综合的站点解决方案，从而适应并满足运营商站址的安装要求，如设备室内集中安装、室外集中安装、室外分散安装、不同无线技术基站共站址等各种场景。机柜式宏基站包括室内型 BTS3900、室内型 BTS3900L、室外型 BTS3900A，集中安装 BBU 和 RFU 模块。对于需要整体集中安装的场景，可以选用机柜式宏基站、室内集中安装的情况，选用 BTS3900 或 BTS3900L；对于室外集中安装的情况，选用 BTS3900A。分布式基站（华为 DBS3900）由 BBU 和 RRU 组成，对于需要采用分散安装的场景，可将 RRU 靠近天线安装以减少馈线损耗，提高基站的性能。

图 8-3-10 BSC6900 实物图

DBS3900 由 BBU3900 和 RRU3804 组成，WMPT（WCDMA Main Processing Trans Unit）是 BBU3900 的主控传输板，其功能是为单板提供信令处理和资源管理。WMPT 的面板结构和指示如表 8-3-9 所示。

表 8-3-9 WMPT 的面板结构和指示

WMPT 的接口结构			
FE1 光口	绿色（link）	常亮	连接成功
		常灭	没有连接
	绿色（ACK）	闪烁	有数据收发
		常灭	无数据
FE0 电口	绿色（link）	常亮	连接成功
		常灭	没有连接
	黄色（ACK）	闪烁	有数据收发
		常灭	无数据
ETH	绿色（link）	常亮	连接成功
		常灭	没有连接
	黄色（ACK）	闪烁	有数据收发
		常灭	无数据
RUN 标识	绿色	常亮	单板出现问题
		常灭	无电源输入
		亮/灭 1s 交替慢闪	单板配置正常
		亮/灭 1/8s 交替	单板加载配置
ALM	红色	常亮	单板告警
		常灭	运行正常
ACT	绿色	常亮	主用
		常灭	备用

接口结构图中包含：WMPT、ETH接口、FE0电口、FE1光口、TX RX、USB、TST、E1/T1、RST、RUN、ALM、ACT、GPS

RRU3804 的接口指示与规格如表 8-3-10 所示。

表 8-3-10   RRU3804 的接口指示与规格

RRU3804 外观接口	  		
尺寸	520mm × 280mm × 150mm		
电源输入	DC −48V		
电压范围	DC −57 ~ −36V		
功耗	275W		
扇区/载波	1 × 4		
RUN 标识	绿色	常亮	单板出现问题
		常灭	无电源输入
		亮/灭 1s 交替慢闪	单板配置正常
		亮/灭 1/8s 交替	单板加载配置
ALM	红色	常亮	有告警
		亮/灭 1s 交替慢闪	有告警
		常灭	无告警
TX_ACT	绿色	常亮	工作正常（发射通道）
		亮/灭 1s 交替慢闪	单板运行（发射关闭）
VSWR	红色	常亮	VSWR 告警
		常灭	无 VSWR 告警
CPRI_W	红色/绿色	绿色常亮	链路正常
		红色常亮	异常告警
		红色亮/灭 1s 交替慢闪	CPRI 失锁
		常灭	下电
CPRI_E	红色/绿色	绿色常亮	链路正常
		红色常亮	异常告警
		红色亮/灭 1s 交替慢闪	CPRI 失锁
		常灭	下电

8.4 TD‑SCDMA 技术

8.4.1 TD‑SCDMA 的演进与特点

1995 年，电信科学研究院李世鹤博士领导的科研队伍承担了国家重大科技攻关项目——基于 SCDMA 的无线本地环路系统研究，在此基础上按照 ITU 对第三代移动通信系统的要求，形成了我国自主知识产权 TD‑SCDMA 第三代移动通信系统无线传输技术标准的基础，TD‑SCDMA 的演进历程大概可以分为基本阶段、标准确立阶段、验证与测试阶段、产业化阶段以及商用阶段，各阶段内容如表 8-4-1 所示。

表 8-4-1 TD‑SCDMA 演进历程

	年　代	演　进　历　程
第一阶段（标准准备）	1995～1998 年底	我国向 ITU 提交 TD‑SCDMA 第三代移动通信系统标准草案
第二阶段（标准确立）	1998～2006 年初	ITU 通过 TD‑SCDMA 成为十个公众陆地第三代移动通信系统候选标准之一
第三阶段（验证测试）	2001 年	TD‑SCDMA 写入 3GPP R4
	2003 年	TD‑SCDMA 手持终端演示
	2004 年	外场测试通过
第四阶段（产业化）	2000 年底	成立 TD‑SCDMA 技术论坛
	2003 年	TD‑SCDMA 技术论坛加入 3GPP
第五阶段（商用进程）	2004 年	大唐推出第一款 TD‑SCDMA 终端
	2005 年	大唐实现 384kbit/s 速率的数据业务
	2006 年	国内多个城市建成规模实验网
	2009 年初	中国移动获得 TD‑SCDMA 牌照
	2012 年初	TD‑LTE A 被 ITU 接纳为 4G 国际标准

从 TD‑SCDMA 网络特点来看，包括 TSM 和 LCR 两个阶段，分别表示基于 GSM 核心网的 TD‑SCDMA over GSM（TSM），以及基于 WCDMA 核心网的 TD‑SCDMA low chip rate（LCR）。

TD‑SCDMA 基本参数如表 8-4-2 所示。

表 8-4-2 TD‑SCDMA 基本参数

数据码片速率	1.28Mc/s
传输信道间隔	1.6MHz
采用的多址方式	空中接口采用 FDMA/TDMA/CDMA/SDMA 综合寻址
采用的双工方式	TDD
帧长	帧长 = 10ms（子帧所占时间的一半）

（续）

信道/载波	48 个（单用户所需信道数为 2，共承载 24 个用户）
数据传输的调制方式	QPSK/8PSK
扩频调制方式	QPSK
话音编码方式和速率	8kbit/s（AMR）
信道编码方式	卷积编码/Turbo
下行发射功率	43dBm
上行发射功率	33dBm
用户切换方式	硬切换/软切换
功率控制	开环功率控制/闭环功率控制（200 次/s）

TD - SCDMA 标准是中国制定的 3G 标准，在频谱利用率、频率灵活性、对业务支持具有多样性及成本等方面有独特优势。

1）TD - SCDMA 采用时分双工通信，上行和下行信道特性基本一致，因此，基站可以根据接收信号估计上行和下行信道特性。

2）智能天线技术的使用引入了 SDMA 的优点，可以减少用户间干扰，从而提高频谱利用率。

3）可以灵活设置上行和下行时隙的比例，从而调整上行和下行数据速率的比例（因特网业务中上行数据少而下行数据多），但是上行下行转换点的可变性增加了同频组网的复杂度。

4）TD - SCDMA 系统的空中接口采用四种多址技术，分别为 TDMA、CDMA、FDMA 和 SDMA，利用四种技术资源分配时在不同角度上的自由度，得到可以动态调整的最优资源分配策略。

8.4.2   TD - SCDMA 系统的无线接口

TD - SCDMA 采用的多址方式，有利于传输非对称数据业务，使用不需配对频率的 TDD（时分双工）工作方式频段，载频间隔为 1.6MHz，码片速率为 1.28Mc/s，其多址方式示意图如图 8-4-1 所示。

TD - SCDMA 的物理信道包括超帧（系统帧）、无线帧、子帧和时隙/码等 4 层结构，时隙用于在时域和码域上区分不同的用户信号，超帧长 720ms，由 72 个无线帧组成，每个无线帧长 10ms，10ms 的无线帧分成 2 个 5ms 子帧，每个子帧中有 7 个常规时隙和 3 个特殊时隙，其结构如图 8-4-2 所示。

每个常规时隙由 864 个码片组成，时长 675μs，每个数据块分别由 352 个码片组成，训练序列（Midamble）由 144 个码片组成，以长度为 128 的基本训练序列生成，基本训练序列共 128 个，128 个基本训练序列分成 32 组，以对应 32 个 SYNC - DL 码，训练序列的作用包括：①上下行信道估计；②功率测量；③上行同步保持。保护间隔为 16 个码片。基本 Midamble 码用于信道估计、功率控制测量、上行同步、频率校正等，TD - SCDMA 码序列的对应关系如表 8-4-3 所示。

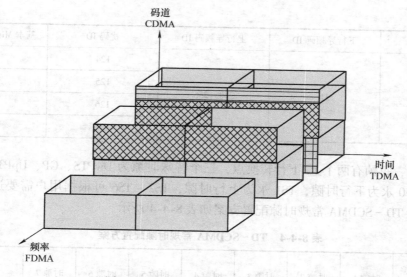

图 8-4-1　TD - SCDMA 多址方式示意图

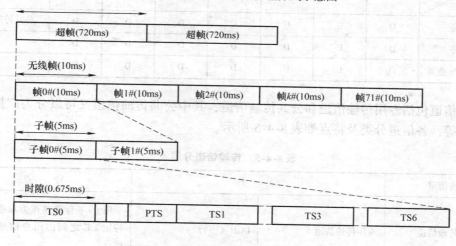

图 8-4-2　TD - SCDMA 物理信道结构图

表 8-4-3　TD - SCDMA 码序列的对应关系

码 组 编 号	下行导频码 ID	上行导频码 ID	扰码 ID	基本 Midamble 码 ID
码组 1	0	0 ~ 7	0	0
			1	1
			2	2
			3	3
码组 2	1	8 ~ 15	4	4
			5	5
			6	6
			7	7
⋮	⋮	⋮	⋮	⋮

（续）

码 组 编 号	下行导频码 ID	上行导频码 ID	扰码 ID	基本 Midamble 码 ID
码组 32	31	248~255	124	124
			125	125
			126	126
			127	127

总体而言，每帧有两个上/下行转换点，三个特殊时隙为 DwPTS、GP、UpPTS，七个常规时隙中，TS0 永为下行时隙，TS1 永为上行时隙，TS2~TS6 可根据用户需要进行灵活的 UL/DL 配置，TD-SCDMA 常规时隙配置方案如表 8-4-4 所示。

表 8-4-4　TD-SCDMA 常规时隙配置方案

业务类型 ＼ 时隙	时隙 1	时隙 2	时隙 3	时隙 4	时隙 5	时隙 6	时隙 7	
CS 业务	D	U	U	U	D	D	D	公共控制信道
PS 业务	D	U	D	D	D	D	D	
CS 业务 + PS 业务	D	U	U	D	D	D	D	

传输信道包括专用传输信道和公共传输信道，其中公共传输信道又可以分为广播信道、寻呼信道等，各信道分类及特点如表 8-4-5 所示。

表 8-4-5　传输信道分类

传输信道	分　　类		特　　点
专用传输信道	专用传输信道	DCH（下行）	用上/下行链路作为承载网络和特定 UE 之间的用户信息或控制信息
公共传输信道	广播信道	BCH（下行）	广播系统和小区的特有信息
	寻呼信道	PCH（下行）	当系统不知道移动台所在的小区时，用于发送给移动台的控制信息
	前向接入信道	FACH（下行）	发送给移动台的控制信息
	随机接入信道	RACH（上行）	承载来自移动台的控制信息
	上行共享信道	USCH（上行）	承载专用控制数据或业务数据
	下行共享信道	DSCH（下行）	承载专用控制数据或业务数据

物理信道也可以分为专用物理信道和公共物理信道两大类，公共物理信道包括主公共控制物理信道、辅助公共控制物理信道等，其特点如表 8-4-6 所示。

表 8-4-6 物理信道分类

	传 输 信 道		特 点
专用物理信道	专用物理信道	PDCH	支持上下行数据传输
公共物理信道	主公共控制物理信道	P-CCPCH	需要覆盖整个区域
	辅助公共控制物理信道	S-CCPCH	所使用的码和时隙在小区系统信息中广播
	物理随机接入信道	PRACH	配置使用的时隙和码道通过小区系统信息广播
	快速物理接入信道	FPACH	支持建立上行同步
	物理上行共享信道	PUSCH	USCH 映射到物理上行共享信道
	物理下行共享信道	PDSCH	DSCH 映射到物理下行共享信道
	寻呼指示信道	PICH	承载寻呼指示信息

传输信道到物理信道映射方式如表 8-4-7 所示。

表 8-4-7 传输信道到物理信道映射方式

传 输 信 道	物理信道
DCH	专用物理信道（DPCH）
BCH	基本公共控制物理信道（P-CCPCH）
PCH	辅助公共控制物理信道（S-CCPCH）
FACH	辅助公共控制物理信道（S-CCPCH）
RACH	物理随机接入信道（PRACH）
USCH	物理上行共享信道（PUSCH）
DSCH	物理下行共享信道（PDSCH）
—	下行导频信道（DwPCH）
—	上行导频信道（UpPCH）
—	寻呼指示信道（PICH）
—	快速物理接入信道 FPACH

8.4.3 TD-SCDMA 物理层的关键过程

在 TD-SCDMA 系统中，主要的物理层工作过程包括功率控制、小区搜索、上行同步及随机接入等。

1. 小区搜索

在小区搜索中，利用 DwPTS 实现 UE 搜索到一个小区，其搜索过程包括检测 DwPTS、识别扰码和基本 Midamble 码、小区控制复帧同步以及读取 BCH 信息，小区搜索的工作流程如图 8-4-3 所示。

识别扰码和基本 Midamble 码时，需要确定该小区的基本 Midamble 码，TD-SCDMA 系统中共有 128 个基本 Midamble 码，且互不重叠，每个 SYNC_DL 序列对应一组 4 个不同的基

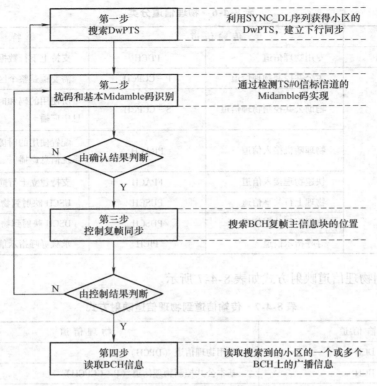

图 8-4-3 小区搜索的工作流程

本 Midamble 码，基本 Midamble 码的序号除以 4 就是 SYNC_DL 码的序号。因此 32 个 SYNC_DL 和 32 个基本 Midamble 码组一一对应，即一旦 SYNC_DL 确定之后，UE 也就知道了该小区所采用的 4 个基本 Midamble 码。

2. 随机接入

随机接入过程包括随机接入准备阶段、随机接入阶段以及随机接入冲突的处理，随机接入过程如图 8-4-4 所示。

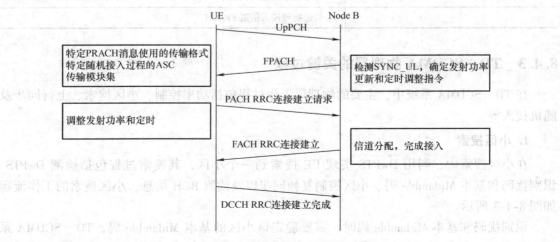

图 8-4-4 随机接入过程

在有可能发生冲突的情况下，或在较差的传播环境中，Node B 不发射 FPACH，也不能接收 SYNC_UL，UE 就得不到 Node B 的任何响应。因此，UE 必须通过新的测量来调整发射时间和发射功率，并在经过一个随机延时后，重新发射 SYNC_UL 码序列。

3. 上行同步

在 TD-SCDMA 移动通信系统中，下行链路总是同步的，所以一般所说的同步 CDMA 都是指上行同步，即要求来自不同距离的不同用户终端的上行信号能够同步到达基站。上行同步过程包括上行同步的建立、上行同步的保持以及同步精度计算，如图 8-4-5 所示。

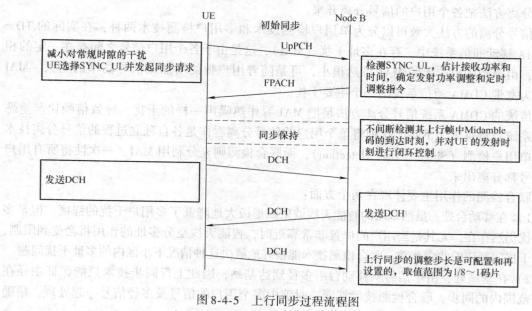

图 8-4-5 上行同步过程流程图

在 TD-SCDMA 系统中，同步调整的步长约为码片宽度的 1/8，即大约 100 ns。在实际系统中，所要求和可能达到的精度将由基带信号的处理能力和检测能力来确定，一般可能在 1/8 ~1 个码片的宽度。因为同步检测和控制是每个子帧（5ms）一次，在此时间内 UE 的移动范围不会超过十几厘米，因而，这个同步计算精度已经足够，并不会影响 UE 的高速移动。

4. 功率控制

CDMA 系统是干扰受限系统，必要的功率控制机制可以有效地限制系统内部的干扰电平，从而降低小区内和小区间的干扰，TD-SCDMA 系统的上下行功率控制参数如表 8-4-8 所示。

表 8-4-8 TD-SCDMA 系统的上下行功率控制特性

上　　行	下　　行
可变	可变
闭环：0~200 次/s	闭环：0~200 次/s
开环：延时 200~3575μs	
步长：1dB，2dB，3dB（闭环）	步长：1dB，2dB，3dB（闭环）

8.4.4　TD - SCDMA 系统的关键技术

相较于其他 3G 标准，TD - SCDMA 标准吸纳了 20 世纪 90 年代移动通信领域最为先进的技术，包括智能天线、联合检测、动态信道分配和接力切换等。

1. 联合检测技术

联合检测（Joint Detection，JD）是多用户检测（Multi - User Detection）的一种，TD - SCDMA 系统中多个用户的信号在时域和频域上是混叠的，接收时需要在数字域上用一定的信号分离方法把各个用户的信号分离开来。

信号分离的方法大致可以分为单用户检测技术和多用户检测技术两种，在实际的 TD - SCDMA 移动通信系统中，存在多址干扰（MAI），这是由于各个用户信号之间存在一定的相关性，由个别用户产生的 MAI 虽然很小，可是随着用户数的增加或信号功率的增大，MAI 就成为宽带 CDMA 通信系统的一个主要干扰。

传统的 CDMA 系统信号分离方法是把 MAI 看作热噪声一样的干扰，导致信噪比严重恶化，系统容量也随之下降，这种将单个用户的信号分离看作是各自独立过程的信号分离技术称为单用户检测（Single - User Detection），而联合检测则充分利用 MAI，一次性将所有用户的信号都分离出来。

联合检测的作用主要体现在两个方面：

1）在移动台处，虽然基站的智能天线波束赋形极大地降低了多用户干扰的强度，但是多址干扰仍然存在，尤其是当用户的位置非常靠近时，智能天线空分多址的作用将会受到限制，多址干扰问题依旧非常严重，联合检测技术能很好地解决这种情况下小区内的多址干扰问题。

2）在基站处，由于信号从移动台沿多径到达基站，因此上行同步技术只能保证主径在一定范围内的同步，联合检测技术把同一时隙中多个用户的信号及多径信号一起处理，精确地检测出各个用户的信号，克服了这方面的缺点。

联合检测算法可以分为三类：非线性算法、线性算法、判决反馈算法。非线性算法主要有最大似然序列估计，该算法具有极高的复杂度，在要求实时性的移动通信系统中难以应用。判决反馈算法是在线性算法基础上经过一定的扩展得到的，有迫零判决反馈均衡器（ZF - BDFE）算法和最小均方误差判决反馈均衡器（MMSE - BDFE）算法，它们的计算复杂度较大。实际应用中，常采用线性算法。

2. 智能天线技术

智能天线的原理是将无线电的信号导向具体的方向，产生空间定向波束，使天线主波束对准用户信号到达方向，旁瓣或零陷对准干扰信号到达方向，达到充分高效利用移动用户信号并删除或抑制干扰信号的目的。同时，智能天线技术利用各个移动用户间信号空间特征的差异，通过阵列天线技术在同一信道上接收和发射多个移动用户信号而不发生相互干扰，使无线电频谱的利用和信号的传输更为有效。在不增加系统复杂度的情况下，使用智能天线可满足服务质量和网络扩容的需要。

智能天线由三部分组成：实现信号空间过采样的天线阵；对各阵元输出进行加权合并的波束成形网络；重新合并权值的控制部分。

在移动通信应用中为便于分析、旁瓣控制和到达方向（DOA）估计，天线阵多采用均匀线阵或均匀圆阵，控制部分（即算法部分）是智能天线的核心，其功能是依据信号环境，选择某种准则和算法计算权值。

智能天线技术有两个主要分支，波束转换技术（Switched Beam Technology，波束转换天线）和自适应空间数字处理技术（Adaptive Spatial Digital Processing Technology，自适应天线阵），天线以多个高增益的动态窄波束分别跟踪多个期望信号，来自窄波束以外的信号被抑制。但智能天线的波束跟踪并不意味着一定要将高增益的窄波束指向期望用户的物理方向，事实上，在随机多径信道上，移动用户的物理方向是难以确定的，特别是在发射台至接收机的直射路径上存在阻挡物时，用户的物理方向并不一定是理想的波束方向。智能天线波束跟踪的真正含义是在最佳路径方向形成高增益窄波束并跟踪最佳路径的变化，充分利用信号的有效发送功率以减小电磁对它的干扰。

智能天线的主要功能包括：

1）降低多址干扰，提高 TD-SCDMA 系统容量。

2）增加基站接收机的灵敏度以及基站发射机的等效发射功率。

3. 接力切换技术

作为 TD-SCDMA 系统的核心技术，接力切换的设计思想是利用智能天线和上行同步等技术，在对 UE 的距离和方位进行定位的基础上，以 UE 方位和距离信息为辅助信息来判断 UE 是否移动到了可进行切换的相邻基站的邻近区域。在 TD-SCDMA 系统中，由于采用了智能天线和上行同步技术，因此系统可以较为容易地获得 UE 的位置信息，其具体过程分为测量过程、判决过程和执行过程，如图 8-4-6 所示。

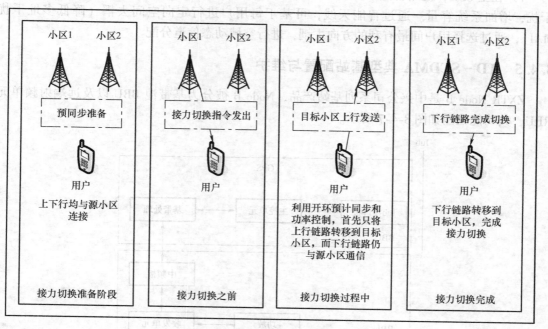

图 8-4-6 接力切换过程

接力切换可提高切换成功率，与软切换相比，可以克服切换时对邻近基站信道资源的占用，能够使系统容量得以增加。

4. 动态信道分配技术

动态信道分配技术（Dynamic Channel Allocation，DCA）中的信道并不是固定地分给某个小区，而是被集中在一起进行分配，只要能提供足够的链路质量，任何小区都可以将该信道分给呼叫。TD－SCDMA 系统采用 RNC 集中控制的 DCA 技术，在一定区域内，将几个小区的可用信道资源集中起来，由 RNC 统一管理，按小区呼叫阻塞率、候选信道使用频率、信道再用距离等诸多因素，将信道动态分配给呼叫用户。其算法特点包括：

1）根据移动通信的实际情况及约束条件，使更多用户接入，高效率地利用有限的无线资源，提高系统容量。

2）适应高速率的上、下行不对称的数据业务和多媒体业务。

DCA 包括：慢速 DCA 和快速 DCA，前者将资源分配到小区，后者则把资源分配给承载业务。而 DCA 的途径也分为频域、时域、码域以及空域四种。

1）在频域上，通过改变无线载波进行频域 DCA，以减小目前所使用的无线载波所有时隙中的干扰。

2）在时域上，采用时分多址（TDMA）技术，可以通过选择接入时隙来减小激活用户之间的干扰，将受干扰最小的时隙动态地分配给处于激活状态的用户，减少了每个时隙中同时处于激活状态的用户数量。如果使用中的无线载波原有时隙发生干扰，则通过改变时隙可进行时域 DCA。

3）在码域上，通过改变分配的码道来避免偶然出现的码道质量恶化。

4）在空域上，使用智能天线技术，通过用户定位和波束赋形来减少小区内用户之间的干扰，增加系统容量。通过智能天线，可基于每用户进行定向空间去耦（降低多址干扰 MAI），通过选择用户间最有利的方向去耦，进行空域动态信道分配。

8.4.5 TD－SCDMA 典型基站配置与维护

ZXTR Node B 是中兴公司系列基站产品，Node B 被分为基带池 BBU 以及远端射频单元 RRU，其功能框图如图 8-4-7 所示。

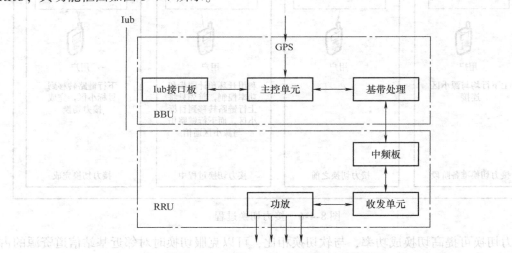

图 8-4-7 ZXTR Node B 系列基站功能框图

ZXTR B328 单板名称及位置如表 8-4-9 所示。

表 8-4-9 ZXTR B328 单板名称及位置

英 文 简 称	单 板 名 称	物 理 位 置
BCCS	时钟控制交换板	BCR 机框
IIA	Iub 接口板	BCR 机框
TBPA	基带处理板	BCR 机框
TORN	光接口板	BCR 机框
BEMU	环境监控板	机顶
ET	E1 转换板	机顶

8.5 3G 系统技术比较

3G 的三大主流技术，其主要特点包括空中接口、网络基础、核心网、码片速率、载频间隔、扩频方式、同步以及功控速度等，现就这些方面做简要归纳，如表 8-5-1 所示。

表 8-5-1 3G 主流标准参数对照

项 目	WCDMA	CDMA 2000	TD – SCDMA
带宽	5MHz	1.25MHz	1.6MHz
码片速率	3.84 Mc/s	1.2288 Mc/s	1.28 Mc/s
核心网	GSM MAP	ANSI – 41	GSM MAP
多址方式	CDMA	CDMA	CDMA/TDMA
双工方式	FDD/TDD	FDD	TDD
帧长	10ms/帧（时隙数 = 15）	5ms，10ms，20ms，40ms，80ms/帧（时隙数 = 16）	5 × 2ms/帧（时隙数 = 7 × 2，子帧 = 2）
语音编码器	自适应多速率语音编码（AMR）	可变速率声码器	自适应多速率语音编码（AMR）
信道编码标准	卷积码/Turbo 码	卷积码/Turbo 码	卷积码/Turbo 码
信道化码	前向 OVSF，扩频因子 512 – 4 反向 OVSF，扩频因子 256 – 4	前向 Walsh 码/长码 前向 Walsh 码/准正交码	OVSF，扩频因子 16 – 1
扰码	前向：18 位 GOLD 码 反向：24 位 GOLD 码	长码/PN 码	16 位伪随机序列码
功控方式	快速功率控制 1500Hz 开环/闭环	反向：800Hz 开环/闭环	0 ~ 200Hz 开环/闭环
切换方式	软切换	软切换	接力切换
导频特点	上行：专用导频 下行：公共导频/专用导频	上行：专用导频 下行：公共导频/专用导频	上行：同步 UpPTS 下行：公共导频 DwPTS
检测方式	相干解调	相干解调	联合检测

练习题与思考题

1. 请简述 WCDMA 与 TD-SCDMA 的发展历程。
2. 请简述 WCDMA 系统的网络结构。
3. 请简述 TD-SCDMA 系统的随机接入过程。
4. 请简述 TD-SCDMA 系统的小区搜索过程。
5. 试比较 3G 的三大主流技术工作方式的区别。

第9章 LTE 网络技术

与前几代移动通信系统不同，LTE（Long Term Evolution，长期演进）标准的无线接入网在空中接口技术和核心网结构方面发生了明显的变化，本章将从 LTE 的网络结构入手，具体针对物理帧和信道结构加以描述，主要分析其关键技术，包括 MIMO 技术、HARQ 技术以及自适应优化技术。

9.1 LTE 系统概述

由于引入了多项关键技术，使得 LTE 系统的频谱效率和数据传输速率显著增加，具有 20MHz 带宽，同时 2×2MIMO 在 64QAM 调制情况下，下行峰值速率为 100Mbit/s，上行为 50Mbit/s，并且支持多种带宽分配，例如 1.4MHz、3MHz、5MHz、10MHz、15MHz 和 20MHz。

LTE 系统的演进目标包括：

1）实现高数据率、低延迟。

2）减少每比特成本。

3）增加业务种类，更好的用户体验和更低的成本。

4）更加灵活地使用现有和新的频谱资源。

5）简单的网络结构和开放的接口。

6）更加合理地利用终端电量。

LTE 系统的关键需求可以从以下几个方面来考虑，分为峰值数据速率、控制面延时与容量、用户面延时与吞吐量、频谱效率、移动性、频谱灵活性、系统兼容性以及复杂度等。

（1）峰值数据速率（Peak data rate）

下行 20MHz 频谱带宽达到峰值速率 100Mbit/s，频谱效率达到 5bit/s/Hz，上行 20MHz 频谱带宽达到峰值速率 50Mbit/s，频谱效率达到 2.5bit/s/Hz。

（2）控制面延时（Control plane latency）

空闲模式（如 Release 6 Idle Mode）到激活模式（Release 6 CELL_DCH）的转换时间不超过 100ms。休眠模式（如 Release 6 CELL_PCH）到激活模式（Release 6 CELL_DCH）的转换时间不超过 50ms。

（3）控制面容量（Control plane capacity）

在 5MHz 带宽内，每小区最少支持 200 个激活状态用户。

（4）用户面延时（User-plane latency）

空载条件下（如单小区单用户单数据流），用户面空口延时不超过 5ms。

（5）用户吞吐量（User throughput）

下行链路，每兆赫的平均用户吞吐量是 Release 6 HSDPA 下行吞吐量的 3~4 倍，而在上行链路，每兆赫的平均用户吞吐量是 Release 6 HSDPA 上行吞吐量的 2~3 倍。

（6）频谱效率（Spectrum efficiency）

满负载网络下，下行链路的频谱效率（bit/s/Hz/site）达到 R6 HSDPA 下行链路的 3~4 倍，上行链路的频谱效率（bit/s/Hz/site）达到增强 R6 HSDPA 上行链路的 2~3 倍。

（7）移动性需求（Mobility）

要求 E-UTRAN 在 0~15km/h 达到最优。15~120km/h 的更高速度应该满足高性能。而在蜂窝网络中，应该保证 120~350km/h 的性能（甚至在某些频段满足高速需求）。

（8）覆盖需求（Coverage）

5km 的小区半径下，频谱效率、移动性应该达到最优，在 30km 小区半径时只能有轻微下降，同时也需要考虑 100km 小区半径的情况，即提高小区边缘的比特率，改善小区边缘用户的性能。

（9）频谱灵活性（Spectrum flexibility）

E-UTRA 可以使用不同的频带宽度，包括上下行的 1.4MHz、2.5MHz、5MHz、10MHz、15MHz 以及 20MHz。

（10）不同系统间共存

支持与 GERAN/UTRAN 系统的共存和切换，并且支持 E-UTRAN 终端到 UTRAN 或 GERAN 的切入和切出的功能。

（11）支持增强型的多媒体广播和组播（Multimedia Broadcast Multicast Service，MBMS）业务。

降低终端复杂性，采用同样的调制、编码、多址接入方式和频段。

（12）取消电路交换（CS）域

CS 域业务在分组交换（PS）域实现，如采用 VoIP。

LTE 的核心网（SAE）的主要目标是采用一种简化的核心网结构，即分组交换的核心结构。但就 IMT-Advanced 提出的技术要求而言，难以完全满足，为了实现 IMT-Advanced 的技术要求，在完成了 LTE（R8）版本后，3GPP 标准化组织在 LTE 规范的第二个版本（R9）中引入了附加功能，支持多播传输、网络辅助定位业务及在下行链路上波束赋形的增强。因此增强型长期演进（LTE-Advanced，LTE-A）常用于 LTE 的第 10 版（R10）。LTE 的演进路线如图 9-1-1 所示。

LTE 频点分配方案如图 9-1-2 所示。

中国移动分配频谱为 1880~1900 F 频段（Band39）、2320~2370 E 频段（Band40）、2575~2635 D 频段（Band38），中国联通分配频谱为 2300~2320、2555~2575，中国电信分配频谱为 2370~2390、2635~2655。

在 LTE 网络中的号码规则如表 9-1-1 所示。

其中，MCC/MNC/LAC 为位置区标识（LAI），CID 为两字节的 BCD 码，由各 MSC 自定。

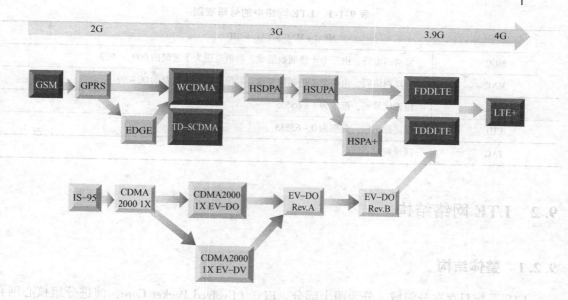

图 9-1-1 LTE 的演进路线

TD-LTE频段频点计算方法(中国移动)

D频段		F频段		E频段		
Band38		**Band39**		**Band40**		
Freq	EARFCN	Freq	EARFCN	Freq	EARFCN	
2570MHz	*37750*	1880MHz	*38250*	2300MHz	*38650*	
2575MHz	37800	1885MHz	38300	2305MHz	38700	
2580MHz	37850	1890MHz	38350	2310MHz	38750	
2585MHz	37900	1895MHz	38400	2315MHz	38800	
2590MHz	37950	1900MHz	38450	2320MHz	38850	=10×(2320−2300)+38650
2595MHz	38000	1905MHz	38500	2325MHz	38900	=10×(2325−2300)+38650
2600MHz	38050	1910MHz	38550	2330MHz	38950	=10×(2330−2300)+38650
2605MHz	38100	1915MHz	38600	2335MHz	39000	……
2610MHz	38150	1920MHz	38650	2340MHz	39050	
2615MHz	38200			2345MHz	39100	
2620MHz	38250			2350MHz	39150	
……				2355MHz	39200	
				2360MHz	39250	
				2365MHz	39300	
				2370MHz	39350	
				2375MHz	39400	
				2380MHz	39450	
				2385MHz	39500	
				2390MHz	39550	
				2395MHz	39600	
				2400MHz	39650	

1. Band38(CMCC D频段)的频点计算基数是37750;
2. Band39(CMCC F频段)的频点计算基数是38250;
3. Band40(CMCC E频段)的频点计算基数是38650;
4. 绝对频率的间隔是5Hz;
5. 相对频点的间隔是50;
6. D、F频段一般用于CMCC LTE的室外覆盖;
7. E频段一般用于CMCC LTE的室内覆盖;
8. 异频组网时选择的两个频点的绝对频率一般要求相差20MHz(视载波带宽而定)。

计算公式:
NDL=10×(DL−DL_low)+Noffs_DL

比如计算F频段1890MHz的频点为
10×(1890−1880)+38250=38350

图 9-1-2 LTE 频点分配方案

表 9-1-1   LTE 网络中的号码规则

MCC + MNC + TAC + CID	
MCC	移动国家码，由三个十进制数组成，取值范围为十进制的 000 ~ 999
MNC	移动网络码，由两个十进制数组成，取值范围为十进制的 00 ~ 99
LAC	位置区号码，范围为 1 ~ 65535
CID	小区标识码，范围为 0 ~ 65535
TAC	区域跟踪码

9.2   LTE 网络结构

9.2.1   整体结构

LTE 系统只存在分组域，分为两个部分，EPC（Evolved Packet Core，演进分组核心网）和 eNode B（Evolved Node B，演进 Node B）。其中 EPC 负责核心网部分，信令处理部分为 MME（Mobility Management Entity，移动管理实体），数据处理部分为 S-GW（Serving Gateway，服务网管），eNode B 负责接入网部分，也称 E-UTRAN（Evolved UTRAN，演进的 UTRAN），LTE 整体网络结构如图 9-2-1 所示。

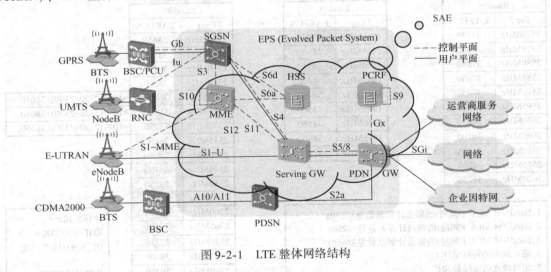

图 9-2-1   LTE 整体网络结构

EPC（Evolved Packet Core）为核心网的演进项目，EPC 包含的逻辑节点分别为 PDN Gateway（P-GW）、Serving Gateway（S-GW）、Mobility Management Entity（MME）、Home Subscriber Server（HSS）、Policy Control and Charging Rules Function（PCRF）。PDN Gateway 负责分组路由和转发、3GPP 和非 3GPP 网络间的 Anchor 功能、UE IP 地址分配以及接入外部 PDN 的网关功能。

其中，EPC 和 E-UTRAN 的功能结构示意图如图 9-2-2 所示。

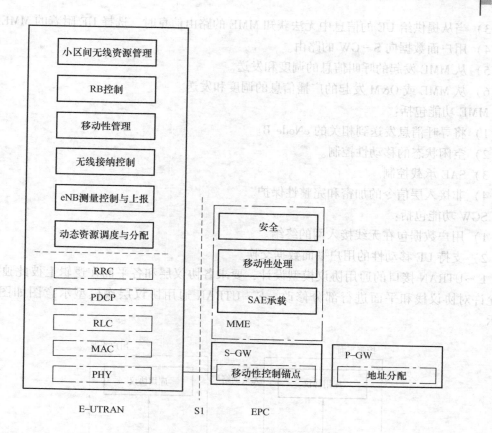

图 9-2-2 EPC 和 E - UTRAN 的功能结构示意图

9.2.2 E - UTRAN 架构

在 LTE 网络中, 因为演进关系, 将接入网部分称为 E - UTRAN (Evolved UMTS Terrestrial Radio Access Network, 演进的 UMTS 陆地无线接入网), 即 LTE 中的移动通信无线网络。

如前所述, E - UTRAN 由多个 eNode B (Evolved Node B) 组成, eNode B 之间通过 X2 接口彼此互联, eNode B 与 EPC 之间通过 S1 接口互联, 而 eNode B 与 UE 通过 LTE - Uu 互联。

eNode B 除了具有传统 3G 网络中 Node B 的功能外, 还承担了原有 RNC (Radio Network Controller, 无线网络控制器) 的大部分功能, 使得网络更加扁平了。eNode B 和 eNode B 之间采用网格方式直接相连, 和传统 UTRAN 结构大不相同, 核心网采用全 IP 分布式的结构。所以 LTE 的 E - UTRAN 是全新的系统, 它提供了更高的传输速率, 进一步满足了用户对速度的要求。

eNode B 功能包括:

1) 无线资源管理: 无线承载控制、无线许可控制、连接移动性控制、上行和下行资源动态分配 (即调度)。

2) IP 头压缩和用户数据流加密。

3）当从提供给 UE 的信息中无法获知 MME 的路由信息时，选择 UE 附着的 MME。

4）用户面数据向 S-GW 的路由。

5）从 MME 发起的呼叫信息的调度和发送。

6）从 MME 或 O&M 发起的广播信息的调度和发送。

MME 功能包括：

1）将寻呼消息发送到相关的 eNode B。

2）空闲状态的移动性控制。

3）SAE 承载控制。

4）非接入层信令的加密和完整性保护。

SGW 功能包括：

1）用户数据包在无线接入网的终结。

2）支持 UE 移动性的用户平面数据交换。

E-UTRAN 接口的通用协议模型设计，要求各协议层和各平面在逻辑上彼此独立，同时允许对协议栈和平面进行部分修改，E-UTRAN 通用协议层次模型示意图如图 9-2-3 所示。

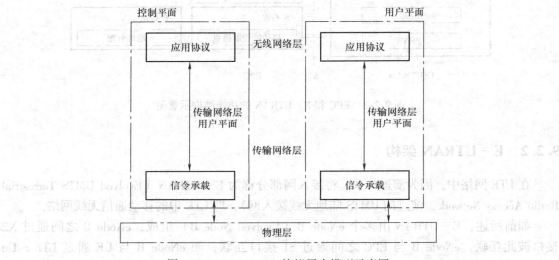

图 9-2-3　E-UTRAN 协议层次模型示意图

E-UTRAN 协议层次模型中，用户平面负责用户发送和接收的所有数据信息，即负责数据流的数据承载，在传输网络层，这些数据流是由隧道协议规范化了的数据流。

在 LTE/SAE 架构中，eNode B 之间的接口为 X2 接口，eNode B 与 EPC 核心网之间的接口称为 S1 接口。eNode B 之间通过 X2 接口互相连接，其中 X2 接口分为用户平面和控制平面，协议结构如图 9-2-4 所示。

S1 接口位于 eNode B 和 MME/SGW 之间，将 LTE/SAE 演进系统划分为无线接入网和核心网，沿袭承载和控制分离的思想，S1 接口分为用户平面和控制平面，协议结构如图 9-2-5 所示。

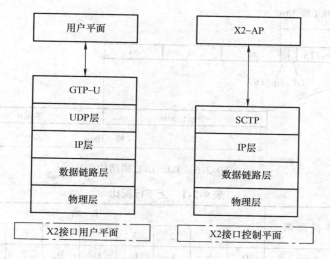

图 9-2-4　X2 接口用户平面与控制平面的协议结构

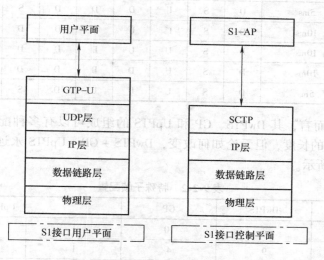

图 9-2-5　S1 接口用户平面与控制平面的协议结构

9.2.3　物理层帧和信道

　　LTE 正常子帧和特殊子帧的帧长度均为 1ms，一个无线帧分为两个 5ms 半帧，帧长 10ms，特殊子帧的帧长度为 DwPTS + GP + UpPTS = 1ms，TD–LTE 帧结构如图 9-2-6 所示。

　　对于转换周期为 5ms 的结构，表示每 5ms 有一个特殊时隙，这类配置因为 10ms 有两个上下行转换点，所以 HARQ 的反馈较为及时，适用于对时延要求较高的场景，而另一种情况，转换周期为 10ms，表示每 10ms 有一个特殊时隙，这种配置对时延的保证略差一些，但是好处是 10ms 只有一个特殊时隙，所以系统损失的容量相对较小，上下行配比如表 9-2-1 所示。

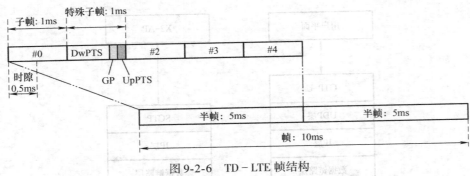

图 9-2-6　TD-LTE 帧结构

表 9-2-1　上下行配比

DL-UL 配置	转换周期	子帧号									
		0	1	2	3	4	5	6	7	8	9
0	5ms	D	S	U	U	U	D	S	U	U	U
1	5ms	D	S	U	U	D	D	S	U	U	D
2	5ms	D	S	U	D	D	D	S	U	D	D
3	10ms	D	S	U	U	U	D	D	D	D	D
4	10ms	D	S	U	U	D	D	D	D	D	D
5	10ms	D	S	U	D	D	D	D	D	D	D
6	5ms	D	S	U	U	U	D	S	U	U	D

对于特殊子帧而言，其 DwPTS、GP 和 UpPTS 的组成可以有多种配置，用以改变 Dw-PTS、GP 和 UpPTS 的长度，但无论如何改变，DwPTS + GP + UpPTS 永远等于 1ms，特殊子帧配置如表 9-2-2 所示。

表 9-2-2　特殊子帧配置

特殊子帧配置	DwPTS	GP	UpPTS
0	3	10	1
1	9	4	1
2	10	3	1
3	11	2	1
4	12	1	1
5	3	9	2
6	9	3	2
7	10	2	2
8	11	1	2

　　物理信道是高层信息在无线环境中的实际载体，LTE 系统中，物理信道是由一个特定的子载波、时隙、天线口确定的，即在特定的天线口上，对应的是一系列无线时频资源（RE），物理信道的分类与功能如表 9-2-3 所示。

表 9-2-3　物理信道的分类与功能

类　　型	信道类型		功　　能
下行物理信道	物理下行控制信道	PDCCH	指示 PDCCH 相关的传输格式、资源分配、HARQ 信息
	物理下行共享信道	PDSCH	传输数据块
	物理广播信道	PBCH	传递 UE 接入系统所必需的系统信息
	物理控制格式指示信道	PCFICH	PDCCH 的 OFDM 符号数目
	物理 HARQ 指示信道	PHICH	eNode B 向 UE 反馈和 PUSCH 相关的 ACK/NACK 信息
	物理多播信道	PMCH	传递 MBMS 相关的数据信息
上行物理信道	物理上行控制信道	PUCCH	当没有 PUSCH 时，UE 用 PUCCH 发送 ACK/NACK、CQI、调度请求（SR、RI 信息）；当有 PUSCH 时，在 PUSCH 上发送 ACK/NACK、CQI、调度请求（SR、RI）信息
	物理上行共享信道	PUSCH	承载数据块
	物理随机接入信道	PRACH	用于随机接入，发送随机接入需要的信息

传输信道与物理信道的映射关系如图 9-2-7 所示。

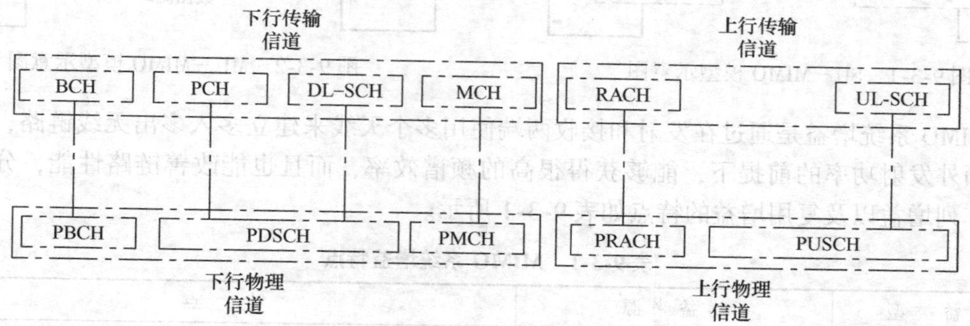

图 9-2-7　传输信道与物理信道的映射关系

9.3　LTE 关键技术

　　LTE 移动通信系统的优势在于其关键技术的实现，本节将对 LTE 移动通信系统部分关键技术进行介绍，包括 MIMO 技术、OFDM 技术、HARQ 技术以及自优化网络技术。

9.3.1　MIMO 技术

　　如前所述，无线通信系统中通常采用的传输模型有单输入单输出系统 SISO、多输入单输出系统 MISO、单输入多输出系统 SIMO 以及多输入多输出系统 MIMO。

LTE 系统的下行 MIMO 技术支持 2×2 的基本天线配置，下行 MIMO 技术主要包括空间分集、空间复用及波束成形三大类，与下行 MIMO 相同，LTE 上行 MIMO 技术包括空间分集和空间复用。多天线系统的信道容量增加的实质是，MIMO 信道等效为多个正交并行的子信道，因此，MIMO 信道容量的具体特征可以概括如下：

1）利用空间的维度来提升系统的极限容量。

2）系统极限容量等于多个并行子信道容量之和。

3）系统极限容量和空间相关性有关，空间相关性越高，MIMO 信道容量越小。

空间复用的主要原理是，在散射环境中，利用空间信道的弱相关性，通过在多个相互独立的空间信道上传输不同的数据流，从而提高数据传输的峰值速率。

单用户 MIMO（SU-MIMO）是指在同一时频单元上一个用户独占所有空间资源，这时的预编码考虑的是单个收发链路的性能，SU-MIMO 的传输模型如图 9-3-1 所示。

多用户 MIMO（MU-MIMO）是多个终端同时使用相同的时频资源块进行上行传输，其中每个终端都采用单根发射天线，系统侧接收机对上行多用户混合接收信号进行联合检测，最后恢复出各个用户的原始发射信号。上行 MU-MIMO 是显著提高 LTE 系统上行频谱效率的一个重要手段，但是无法提高上行单用户峰值吞吐量。MU-MIMO 的传输模型如图 9-3-2 所示。

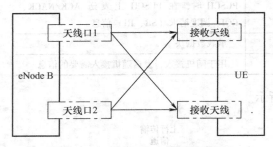

图 9-3-1　SU-MIMO 模型示意图

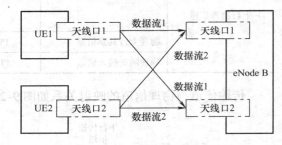

图 9-3-2　MU-MIMO 模型示意图

MIMO 系统增益是通过在发射和接收两端使用多个天线来建立多入多出无线链路，在不增加额外发射功率的前提下，能够获得很高的频谱效率，而且也能改善链路性能，分集增益、阵列增益以及复用增益的特点如表 9-3-1 所示。

表 9-3-1　MIMO 系统增益特点

增益类型	增益来源	特　　点
分集增益	依赖于多个维度独立的衰落路径来传输信号	多路信道传输同样的信息
		提高系统的可靠性和覆盖
		适用需要保证可靠性或覆盖的环境
阵列增益	多维信号进行相干合成，以提高信号与干扰噪声比来得到	多路天线阵列赋形成单路信号传输
		通过信道准确估计，针对用户形成波束降低用户间干扰
		提高覆盖能力，同时降低小区内干扰，提升系统吞吐量
复用增益	富散射条件下	多路信号同时传输不同的信息
		适合密集城区信号散射多的地方
		理论上成倍提高峰值速率

9.3.2 OFDM 技术

OFDM 将信道分成若干正交子信道，将高速数据信号转换成并行的低速子数据流，调制到每个子信道上进行传输，同时利用快速傅里叶反变换（IFFT）和快速傅里叶变换（FFT）来实现调制和解调，OFDM 的调制解调步骤如下：

1）发射机在发射数据时，将高速串行数据转为低速并行，利用正交的多个子载波进行数据传输。

2）各个子载波使用独立的调制器和解调器。

3）各个子载波之间要求完全正交、各个子载波收发完全同步。

4）发射机和接收机要精确同频、同步，准确进行位采样。

5）接收机在解调器的后端进行同步采样，获得数据，然后转为高速串行。

当 LTE 移动通信系统采用 OFDM 作为传输方案时，需要确定的参数有子载波间隔、子载波数目以及循环前缀长度，参数选择如表 9-3-2 所示。

表 9-3-2　OFDM 参数特性

OFDM 参数	选取原则	特性
子载波间隔	子载波间隔应尽可能小	保证 OFDM 子载波的正交性必须满足信道瞬时特性在解调相关时间内不能有显著变化
子载波数目	基于可用的频谱宽度以及可接受的带外泄漏	决定了 OFDM 信号的传输总带宽
循环前缀长度	不同的环境中为了达到最优的性能，OFDM 系统支持不同长度的循环前缀	决定了 OFDM 信号速率

在 LTE 系统中，OFDM 技术的灵活性可以体现在频点带宽的变化范围上，从最大 20MHz 到 1.4MHz，一共定义了 6 种，这 6 种带宽分别是 20MHz、15MHz、10MHz、5MHz、3MHz 以及 1.4MHz。常用的 20MHz 带宽下，可支持 1200 个子载波，子载波的最高频率为 18MHz，剩余的 2MHz 作为频点间的保护带，在 LTE 规范中，20MHz 带宽的 LTE 频点提供了 1320 个子载波，也就是说按照 19.8MHz 来定义的。LTE 系统的 CP 定义了两种时长，分别为 4.7μs 和 5.2μs，LTE 系统的 CP 的平均时长为 4.76μs，CP 的平均开销为 6.67%。LTE 系统中 OFDM 在各频点带宽条件下的参数如表 9-3-3 所示。

表 9-3-3　各频点带宽条件下的 OFDM 参数关系

频点带宽	20MHz	15MHz	10MHz	5MHz	3MHz	1.4MHz
IFFT 阶数	2048	1536	1024	512	256	128
子载波间隔	15kHz	15kHz	15kHz	15kHz	15kHz	15kHz
符号时长	66.7μs	66.7μs	66.7μs	66.7μs	66.7μs	66.7μs
采样频率	30.72MHz	23.04MHz	15.36MHz	7.68MHz	3.84MHz	1.92MHz
子载波数量	1200	900	600	300	150	72
平均保护时长 CP	4.76μs	4.76μs	4.76μs	4.76μs	4.76μs	4.76μs
OFDM 符号速率	14ksymbol/s	14ksymbol/s	14ksymbol/s	14ksymbol/s	14ksymbol/s	14ksymbol/s
CP 开销	6.67%	6.67%	6.67%	6.67%	6.67%	6.67%

9.3.3 HARQ 技术

由于信息在信道传输的过程中会产生信息丢失，所以为了保持信息的完整性，务必需要重传信息至所有的信息都完成接收为止，对于传统的 ARQ，发送端除立即发送码字外，尚暂存一份备份于缓冲存储器中，若接收端解码器检出错码，则由解码器控制产生一重发指令（NACK），并经由反向信道送至原发送端，发送端重发控制器控制缓冲存储器重发一次，如果接收端解码器未发现错码，经反向信道发出不需重发指令（ACK）。发送端继续发送后一码组，更新发送端的缓冲存储器中的内容。

混合自动重传请求（HARQ）技术，是前向纠错编码（FEC）和自动重传请求（ARQ）相结合的技术，作为 FEC 和 ARQ 相结合的技术，HARQ 具备了 FEC 和 ARQ 的优点，更好地保证了数据的可靠性传输，大多数实际的 HARQ 技术建立在通过 CRC 码进行检错、通过卷积或 Turbo 编码进行纠错的基础上。

按照重传发生时刻，可以将 HARQ 分为同步和异步，同步 HARQ 是指 HARQ 的传输（重传）发生在固定时刻，由于接收端预先知道传输发生的时刻，因此不需要额外的信令开销来表示 HARQ 进程的序号，此时的 HARQ 进程号可以从子帧号获得。异步 HARQ 是指 HARQ 的重传可以发生在任意时刻，因为接收端不知道传输的发生时刻，所以 HARQ 的进程处理序号需要连同数据一起发送。

按照重传时数据特性是否发生变化又可以将 HARQ 分为非自适应性和自适应性两种。自适应传输时，发送端根据实际的信道状态信息，改变部分的传输参数；对于非自适应传输，传输参数相对于接收端已经了解，因此包含传输参数的信令在非自适应传输系统中不需要再次传输。

同步 HARQ 的特点如下：
1）开销较小。
2）在非自适应系统中接收端操作复杂度低。
3）提高了信道的可靠性。
异步 HARQ 的特点如下：
1）在完全自适应系统中，可以采用离散、连续的子载波分配方式，调度具有很大的灵活性。
2）可以支持一个子帧多个 HARQ 进程。
3）重传调度灵活。
HARQ 系统模型如图 9-3-3 所示。

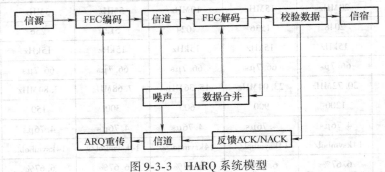

图 9-3-3　HARQ 系统模型

9.3.4 SON 技术

为了使 LTE 无线网络具有自配置、自优化和自愈功能，从而更好地提高网络的自组织能力，在关键技术中引入了自优化网络技术（Self - Optimizing Network，SON），在标准化方面，LTE SON 特性相关的标准化组织和研究项目中，3GPP 下属的多个工作组从不同角度参与了 SON 特性的讨论和标准化工作，包括 RAN2/RAN3/RAN4/SA5，目前主要集中在 SA5 和 RAN3。

SA5 主要是制定 SON 操作管理需求和网元与操作维护中心（Operation and Maintenance，O&M）之间的接口标准，RAN3 主要讨论 SON 技术实现方案以及为支持 SON 而在 X2/S1 接口消息和信令过程上需要做的修订，RAN2 则根据方案的需要设计增加的 RRC 层的测量和上报机制等，RAN4 负责制定 SON 相关的测量性能与需求。

R8 版本中引入的 SON 是 LTE 区别于前面蜂窝移动通信系统的主要特征，R9 版本中，为 SON 设计的功能包括容量与覆盖优化、移动负荷均衡（Mobility Load Balancing，MLB）、移动健壮性优化（Mobility Robustness Optimization，MRO）以及关于随机接入信道优化，R10 和 R11 版本中为 SON 设计的功能做了进一步丰富，提升了家庭 eNode B 和中继节点的自优化网络技术特性。

1. 容量与覆盖优化

容量与覆盖优化（CCO），主要用于在 SON 的自优化范围内实现覆盖与容量的自优化方面，初期主要集中于覆盖的自优化，考虑到容量与覆盖之间具有很大的关联性，因此在用例中，将覆盖优化局限为容量一定条件下的覆盖优化问题，并考虑容量与覆盖均衡。覆盖和容量优化用例的需求包括：

（1）提供优化的覆盖

在 LTE 系统覆盖区域，根据运营商的需求，用户可以建立并维护可接受的或者默认的业务质量的连接；这就要求上下行覆盖是连续的，无论处于空闲状态与激活状态的用户都是意识不到小区的边界的。

（2）提供优化的容量

在 R9 阶段，尽管覆盖优化比容量优化优先级高，但是覆盖优化算法必须考虑到对容量的影响，容量与覆盖之间的均衡应该也是优化要考虑的内容之一。

（3）OAM 需求

运营商配置 CCO 功能的目标，为不同的网络区域设置不同的 CCO 功能；同时，尽可能用最少的专用资源自动地收集数据作为 CCO 的输入。

需要考虑的场景如下：

1）E - UTRAN 覆盖漏洞处有 2G/3G 系统的信号。

2）E - UTRAN 覆盖漏洞处没有 2G/3G 系统的信号。

3）E - UTRAN 孤岛小区的覆盖范围小于预先规划区域。

2. 移动健壮性优化

移动健壮性优化用例的解决方案可以分为问题检测、计算判决和参数调整，移动健壮性优化用例的功能需求包括无线功能需求和 O&M 管理需求，具体如表 9-3-4 所示。

表 9-3-4　移动健壮性优化用例的功能需求

	功　能　场　景
无线功能需求	过迟切换
	小区重选参数与切换参数不匹配导致的连接建立后的切换
	乒乓切换
	切换到错误的小区
	过早切换
O&M 管理需求 （对移动性优化进行 管理和控制）	移动性自优化的触发条件可以由 O&M 管理
	当自优化的结果与预期相反时，O&M 需要对执行策略进行相应调整
	移动性自优化功能的执行策略可以由 O&M 管理和控制
	移动性自优化功能需要以相关的 KPI（Key Performance Indicators）为目标评估自优化前后的性能变化
	O&M 可以配置触发移动性优化的 KPI 值或者性能统计量
	O&M 能够控制移动性自优化动作的执行是否需要确认
	移动性自优化动作的信息需要提供给 O&M
	移动性自优化调整后的参数需要实时同步到 O&M
	自优化动作的执行结果需要提供给 O&M
	自优化的后果需要提供给 O&M

3. 移动负荷均衡

移动负荷均衡的目的是在小区之间均匀分布小区负荷，或者从拥塞小区中转移部分 UE 至其他小区，移动负荷均衡算法包括负荷信息报告、负荷转移、切换参数协商，以及参数确认和更新，如表 9-3-5 所示。

表 9-3-5　移动负荷均衡功能

算 法 特 点	功　　能
小区的负荷状态监控 与负荷交互	无线资源状态（上行/下行 GBR 业务的 PRB 利用率、上行/下行的 NGBR 业务的 PRB 利用率，上行/下行的总的 PRB 利用率）
	硬件负荷指示（上行/下行硬件负荷：低、中、重和过载）
	S1 TNL 负荷指示（上行/下行硬件负荷：低、中、重和过载）
	小区的容量等级值（上行/下行相对的容量指示：当映射小区容量到这个值时相同的标准应用于 EUTRAN、UTRAN 和 GREAN）
	可用的负荷值（上行/下行可用于负荷均衡的容量占小区总容量的百分比）
负荷转移	源小区初始化基于负荷的切换，目标基站执行用于负荷均衡切换的接纳控制
切换参数协商	请求修改目标小区的切换和/或重选参数
	源小区需要通知目标小区关于新的移动性参数的设置以及改变的理由
更新参数确认	源小区与目标小区对更新参数确认后，完成参数的更新

9.4　LTE 覆盖与业务测试

　　移动数据业务在最近十年得到了迅猛发展，伴随着这种发展，用户对移动互联网业务的需求越来越多，这进一步对移动通信网络的带宽、时延、QoS 保障等提出了更高的要求。

　　LTE 网络中的典型业务有移动高清多媒体、实时移动视频监控、移动 Web2.0 应用等。LTE 网络中的业务特点如表 9-4-1 所示。

表 9-4-1　LTE 网络中的业务特点

	要　　　求	特　　　点
移动高清多媒体业务	针对移动中的大屏幕终端设备提供高清多媒体业务	数字化后的信息比特流速率接近 3GPP LTE Release8 100Mbit/s 的速率
实时移动视频监控	需要实时上传视频流到监控中心	支持无线实时视频监控（50Mbit/s 上行带宽，LTE 可同时上传 8 路高清视频）
移动 Web2.0 应用	注重用户交互	实现多媒体内容基于多种网络的共享
移动接入的 3D 游戏	高带宽和更低延迟	保证了移动 3D 游戏 QoS 和 QoE
M2M	较高的数据速率以及现有计算机 IP 网络的支持	支持 M2M 网络中终端之间的传输协议

　　RSRP 参数测试分布如图 9-4-1 所示。

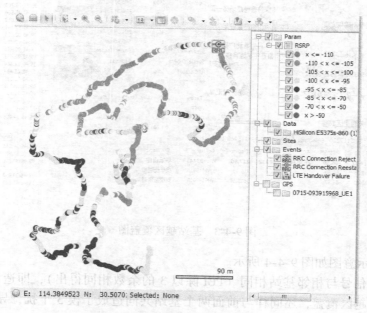

图 9-4-1　某小区 RSRP 参数测试分布

SINR 参数测试分布如图 9-4-2 所示。

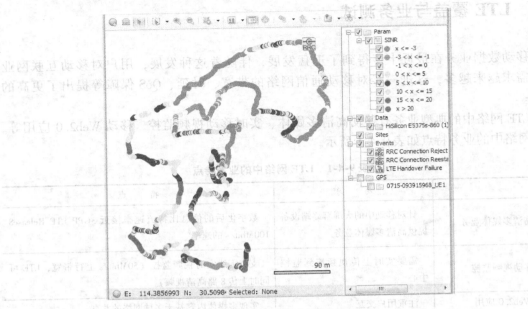

图 9-4-2　某小区 SINR 参数测试分布

基站越区覆盖图如图 9-4-3 所示。

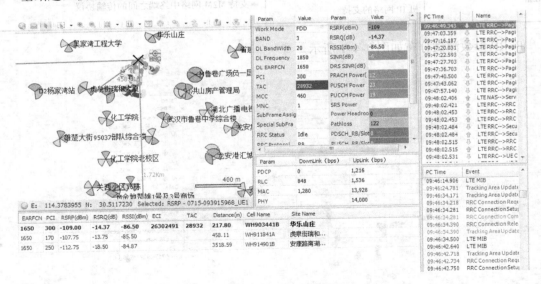

图 9-4-3　基站越区覆盖图

MOD3 干扰示意图如图 9-4-4 所示。

基站的 PSS 信号与相邻基站相同（PCI 除以 3 的余数相同得出），即造成了模 3 干扰，且两个基站不仅越区覆盖，还同样与前面两个基站共同造成了模 3 干扰，导致 SINR 变差，影响速率。

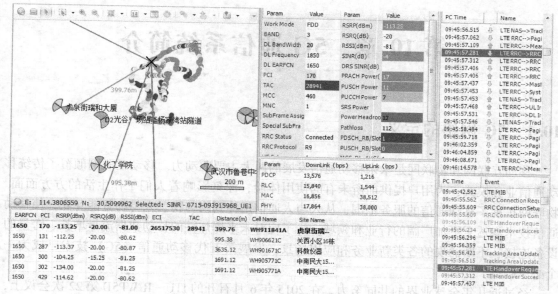

图 9-4-4　MOD3 干扰示意图

练习题与思考题

1. 请画出 LTE 网络结构图，说明各网元功能。
2. 请阐述 LTE 物理帧结构。
3. 请阐述 LTE 下行传输信道的种类及作用。
4. 请阐述 LTE 上行物理信道的种类及作用。
5. 请说明 LTE 参考信号的种类。

第 10 章　5G 通信系统简介

10.1　5G 网络的定义

移动互联网和物联网是未来移动通信发展的两大主要驱动力。移动互联网颠覆了传统移动通信业务模式，为用户提供前所未有的使用体验，深刻影响着人们工作生活的方方面面。物联网扩展了移动通信的服务范围，从人与人通信延伸到物与物、人与物智能互联，使移动通信技术渗透至更加广阔的行业和领域。为了应对未来爆炸性的移动数据流量增长、海量的设备连接、不断涌现的各类新业务和应用场景，发展第五代移动通信（5G）技术已成为一个必然趋势。

经过近几年全球业界的共同努力，在 2015 年 6 月召开的 ITU - R WP5D 第 22 次会议上，ITU 完成了 5G 移动通信发展史上的一个重要里程碑，ITU 正式将 5G 命名为 IMT - 2020，并确定了 5G 的愿景和时间表等关键内容。

ITU 确定的 5G 主要应用场景为增强移动宽带、高可靠低时延通信、大规模机器类通信。

1. 增强移动宽带

移动宽带强调的是以人为中心接入多媒体内容、业务和数据的应用场景。增强移动宽带应用场景将在现有移动宽带的基础上带来新的应用领域，同时也会进一步改进性能，提高无隙的用户体验。该应用场景主要包括热点区域覆盖和广域覆盖。对热点地区，需要有高用户密度、高业务容量，用户的移动速度较低，但是用户的数据速率高于广域覆盖。对于广域覆盖，期望无隙覆盖和中到高的移动性，同时与现有数据速率相比，期望明显提高用户数据速率，但是对数据速率的需求与热点地区相比可以适当放松。

2. 高可靠低时延通信

该场景对吞吐率、时延、可用性等能力有严格的要求。典型例子包括通过无线系统控制工业制造或生产过程、远程医疗、智能电网的自动配电、传输安全等。

3. 大规模机器类通信

该应用场景的特征是大量的连接终端，每个终端发送小量的延时不敏感数据。终端需要低成本，超长的电池寿命。典型例子包括智慧城市、智能家居、智慧农业、自然灾害预防等场景。

未来第五代移动通信网络无线接入网是否能很好地支撑各类应用场景，取决于从低频（频点在 500MHz 左右）到高频（频点高于 60GHz）的各个物理工作频段的物理特性（无线射频传播特性）：低频段具有优秀的无线传播特性、网络覆盖广，既可支撑宏蜂窝建设，也可支撑小基站部署；高频段的无线传播特性相对低频段较差，但是有较多可用的且连续的无线频谱资源（尤其是在毫米波频段），可支持提供更宽的物理信道。

5G 网络的主要能力指标见表 10-1-1。

表 10-1-1　5G 网络的主要能力指标

名　称	定　义	ITU 指标
峰值速率	网络中单用户能够达到的最大数据速率	20Gbit/s
用户体验速率	真实网络环境下用户可获得的最低数据速率	100Mbit/s
连接密度	单位面积上处于连接状态或者可接入的设备数目	10^6 个设备$/km^2$
流量密度	单位地理面积上的总业务吞吐量	$10Mbit/(s \cdot m^2)$
能效	网络单位能耗所能传输的信息量及手持终端设备和无线传感器所能延长的电池使用时间	100 倍
频谱效率	每小区或单位面积内，单位频谱资源上的数据速率	3 倍
空口/端到端时延	数据包从源节点开始传输到被目的节点正确接收的时间	1ms/5ms
移动性	不同移动速度条件下达到某种 QoS 的能力	500km/h

未来，5G 不仅可以作为通信工具服务于人类，同时还可以作为推进器帮助其他行业，如医疗、科技、交通、教育的发展，将会对下述领域做出持续的贡献。

（1）连接世界的无线基础设施

未来 5G 将为用户提供从信息娱乐到新工业以及专业应用的大量应用和业务，5G 将在这些业务发送和信息交换中扮演支柱角色。宽带连接将具有与电力接入一样的重要性。

（2）新 ICT 市场

未来 5G 的发展将推动产生集成的 ICT 工业，成为全球经济发展的推手。这些可能的领域包括大数据的积累、聚合和分析，为企业和社会网络提供基于无线网络的定制化网络服务。

（3）桥接数字鸿沟

用得起的、可持续的、容易部署的高效节能的移动和无线通信系统可以有效地支持缩小数字鸿沟。

（4）通信的新手段

未来用户将产生更多的内容，而且不受时间、地点限制地交换这些内容。5G 将使人们可以通过任何终端，在任何时间、任何地方，共享任何类型的内容。

（5）教育的新形势

5G 可以通过提供快捷的手段接入数字书本或互联网上的云存储内容，改变教育的模式，促进应用诸如 E-learning、E-health、E-commerce 的发展。

（6）增加能源效率

5G 通过支持机器到机器通信提供智能电网、远程会议、智能物流和运输等服务，提高能源效率。

（7）社会变革

宽带网络使得人们可以更加容易地通过社交网络分享自己的观点。人们在任何时间、任何地点交换信息，这种改变将成为社会变革的重要推手。

（8）新的艺术和文化作品创作形式

5G 支持人们通过虚拟合唱、快闪、共同写作或编曲等手段创作艺术作品，或者参加到相关活动中。通过连接到虚拟世界，人们可以建立新型的社区，创作自己的文化作品。

2017 年底，已完成候选技术的征集工作，并制定技术评估方法；到 2020 年，完成候选技术征集、技术评估、关键技术选择等工作，最终制定 5G 标准。5G 标准化的主要时间点如图 10-1-1 所示。

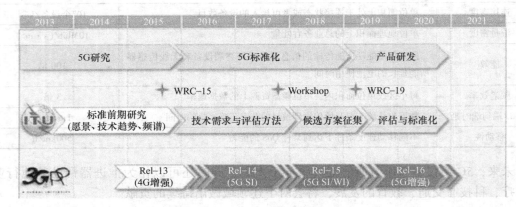

图 10-1-1　5G 推进时间表

可以看出，ITU 定义的 5G 囊括了所有能够想象的应用场景和案例，这些应用场景和案例在很多时候与提出的实现系统指标是相互矛盾的。因此，5G 必须有新的空中接口技术和新的工作频段，也必须有新的网络能力，能够将这些新的技术和相互矛盾的需求在一张网络上体现出来，这是 1G ~ 4G 移动通信系统所不具备的。也就是说，5G 除了无线接入技术的创新以外，网络架构也必须创新。

10.2　5G 网络的基本特征

移动互联网和物联网业务的迅猛发展以及网络部署运营需求为未来 5G 网络带来了极大的挑战，需要从无线频谱、接入技术以及网络架构等多个方面综合考虑，下面将分析 5G 网络的特征。

10.2.1　高数据流量和用户体验

面向 2020 年以及未来，智能终端的普及、移动应用的蓬勃发展，促使移动互联网呈现出爆炸式发展。而物联网面向多种行业应用，呈现出多样化发展趋势，其泛在化特征日益显现。根据工业和信息化部电信研究院的预测，全球移动终端（不含物联网设备）数量将超过 100 亿，其中我国将超过 20 亿。全球物联网设备连接数也将快速增长，2020 年将达到 70 亿，其中我国将接近 15 亿。同时，预计 2010 ~ 2020 年全球移动数据流量增长将超过 200 倍，2010 ~ 2030 年将增长近 2 万倍；我国的移动数据流量增速高于全球平均水平，预计 2010 ~ 2020 年将增长 300 倍以上，2010 ~ 2030 年将增长超 4 万倍。

为适应数据流量增加 1000 倍以上以及用户体验速率提升 10 ~ 100 倍的需求，5G 网络不仅需要大幅提升无线接入网络的吞吐量，同时也需提升核心网、骨干传输链路以及回传链路的容量，因此需采用更先进的无线传输技术、更多的无线频谱资源和更密集的小区部署方案。

1. 先进的无线传输技术

为了最大程度地提升无线系统容量，5G需要借助一系列先进的无线传输技术来提升无线频谱资源的利用率，主要包括大规模天线技术、高阶编码调制技术、新型多载波技术、新型多址接入技术、同时同频全双工技术等。

2. 新的无线频谱资源

不同的无线频段具有不同的传播特征，频段的选择直接影响空口及网络架构的设计。3GHz以下频段具有良好的传播特性，但已被1G～4G系统消耗殆尽，因此5G网络需要对高频段甚至超高频段进行开发利用。新频段的利用使得小区半径进一步缩小。

3. 小区加密

提升无线接入系统容量的方案除了增加频谱带宽和提高频谱利用率以外，最为有效的办法依然是通过加密小区部署从而提升空间复用。

未来，5G将渗透到社会的各个领域，以用户为中心构建全方位的信息生态系统。移动互联网领域，超高清视频、海量实时的数据交互需要可媲美光纤的传输速率，增强现实、云桌面、在线游戏等业务需要"无感知"的时延，此外，用户也希望在不同的场景（比如体育场、露天集会、演唱会等超密集场景，高铁、车载、地铁等高速移动环境）下得到一致业务体验；物联网领域，其不仅涉及普通个人用户，也涵盖了大量不同类型的行业用户，业务特征也差异巨大。这使得5G应具备更强的灵活性、可扩展性以及安全可靠性，以适应海量的设备连接和多样化的用户需求。此外，网络与信息安全的保障，低功耗、低辐射，实现性能价格比的提升成为所有用户的诉求。

10.2.2 低时延特征

5G的场景现在讨论的比较多，比较有吸引力的有VR/AR/MR（虚拟现实/增强现实/混合现实）、自动驾驶和触觉互联网。而这些场景全部都是低时延业务，如果刨去非低时延的业务，基本上都是4G可以实现的业务，因此没有低时延的特性，5G只能算是4G＋，如图10-2-1所示。

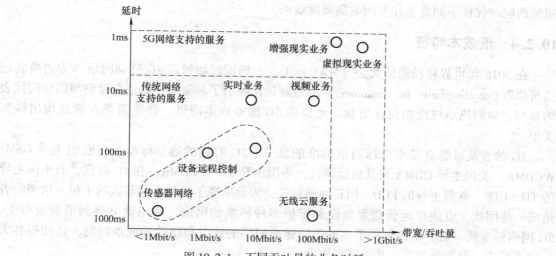

图10-2-1 不同吞吐量的业务时延

据估算，以未来 5G 无线网络能够满足的 1ms 的时延要求为目标，留给物理层的时间最多只有 100μs，LTE 网络中 1ms 传输时间间隔（TTI）以及 67.67μs 的 OFDM 符号长度已经无法满足要求。然而，广义频分复用（Generalized Frequency Division Multiplexing，GFDM）技术作为一种潜在的物理层技术，成为有效解决 5G 网络毫秒级时延要求的潜力技术。

除此之外，通过内容缓存以及 D2D 技术同样可以有效降低数据业务端到端时延。以内容缓存为例，通过将受欢迎内容（如新闻头条等）缓存在核心网，可以有效避免重复内容的传输，更重要的是降低了用户访问内容的时延，很大程度提升了用户体验。

10.2.3 海量终端连接特征

在 5G 时代，1km² 内甚至可以同时有 100 万个网络连接，届时人们将会通过无线方式享用超高清视频、快捷的云服务、远程医疗检查和治疗、智能驾驶和无人驾驶等。在工业领域，依托 5G 高可靠、低时延的信息传输，智能制造将成为可能，如图 10-2-2 所示。

为了应对到 2020 年终端连接数目 10~100 倍迅猛增长的需求，一方面可以通过无线接入技术、频谱、小区加密等方式提升 5G 网络容量，满足海量终端连接需求，其中超密集组网使得每个小区的服务终端数目降低，缓解了基站负荷；另一方面，用户分簇化管理以及中继等技术可以将多个终端设备的控制信令以及数据进行汇聚传输，降低网络的信令和流量负荷。同时，对于具有小数据突发传输的 MTC 终端，可以通过接入层和非接入层协议的优化

图 10-2-2　5G 海量终端连接

合并以及基于竞争的非连接接入方式等，降低网络的信令负荷。

值得注意的是，海量终端连接除了带来网络信令和数据量的负荷外，也将意味着网络中将同时存在各种各样需求迥异、业务特征差异巨大的业务应用，即 5G 网络要能同时支持各种各样差异化业务。因此，5G 网络首先需要具备可编程性，即可以根据业务、网络等要求实现协议栈的差异化定制。其次，5G 网络需能够支持网络虚拟化，使得网络在提供差异化服务的同时保证不同业务相互间的隔离度要求。

10.2.4 低成本特征

在 2016 年世界移动通信大会（MWC）上，一场探讨如何以 5G 移动网络"为消费者创造价值"（creating value for consumers）的专题讨论吸引了多家大型电信营运商与供应商代表的参与，他们热烈讨论如何让更新、更快的 5G 服务成本降低，而使消费者愿意掏出钱来买单。

5G 的普及可能会带来全球通信标准的统一。3G 时代的通信标准，有欧盟主导 GSM/WCDMA，美国主导 CDMA 及其后续演进，中国主导 TD-SCDMA；在 4G 时代，有中国主导的 TD-LTE、欧洲主导的 FDD-LTE 两种制式，因此出现了各种不同制式的手机，给消费者造成一些困扰，也使得运营商要建设和维护多种标准的网络，费用就分摊到消费者身上。5G 网络标准统一后，不仅解决了多种不同标准网络的建设和维护的成本问题，还使得各大运营商形成一种竞争关系，从而降低资费。

未来 5G 网络有必要基于通用硬件平台实现软件与硬件解耦。从而通过软件更新升级方式延长设备的生命周期，降低设备总体成本。另外，通过软硬件解耦加速了新业务部署，为新业务快速推广赢得市场提供有力保证，从而带来运营商利润的增加。考虑到传统的电信运营商为保持核心的市场竞争力、低成本以及高效率的运营状态，未来可能将重点集中于其最为擅长的核心网络的建设与维护，大量的增值业务和功能化业务则将转售给更加专业的企业，合作开展业务运营。同时由于用户对于业务的质量和服务的要求也越来越高，从而促使了国家移动通信转售业务运营试点资格（虚拟运营商牌照）的颁发。从商业的运作上看，虚拟运营商并不具有网络，而是通过网络的租赁使用为用户提供服务，将更多的精力投入新业务的开发、运营、推广、销售等领域，从而为用户提供更为专业的服务。为了能够降低虚拟运营商的投资成本、适应虚拟运营商的差异化要求，传统的电信运营商需要在同一个网络基础设施上为多个虚拟运营商提供差异化服务，同时保证各虚拟运营商间相互隔离、互不影响。因此，未来 5G 网络首先需要具备网络能力开放性、可编程性，即可以根据虚拟运营商业务要求实现网络的差异化定制；其次，5G 网络需要支持网络虚拟化，使得网络在提供差异化服务的同时保证不同业务间的隔离度要求。

10.2.5　高能效特征

不同于传统的无线网络仅仅以系统覆盖以及容量为主要设计目标，5G 除了满足这两个基本需求外，还需进一步提高 5G 网络的能效。5G 能效的提升一方面意味着网络能耗的降低，缩减了服务提供商的能耗成本，另一方面代表终端待机时长的延长，尤其是 MTC 类终端的待机时长。

首先，无线链路能效的提升可以有效降低网络和终端的能耗。例如，超密集组网通过缩短基站与终端用户距离，极大程度地提升无线链路质量，可有效提升链路的能效。大规模天线通过无线信号处理的方法可以针对不同用户实现窄波束辐射，在增强无线链路质量的同时减少了能耗以及对应的干扰，从而有效提升了无线链路能效。

其次，在通过控制面与数据面分离实现覆盖与容量分离的场景下，由于低功率基站较小的覆盖范围以及终端的快速移动，使得小区负载以及无线资源使用情况骤变。此时，低功率基站可在统一协调的机制下根据网络负荷情况动态地实现打开或者关闭，在不影响用户体验的情况下降低了网络能耗。因此，未来 5G 网络需要通过分簇化集中控制的方式并基于网络大数据的智能化进行分析处理，实现小区动态关闭/打开以及终端合理的小区选择，提升网络和终端能效。

对于无线终端，除通过上述办法提升能效、延长电池使用寿命外，采用低功耗高能效配件（如处理器、屏幕、音视频设备等）也可以有效延长终端电池寿命。更进一步，通过将高能耗应用程序或其他处理任务从终端迁移至基站或者数据处理中心等，利用基站或数据处理中心强大的数据处理能力以及高速的无线网络，实现终端应用程序的处理以及反馈，可有效缩减终端的处理任务，延长终端电池寿命。

10.2.6　5G 网络特征总结

综上所述，为了满足未来 5G 网络性能要求，即数据流量密度提升 1000 倍、设备连接数目提升 10 ～ 100 倍、用户体验速率提升 10 ～ 100 倍、MTC 终端待机时长延长 10 倍、时延降低 5 倍的业务需求以及未来网络更低成本、更高能效等持续发展的要求，需要从无线频谱、接入技术以及网络架构等多个角度综合考虑。5G 网络需求、关键技术以及 5G 蜂窝网络架构的主要特征的对应关系如图 10-2-3 给出了。

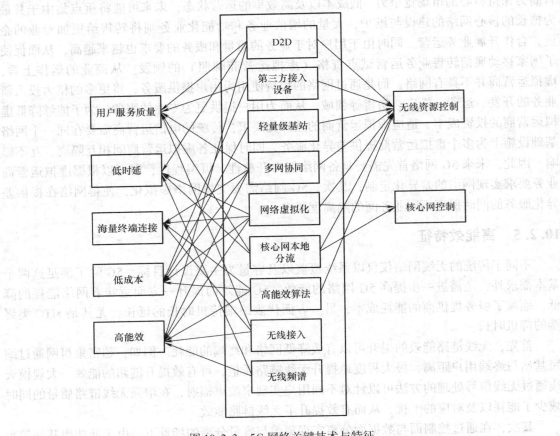

图 10-2-3　5G 网络关键技术与特征

可以看出，未来 5G 蜂窝网络架构的主要技术特征包括接入网通过控制面与数据面分离实现覆盖与容量的分离或者部分控制功能的抽取。通过分簇化集中控制实现无线资源的集中式协调管理；核心网则主要通过控制面与数据面分离以及控制面集中化的方式实现本地分流、灵活路由等功能。除此之外，通过软件与硬件解耦和上述四大技术特征的有机结合，使得未来 5G 网络具备网络能力开放性、可编程性、灵活性和可扩展性。

IT 新技术的发展给满足未来 5G 网络架构技术特征带来了希望，其中以控制面与数据面分离和控制面集中化为主要特征的 SDN（Software Definition Network，软件定义网络）技术以及以软件与硬件解耦为特点的 NFV（Network Function Virtual，网络功能虚拟化）技术的结合，有效地满足未来 5G 网络架构的主要技术特征，使 5G 网络具备网络能力开放性、可编程性、灵活性和可扩展性。更进一步，基于云计算技术以及网络与用户感知体验的大数据分析，实现业务和网络的深度融合，使 5G 网络具备用户行为和业务感知能力，更加智能化。

10.3 5G 网络的关键技术

为了满足 5G 时代对无线网络的功能和性能需求，需要重点考虑以下各项关键技术，分别是高频段传输、新型多天线传输、同时同频全双工、D2D、密集网络、新型网络架构、无线控制和承载的分离、无线网络虚拟化、增强 C－RAN 等。

10.3.1 高频段传输特性

1G～4G 工作频段主要集中在 3GHz 以下，这使得频谱资源十分拥挤，而在高频段（如毫米波、厘米波频段）可用频谱资源丰富，能够有效缓解频谱资源紧张的现状，可以实现极高速短距离通信，支持 5G 容量和传输速率等方面的需求。

为适应和促进 5G 系统在我国的应用和发展，根据《中华人民共和国无线电频率划分规定》，结合我国频率使用的实际情况，工信部发布了 5G 系统在 3000～5000MHz 频段（中频段）内的频率使用规划，这意味着我国成为国际上率先发布 5G 系统在中频段内频率使用规划的国家。

规划明确了 3300～3400MHz、3400～3600MHz 和 4800～5000MHz 频段作为 5G 系统的工作频段；规定 5G 系统使用上述工作频段，不得对同频段或邻频段内依法开展的射电天文业务及其他无线电业务产生有害干扰。同时规定，自发布之日起，不再受理和审批新申请 3400～4200MHz 和 4800～5000MHz 频段内的地面固定业务频率、3400～3700MHz 频段内的空间无线电台业务频率和 3400～3600MHz 频段内的空间无线电台测控频率的使用许可。

5G 系统是我国实施"网络强国""制造强国"战略的重要信息基础设施，更是发展新一代信息通信技术的高地。频率资源是研发、部署 5G 系统最关键的基础资源，根据技术和应用特点及电波传播特性，5G 系统需要高（24GHz 以上毫米波频段）、中（3000～6000MHz 频段）、低（3000MHz 以下频段）不同频段的工作频率，以满足覆盖、容量、连接数密度等多项关键性能指标的要求。本次发布的中频段 5G 系统频率使用规划综合考虑了国际国内各方面因素，统筹兼顾国防、卫星通信、科学研究等部门和行业的用频需求，依法保护现有用户用频权益，能够兼顾系统覆盖和大容量的基本需求，是我国 5G 系统先期部署的主要频段。

高频段在移动通信中的应用是未来的发展趋势，业界对此高度关注。足够量的可用带宽、小型化的天线和设备、较高的天线增益是高频段毫米波移动通信的主要优点，但也存在传输距离短、穿透和绕射能力差、容易受气候环境影响等缺点。射频器件、系统设计等方面的问题也有待进一步研究和解决。

10.3.2 大规模多天线传输特性

5G 时代，小区越来越密集，对容量、能耗和业务的需求越来越高。提升网络吞吐量的主要手段包括提升点到点链路的传输速率、扩展频谱资源、高密度部署的异构网络；对于高速发展的数据流量和用户对带宽的需求，现有 4G 蜂窝网络的多天线技术（8 端口 MU－MIMO、CoMP）很难满足需求。研究表明，在基站端采用超大规模天线阵列（比如数百个天线或更多）可以带来很多的性能优势。

　　大规模天线系统的基本特征：在基站覆盖区域内配置数十根甚至数百根以上天线，这些天线可分散在小区内（称为大规模分布式 MIMO，即 Large Scale Distributed MIMO），或以大规模天线阵列方式集中放置（称为大规模 MIMO，即 Massive MIMO）。理论研究表明，随着基站天线个数趋于无穷大，多用户信道间将趋于正交，这种情况下，高斯噪声及互不相关的小区间干扰将趋于消失，而用户发送功率可以任意低，此时，单个用户的容量仅受限于其他小区中采用相同导频序列的用户的干扰。

　　同时，由于引入了有源天线阵列，基站侧可支持的协作天线数量将达到 128 根。此外，原来的 2D 天线阵列拓展成为 3D 天线阵列，形成新颖的 3D – MIMO 技术，支持多用户波束智能赋形，减少用户间干扰，结合高频段毫米波技术，将进一步改善无线信号覆盖性能。

　　目前研究人员正在针对大规模天线信道测量与建模、阵列设计与校准、导频信道、码本及反馈机制等问题进行研究，未来将支持更多的用户空分多址（SDMA），显著降低发射功率，实现绿色节能，提升覆盖能力。

10.3.3　同频同时全双工特性

　　近几年，同频同时全双工（Co – frequency Co – time Full Duplex，CCFD）技术吸引了业界的注意力，利用该技术，在相同的频谱上，通信的收发双方同时发射和接收信号，与传统的 TDD 和 FDD 双工方式相比，从理论上可使空口频谱效率提高一倍，同频同时全双工原理如图 10-3-1 所示。

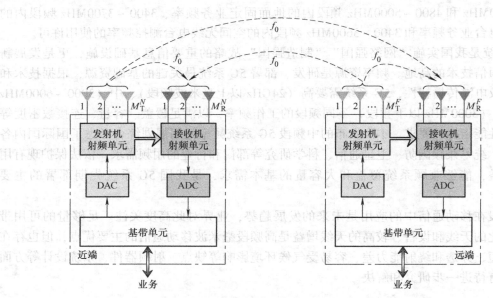

图 10-3-1　同频同时全双工

　　由于收发同频同时，CCFD 发射机的发射信号会对本地接收机产生干扰，使用 CCFD 的首要工作是抑制强自干扰。自干扰消除能力将直接影响 CCFD 系统的通信质量。自干扰消除技术最初应用在电话系统、多普勒雷达中。通信系统的信号带宽、频率、自干扰信号消除量等指标与上述两个系统存在差别。例如，电话系统中声音接收信号支路对发射支路过来的干扰的抑制量，ITU 要求的是不到 30dB，而无线通信宏基站要求的自干扰抑制量，某些场景中会达到 130dB，两者相差 100dB。一般来说，已有的自干扰消除技术不能直接应用在 CCFD 系统中。

近年来，同频同时全双工组网技术得到了持续深入的研究，提出了蜂窝小区采用同频同时全双工的演进方案，即基站发射天线采用中心式布局，而基站接收天线采用分布式布局。这样在干扰消除能力受限的情况下仍可实现系统容量的大幅提升。在此基础之上，实现了蜂窝小区同频同时全双工硬件演示系统原型机。

2013 年 6 月，北京大学率先实现了同频同时双工单小区试验演示系统，该系统包括一个基站和两个移动终端：基站工作方式为同频同时全双工，其覆盖直径为 100m，终端为 TDD 模式，其带宽效率为 TDD 系统的两倍。

全双工技术 CCFD 能够突破 FDD 和 TDD 方式的频谱资源使用限制，使得频谱资源的使用更加灵活。然而，全双工技术需要具备极高的干扰消除能力，这对干扰消除技术提出了极大的挑战，同时还存在相邻小区同频干扰问题。在多天线及组网场景下，全双工技术的应用难度更大。

10.3.4　D2D

传统的蜂窝通信系统的组网方式是以基站为中心实现小区覆盖，而基站及中继站无法移动，其网络结构在灵活度上有一定的限制。随着无线多媒体业务不断增多，传统的以基站为中心的业务提供方式已无法满足海量用户在不同环境下的业务需求。

D2D 技术无需借助基站的帮助就能够实现通信终端之间的直接通信，拓展网络连接和接入方式。由于短距离直接通信，信道质量高，D2D 能够实现较高的数据速率、较低的时延和较低的功耗；通过广泛分布的终端，能够改善网络覆盖，实现频谱资源的高效利用；支持更灵活的网络架构和连接方法，提升链路灵活性和网络可靠性。目前，D2D 采用广播、组播和单播技术方案，未来将发展其增强技术，包括基于 D2D 的中继技术、多天线技术和联合编码技术等。

10.3.5　密集网络

在未来的 5G 通信中，无线通信网络正朝着网络多元化、宽带化、综合化、智能化的方向演进。随着各种智能终端的普及，数据流量将出现井喷式的增长。未来数据业务将主要分布在室内和热点地区，这使得超密集网络成为实现未来 5G 的 1000 倍流量需求的主要手段之一。超密集网络能够改善网络覆盖，大幅度提升系统容量，并且对业务进行分流，具有更灵活的网络部署和更高效的频率复用。未来，面向高频段大带宽，将采用更加密集的网络方案，部署小小区/扇区将高达 100 个以上。

与此同时，愈发密集的网络部署也使得网络拓扑更加复杂，小区间干扰已经成为制约系统容量增长的主要因素，极大地降低了网络能效。干扰消除、小区快速发现、密集小区间协作、基于终端能力提升的移动性增强方案等，都是目前密集网络方面的研究热点。

10.3.6　无线控制承载分离特性

移动互联网和物联网的快速发展以及各种新型业务的不断涌现，促使移动通信在过去的 10 年间经历了爆炸式增长。为了能够满足未来 5G 网络数据流量增长的要求，除了增加频谱带宽和提高频谱利用率外，最为有效的办法依然是通过加密小区部署从而提升空间复用，即通过在室内外热点区域密集部署低功率小基站（包括小区基站、微小区基站、微微小区基站以及毫微微小区基站等），形成超密集组网。

考虑到超密集组网场景下单小区的覆盖范围较小，会导致具有较高移动速度的终端用户遭受频繁切换，从而导致用户体验速率显著下降。为了能够同时关注"覆盖"和"容量"这两个无线网络的主要问题，我们在智能无线网络 Smart RAN（S-RAN）的解决方案中提出了控制面与数据面的分离技术，即分别采用不同的小区进行控制和数据面操作，实现未来网络对于覆盖和容量的单独优化设计，从而可以灵活地根据数据流量的需求在热点区域扩容数据面传输资源，例如小区加密、频带扩容、增加不同 RAT 系统分流等，且不需要同时进行控制面和数据面增强。

针对未来 5G 无线网络部署的主要覆盖场景，即宏-宏场景、宏-微场景以及微-微覆盖场景，无线接入网络控制及承载分离技术如图 10-3-2 所示。

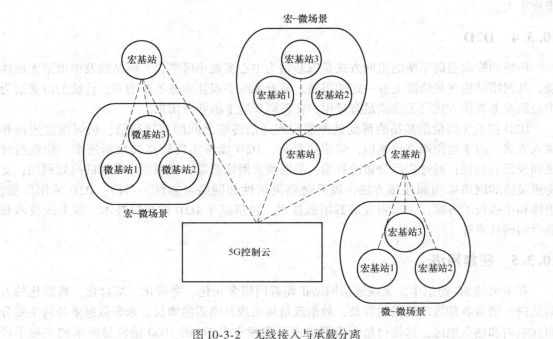

图 10-3-2　无线接入与承载分离

通过无线接入网控制与承载分离技术，5G 无线接入网可获得如下好处：

1）可有效避免控制信息收发与无线业务承载方式的绑定，增加了灵活性，同时更好地保证控制信息传输与无线承载传输的差异化和分头演进，可降低控制信令的复杂性以及控制信令负荷随着数据流量的增加而增加的问题。

2）易实现多制式多频段多层次网络的集中控制，通过移动性管理的集中优化控制，可避免在复杂的接入网络环境下，移动终端由于发生非常频繁的系统内和系统间切换，导致业务性能以及用户体验下降的问题。除此之外，多制式多频段多层次网络的集中控制可实现多网融合，进行多张网络的高效运行和维护。

3）易实现不同制式接入网络间及相同制式接入网络内（不同层次）的无线资源管理、

负载均衡、能耗管理等，实现多网融合，从而更高效地进行多张网络运行和维护，提高接入网络整体资源利用率、减少运维成本、降低能源消耗。

可以看出，无线接入网通过控制与承载的分离可以实现"覆盖"与"容量"的分离，并在基础上通过接入网的灵活部署与组网，实现网络拓扑与功能的灵活部署以及动态扩展。其次，基于控制与承载的分离以及部分控制功能的抽取，通过分簇化集中控制实现无线资源的集中式协调管理，提高无线网络资源利用率。

因此，通过无线接入网络控制与承载分离，可以使未来 5G 无线接入网具备可编程性、灵活性和可扩展性的特点。

10.3.7 无线网络虚拟化特性

早期针对网络虚拟化技术的研究主要集中在核心网侧，如虚拟局域网（VLAN）、软件定义网络（SDN）、网络功能虚拟化（NFV）等。虚拟化技术在核心网侧已经得到了广泛应用，而随着未来 5G 无线网络业务需求的激增，无线接入网络侧虚拟化技术也逐渐提上日程。无线网络相比于有线网络更加复杂，需要考虑信道的不确定性、干扰、信令开销以及高速移动性等问题，另外还需要考虑回传网络的容量和时延限制。

针对未来 5G 网络的虚拟化技术，可以脱离现有网络架构和协议标准等束缚，伴随着高频段频谱资源的大量开发使用，以及未来硬件和软件系统处理能力的不断增强，无线网络侧虚拟化技术可以和已有的 SDN 和 NFV 技术结合，通过对网络资源（包括物理设备资源和频谱资源）的抽象和统一，将复杂多样的网络管控功能从硬件中解耦出来，抽取到上层做统一协调和管理，构建一个更加灵活有效，同时低成本、高效率的全虚拟网络。

1. 虚拟化网络架构

将 SDN 和 NFV 的设计思想引入到无线网络侧架构设计中，可以将虚拟化网络架构分为三层：基础设施层、虚拟化管理层和业务层。基础设施层由众多的基础设施提供者（InP）组成，每个 InP 包括大量可编程的支持虚拟化的节点，如宏站、Small Cell 或 RRH（Remote Radio Head）等。虚拟化管理层由一系列分布式的管理节点组成，如域管理器等，管理节点为逻辑节点，也可以直接位于宏站或者功能强大的 Small Cell 节点。管理节点负责虚拟网的创建、更新，虚拟资源的管理等。业务层由众多不同业务和应用组成，这些业务由管理节点调度和分配，完成特定的功能，如图 10-3-3 所示。

在该架构模型中，虚拟化管理层通过虚拟化资源统一描述方式将底层资源的细节屏蔽，为上层业务提供统一的虚拟资源抽象。虚拟网的构建是以业务为基础，针对不同的业务和应用类型选择不同的虚拟资源为其提供服务，以更好地适应不同业务 QoS 需求。虚拟化管理层内，管理节点间可以通过

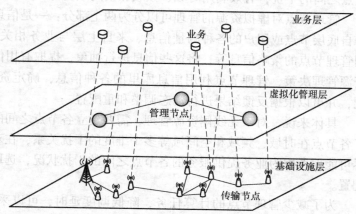

图 10-3-3 无线侧虚拟网络架构模型

分布式的方式进行协同和交互，以获取邻近节点的信息，实现更大范围内的管理信息共享状态。

2. 虚拟小区构建

无线网络资源虚拟化的两个重要问题是为不同业务提供服务的节点映射问题和虚拟资源分配问题。节点映射即确定某个业务采用哪些节点来为其提供服务。传统网络中，按照信号强度如 RSRP/RSRQ 等指标为用户选择一个服务小区，该用户所有业务均由该服务小区提供。超密集网络场景下，大量无规则部署的 Small Cell 将面临干扰复杂和负荷分布不均的问题，传统的以信号强度为指标的小区选择方式将不再适应。

接入网络侧虚拟化在底层会考虑小区的虚拟化，即弱化小区概念，消除小区边界，始终以用户或业务为中心。用户或业务不再由固定的某一小区来服务，而是根据节点特性、业务 QoS 需求以及无线环境等综合因素，由管理节点选择并将节点列表通知控制面节点，构建针对该业务的虚拟小区，同时，随着 UE 的移动，动态更新虚拟小区内的节点成员。

节点映射算法中，管理节点可以综合考虑无线信号质量、节点 BH 性能、业务 QoS 需求等约束条件，同时可以利用用户上下文信息，采用集中式或分布式方式选择服务节点，以充分利用 BH 资源、平衡各节点之间的负荷，一定程度上最大化系统性能。

虚拟小区内多个节点通过协作来为某一业务提供服务，能有效解决节点之间的干扰问题，为用户提供高速率和稳定的优质服务。LTE－A 中引入的 CoMP（多点协作传输）技术，从一定程度上也体现了以用户为中心的思想，可以看作小区虚拟化的前身。然而，LTE－A 中的 CoMP 只能算作部分虚拟化，CoMP 技术关注的还只是小区边缘用户的干扰问题，协作传输只是针对少量边缘用户，同时，LTE－A 系统中，参考信号并没有完全和小区 ID 进行解耦，控制信道和数据信道也没有进行分离，因此并没有实现真正的虚拟化。

针对未来 5G 网络的虚拟小区，小区不再和节点关联，而是以用户为中心，用于数据传输的参考信号会和节点 ID 解耦，管理、控制和数据节点分离，网络中任何位置都可以形成以用户为中心的虚拟小区，实现全局虚拟化。

3. 虚拟资源管理

对于虚拟化管理层中的管理节点来说，虚拟资源的管理是其重要功能之一，如何避免各节点之间的干扰，有效利用时域、频域和空间域资源，是无线资源管理的关键。

管理节点对虚拟资源的管理可以分为两个部分：一是信息的获取和抽象，管理节点获取来自底层节点或用户的各种测量信息、来自上层与业务相关的负荷和 QoS 信息以及来自周围管理节点的策略信息等，将这些信息进行抽象，提取有用信息，建立相应的信息库；二是资源管理决策，管理节点利用信息库里的各种信息，确定资源如何在各个业务之间进行分配，并可以根据反馈结果进行动态调整和重配置。

具体来说，对于无线侧资源管理，需要建立各节点之间的干扰关系库，干扰关系库体现了各节点在时域、频域和空间域等多个维度的干扰关系，在对各个业务进行资源配置时，会尽可能地考虑为业务提供服务的各节点之间的干扰状况，选取没有干扰的时频空域资源进行配置。

为了减少管理节点的计算任务，降低调度延时，可以采用集中式和分布式相结合的方式。管理节点根据干扰信息库、业务 QoS 信息库等对于一段时间内的统计信息，确定各业务可用的无线资源范围和约束，即可用资源和不可用资源，将上述信息发送给控制面节点，控制面节点再根据网络侧和用户侧的实时反馈信息，确定具体的时频资源。

4. 用户移动性管理

用户在移动过程中，为其提供服务的节点需要发生改变，以获取持续的优质服务。节点密集部署或用户高速移动时，节点之间的切换将会频繁发生，带来系统信令开销增加、数据中断等问题。为了解决或改善上述问题，3GPP 在 R12 中提出了双连接方案。双连接方案主要针对异构网络中的移动性问题，在双连接方案中，用户同时与 MeNB（宏站）和 SeNB（微站）保持连接，MeNB 作为移动性锚点，在 SeNB 发生变化时，执行的是 SeNB 的转换过程而不是切换过程。和切换过程相比，SeNB 的转换过程避免了上行同步产生的数据中断以及核心网路径转换产生的延时，但切换判决、信令传输、包转发等过程仍会产生延时，影响用户体验。

无线虚拟化网络中，以管理节点作为移动性锚点，通过 L2/L3 信息虚拟化，即用户和业务上下文信息在各节点之间共享和同步的方案，结合底层的小区虚拟化，可以加速数据在不同节点间的转换过程，做到无缝切换，解决密集部署小站场景下的移动性问题。首先，来自核心网的数据汇聚到管理节点，由管理节点转发到底层各节点，降低了核心网路径转换概率和延时；其次，节点在加入虚拟小区时，就已经完成接纳控制、资源预留以及上行同步，避免了原切换过程中这部分操作带来的延时；第三，用户或业务的上下文信息在各节点之间共享和同步，可以随着用户的移动随时快速转换数据面节点，避免了复杂的切换过程；最后，多个节点同时为某一业务提供服务，保证了业务的服务质量，可以解决 TCP 慢启动等问题。

在上述从底层到上层的整体虚拟化方案下，用户即使在移动过程中，也能在不同节点间快速平滑切换，保证了稳定可靠的用户体验。

无线网络虚拟化是目前 5G 研究的热点和重点，通过资源虚拟化和控制虚拟化，可以将传统的静态网络转化成灵活高效的动态网络，与 SDN 和 NFV 等技术的结合，更可以降低成本，保证低成本和高可靠性。

10.3.8　增强 C-RAN 架构

C-RAN 是根据现网条件和技术进步的趋势，提出的新型无线接入网构架。C-RAN 是基于集中化处理（Centralized Processing）、协作式无线电（Collaborative Radio）和实时云计算构架（Real-time Cloud Infrastructure）的绿色无线接入网构架（Clean System）。其本质是通过减少基站机房数量，减少能耗，采用协作化、虚拟化技术，实现资源共享和动态调度，提高频谱效率，以达到低成本、高带宽和灵活度的运营。C-RAN 的总目标是为解决移动互联网快速发展给运营商所带来的多方面挑战（能耗、建设和运维成本、频谱资源）。

C-RAN 将所有或部分的基带处理资源进行集中，形成一个基带资源池，并对其进行统一管理和动态分配，在提升资源利用率、降低能耗的同时，还可以通过协作化技术来有效降低干扰，提升网络性能。在 C-RAN 中，基站不再是一个独立的物理实体，而是基带池中某一段或几段抽象的处理资源，网络根据实际的业务负载，动态地将基带池中的某一部分资源分配给对应的小区。C-RAN 有如下特点：

1）BBU 的集中放置。不同于传统方式，C-RAN 中一定数量的 BBU 被集中放置在一个大的中心机房,这对降低站址选取难度、减少机房数量、共享配套设备(如空调)等具有显而易见的优势。

2)符合 RRU 设备的低功耗、小型化需求及天线形态的小尺寸趋势。小型 RRU 和小尺寸天线不易引起业主或用户的注意,低功耗的 RRU 更可以满足免除环境测评的要求,其部署难度将大幅降低。

3)无线处理资源的"云"化。在基带池里,基带计算资源不再单独属于某个 BBU,而是属于整个资源池。相应地,系统可以根据实际业务负载、用户分布等实际情况动态调整 BBU 所分配的处理资源,可最大程度地实现处理资源的复用共享。

4)基站的软化。利用基于统一、开放平台的软件无线电实现基带处理功能,使得 BBU 可以同时支持多标准空口协议,更方便地升级无线信号处理算法,更容易地提升硬件处理能力从而扩充系统容量,另外,通过动态、灵活地分配基带处理资源,基站的处理能力灵活变化,从而实现基站的"软"化。

除以上关键技术外,5G 还会涉及移动边缘计算、多制式协作融合、融合资源协同管理、灵活移动性、网络频谱共享、邻近服务和无线 mesh 等技术,这里不再赘述。

练习题与思考题

1. 请简述 5G 网络的特点,3GPP 中是如何对 5G 网络进行定义的。
2. 5G 网络的关键技术有哪些?
3. 对比说明 5G 网络的主要能力指标。

附　　录

附录 A　缩略词表

2G	2nd Generation Mobile Communications system	第二代移动通信系统
3G	3rd Generation Mobile Communications system	第三代移动通信系统
3GPP	3rd Generation Partner Project	第三代伙伴关系计划
BICC	Bearer Independent Call Control	独立于承载的呼叫控制
B-ISDN	Broadband Integrated Services Digital Network	宽带综合业务数字网
BSC	Base Station Controller	基站控制器
BSM	Backward Setup Message	后向建立消息
BSN	Backward Sequence Number	后向序号
BSS	Base Station System	基站系统
BT	Burst Tolerance	突发容限
B-TCH	Backward Traffic Channel	反向业务信道
BTS	Base Transceiver Station	基站收发台
CAC	Connection/Call Admission Control	连接/呼叫接纳控制
CAM	Content Addressable Memory	内容可寻址储存器
CAMEL	Customized Application for Mobile Network Enhanced Logic	移动网增强型逻辑的客户化应用
LAC	Location Area Code	位置区编码
LAI	Location Area Identification	位置区识别码
MIMO	Multiple-Input Multiple-Output	多输入多输出
MM	Mobility Management	移动性管理
MS	Mobile Station	移动台
MSC	Mobile Service Switching Center	移动业务交换中心
MSDN	Mobile Station Directory Number	移动用户号码簿号码
MSRN	Mobile Station Roaming Number	移动台漫游号码

附录 B 爱尔兰呼损公式计算表

表 B-1 求 E 的计算表

E A \ n	11	12	13	14	15	16	17	18	19	20
7.1	0.050716	0.029113	0.015662	0.007880	0.003716	0.001646	0.000687	0.000271	0.000101	0.000036
7.2	0.053802	0.031272	0.017025	0.008680	0.004149	0.001864	0.000789	0.000315	0.000119	0.000043
7.3	0.056973	0.033498	0.018463	0.009535	0.004619	0.002103	0.000902	0.003660	0.000141	0.000051
7.4	0.060226	0.035809	0.079976	0.010449	0.005128	0.002366	0.001020	0.000423	0.000165	0.000061
7.5	0.063557	0.038206	0.021566	0.011421	0.005678	0.002655	0.001170	0.000487	0.000192	0.000072
7.6	0.066964	0.040685	0.023233	0.012455	0.006271	0.002970	0.001326	0.000560	0.000224	0.000085
7.7	0.070444	0.043247	0.024976	0.013551	0.006908	0.003313	0.001499	0.000641	0.000260	0.000100
7.8	0.073994	0.045889	0.026796	0.014709	0.007591	0.003687	0.001689	0.000731	0.000300	0.000117
7.9	0.077610	0.048609	0.028692	0.015933	0.008321	0.004092	0.001898	0.000832	0.000346	0.000137
8.0	0.081288	0.051406	0.030665	0.017221	0.009101	0.004530	0.002127	0.000945	0.000398	0.000159
8.1	0.085027	0.054278	0.032713	0.018575	0.009931	0.005002	0.002378	0.001069	0.000455	0.000184
8.2	0.088821	0.057222	0.034836	0.019996	0.010813	0.005511	0.002651	0.001206	0.000520	0.000213
8.3	0.092669	0.060235	0.037034	0.021484	0.011748	0.006057	0.002949	0.001358	0.000593	0.000246
8.4	0.096567	0.063317	0.039304	0.023039	0.012738	0.006643	0.003272	0.001524	0.000674	0.000283
8.5	0.100511	0.066464	0.041647	0.024662	0.013783	0.007269	0.003621	0.001707	0.000763	0.000324
8.6	0.104499	0.069673	0.044061	0.026353	0.014884	0.007937	0.003999	0.001907	0.000862	0.000371
8.7	0.108527	0.072943	0.046543	0.028110	0.016042	0.008648	0.004406	0.002125	0.000972	0.000423
8.8	0.112592	0.076270	0.049094	0.029935	0.017259	0.009403	0.004844	0.002363	0.001093	0.000481

表 B-2　求 A 的计算表

n \ A/E	0.001	0.002	0.005	0.010	0.020	0.030	0.050	0.070	0.100	0.200
10	3.092	3.427	3.961	4.461	5.084	5.529	6.216	6.776	7.511	9.685
11	3.651	4.022	4.610	5.160	5.842	6.328	7.076	7.687	8.487	10.857
12	4.231	4.637	5.279	5.876	6.615	7.141	7.950	8.610	9.474	12.036
13	4.831	5.270	5.964	6.607	7.402	7.967	8.835	9.543	10.470	13.222
14	5.446	5.919	6.663	7.352	8.200	8.803	9.730	10.485	11.473	14.413
15	6.077	6.582	7.376	8.108	9.010	9.650	10.633	11.434	12.484	15.608
16	6.722	7.258	8.100	8.875	9.828	10.505	11.544	12.390	13.500	16.807
17	7.373	7.946	8.834	9.652	10.656	11.368	12.461	13.353	14.522	18.010
18	8.046	8.644	9.578	10.427	11.491	12.238	13.385	14.321	15.548	19.216
19	8.724	9.351	10.331	11.230	12.333	13.115	14.315	15.294	16.579	20.424
20	9.411	10.068	11.092	12.031	13.182	13.997	15.249	16.271	17.613	21.635
21	10.108	10.793	11.860	12.838	14.036	14.884	16.189	17.253	18.651	22.848
22	10.812	11.525	12.635	13.651	14.896	15.778	17.132	18.238	19.692	24.064
23	11.524	12.265	13.416	14.470	15.761	16.675	18.080	19.227	20.737	25.281
24	12.243	13.011	14.204	15.295	16.631	17.577	19.031	20.219	21.784	26.499
25	12.969	13.763	14.997	16.125	17.505	18.483	19.985	21.215	22.833	27.720
26	13.701	14.522	15.795	16.959	18.383	19.392	20.943	22.212	23.885	28.941
27	14.439	15.285	16.598	17.797	19.265	20.305	21.904	23.213	24.930	30.164
28	15.182	16.054	17.406	18.640	20.150	21.221	22.867	24.216	25.995	31.388
29	15.930	16.828	18.218	19.487	21.039	22.140	23.833	25.221	27.053	32.614
30	16.684	17.606	19.034	20.337	21.932	23.062	24.802	26.228	28.113	33.840
31	17.442	18.389	19.854	21.191	22.827	23.987	25.773	27.238	29.174	35.067
32	18.205	19.176	20.678	22.048	23.725	24.914	26.746	28.249	30.237	36.295
33	18.972	19.966	21.505	22.909	24.626	25.844	27.721	29.262	31.301	37.524
34	19.743	20.761	22.336	23.772	25.529	26.776	28.698	30.277	32.367	38.754
35	20.517	21.559	23.169	24.638	26.435	27.711	29.677	31.293	33.434	39.985
36	21.296	22.361	24.006	25.507	27.343	28.647	30.657	32.311	34.503	41.216
37	22.078	23.166	24.846	26.378	28.254	29.585	31.640	33.330	35.572	42.448
38	22.864	23.974	25.689	27.252	29.166	30.526	32.624	34.351	36.643	43.680

参 考 文 献

[1] 周峰. 移动通信天线技术与工程应用 [M]. 北京，人民邮电出版社，2015.

[2] 张玉艳，于翠波. 移动通信 [M]. 北京：人民邮电出版社，2010.

[3] 韩斌杰，等. GSM 原理及其网络优化 [M]. 2 版. 北京：机械工业出版社，2009.

[4] 李世鹤，杨运年，等. TD - SCDMA 第三代移动通信系统 [M]. 北京：人民邮电出版社，2009.

[5] 叶银法，等. WCDMA 系统工程手册 [M]. 北京：机械工业出版社，2006.

[6] HARRI HOLMA，ANTTI TOSKALA. WCDMA 技术与系统设计：第三代移动通信系统的无线接入 [M].
陈泽强，等译. 3 版. 北京：机械工业出版社，2005.

[7] 彭木根，王文博. TD - SCDMA 移动通信系统 [M]. 2 版. 北京：机械工业出版社，2007.

[8] STEFANIA SESIA，ISSAM TOUFIK，MATTHEW BAKER. LTE/LTE - Advanced 长期演进理论与实践 [M].
马霓，夏斌，译. 北京：人民邮电出版社，2012.

[9] 孙宇彤. LTE 教程：原理与实现 [M]. 北京：电子工业出版社，2014.

[10] 陈宇恒，肖竹，王洪. LTE 协议栈与信令分析 [M]. 北京：人民邮电出版社，2013.

[11] 啜钢，王文博，等. 移动通信原理与系统 [M]. 2 版. 北京：北京邮电大学出版社，2009.

[12] 孙友伟，等. 现代移动通信网络技术 [M]. 北京：人民邮电出版社，2012.